“互联网+”丛书

移动平台

——托起企业“互联网+”的基石

陈其伟　李　易　赵庆华　编著

電子工業出版社
Publishing House of Electronics Industry
北京 • BEIJING

内容简介

本书以“互联网+”为切入口，分析了移动给工作和生活带来的改变，并对目前国内十大行业的数十个企业级移动应用案例进行了总结、提炼和解析；阐述了移动平台在企业移动战略中的重要地位和作用，以及企业移动化的相关策略、方法和案例。围绕移动平台架构、国内外主流移动平台、移动平台的选型步骤和评估指标体系，以及移动平台的安全和移动应用运营等方面的技术及实现方法等，进行了系统全面的讲解。

本书特别适合传统企业管理层、决策层、CIO、IT技术开发管理人员，以及移动生态链中的移动开发者包括个人开发者阅读和学习。

图书在版编目（CIP）数据

移动平台：托起企业“互联网+”的基石 / 陈其伟，李易，赵庆华编著. —北京：电子工业出版社，2015.7
（“互联网+”丛书）
ISBN 978-7-121-26125-1

Ⅰ. ①移… Ⅱ. ①陈… ②李… ③赵… Ⅲ. ①移动通信—互联网络—研究
Ⅳ. ①TN929.5

中国版本图书馆CIP数据核字（2015）第120900号

责任编辑：董亚峰　　特约编辑：王　纲
印　　刷：北京天来印务有限公司
装　　订：北京天来印务有限公司
出版发行：电子工业出版社
　　　　　北京市海淀区万寿路173信箱　　邮编　100036
开　　本：720×1 000　1/16　印张：21.75　字数：303.7千字
版　　次：2015年7月第1版
印　　次：2015年8月第2次印刷
定　　价：68.00元

凡所购买电子工业出版社图书有缺损问题，请向购买书店调换。若书店售缺，请与本社发行部联系，联系及邮购电话：（010）88254888。

质量投诉请发邮件至zlts@phei.com.cn，盗版侵权举报请发邮件至dbqq@phei.com.cn。

服务热线：（010）88258888。

编著委员会

推荐序（一）

中国改革开放三十多年经历了数个高速发展的阶段，中国经济的数量与结构经历了多个阶段的巨大调整与变化，社会阶层结构快速变迁。每一个年代中，主流与非主流间的多空搏杀，草根与枭雄的上位与被逐，从“看不见”到“追不上”的快速迭代，颠覆与淘汰层出不穷。

近两年有趣的现象是，曾经功成名就的主流企业主们，在台下洗耳恭听曾经非主流的年轻人们介绍各种创新与颠覆。

微信、余额宝、红包、滴滴、Uber、互联网金融等纷纷问世，诸多令用户欢呼雀跃的美好体验场景的出现，抢走了许许多多原有市场既得利益者的奶酪。

于是，很多企业患上了“移动互连焦虑症”。等死，还是找死？这是一个问题。仿佛一夜之间，众多企业主和高管觉得自己与这个时代脱节了。

马云曾说：“别人说你很好，其实你没那么好的时候才是真正的灾难的开始。”

华为公司经常保持着强烈的危机意识和自我反思，任正非说他天天思考的都是失败，也许正是因为这样，华为公司才存活到现在。

焦虑不是一种时代病，而是一种机体健康的表现。它是生命存在的最好证明和象征，它让努力和奋斗成为战胜黑暗的积极表现。人类的进步和生活的美好，不仅要感谢梦想，更要感谢“焦虑”这一暗黑功臣。

让我们热忱欢迎并积极拥抱焦虑。焦虑让我们永生，焦虑是社会进步的源动力。

在“互联网+”时代，企业如何成为移动互连的合体？本书将为读者呈现移动平台的力量及技术实现路径。

商存海
数据价值网联合创始人

推荐序（二）

在互联网汹涌澎湃发展的大浪潮中，传统企业面临着种种挑战，尤其是在移动互联网后来居上的发展势头下，市场大环境要求企业必须具备高效的生产能力，本书使用“移动生产力”一词形象生动地进行了提炼。

2011 年，东航开始关注移动互联，并对现有的移动平台类技术有所尝试。2012 年，随着移动应用的不断建设，多种操作系统的原生开发，困扰着效率的提高，对移动平台化的需求日渐迫切。2013 年，经过 7 个月的平台选型，对比多家国内外产品，东航正式选用“AppCAN”作为东航企业级移动平台，平台级应用“掌上东航”发展到 2.0 版本，平台优势开始显现。2014 年，“掌上东航”升级到 3.0 版本，移动应用达到 202 个，覆盖内部八大业务领域，平台优势转化为开发效率的提升。2015 年 5 月 22 日，东航内部移动应用覆盖管理人员、飞行员、乘务员、地面服务人员等 8 万员工，日点击量达到 129 万次，以每 10 次点击处理一件事，每件事节约 10 分钟估算，相当于每日可节约 2687.5 人天工时，劳动生产率显著提升，移动生产力得到有力验证。

《移动平台——托起企业“互联网+”的基石》结合多个行业案例，从“互联网+”时代发展的趋势入手，到引出平台化对企业移动化的重要性，从市场主流移动平台的介绍，到平台如何选型，本书以客观的态度进行了详细阐述，是一本企业“互联网+”转型的实战宝典。

王大明
中国东方航空股份有限公司信息部
副总经理

推荐序（三）

互联网在进入移动时代的时候，革命真正发生了！

2010年以来，人人互联、时时互联的移动互联时代来临，互联网成为人人都在热议、焦虑、期待的话题。2015 年“互联网+”概念横空出世，大有横扫一切的架势，让每个行业都不敢安枕，既希望抓住机会，更担心不知什么时候就被跨界颠覆。

记得很多年前的一句广告词——移动改变世界，当时说的是手机。功能机时代的手机，确实给我们提供了巨大的方便，但是改变世界还是差了一点。今天，智能手机已经不再是手机，甚至在颠覆手机的基本功能，从微信交流到移动支付，从打车到叫餐，生活完全被改变，而且这种改变还刚刚开始，这一轮的移动互联是互联网的革命，而不是延续。

移动互联网技术已经对消费领域带来了全面和深刻的影响，下一步将开始在传统行业领域引发持续的革命！

移动技术是移动互联网的基础。移动互联网的兴盛对移动技术的需求带来前所未有的压迫，原生的 iOS 和 Android 开发，以及新兴的 HIML5 技术，或者二者的混合模式，再结合微信平台，对于一般的消费应用已经可以满足，但是对于大部分的企业应用或者专业的互联网金融应用来讲，还是远远不够。此 IBM、ORACL、SAP 等先后推出了自己的移动开发平台，而相比国外企业，国内本土品牌正益无线 AppCan 的企业移动应用平台，对传统企业 IT 转型的移动策略是一个非常好的选择。

本书非常全面地介绍了移动互联网的应用领域和移动技术的架构方式以及应用分类，非常难得地从技术方向和应用场景角度，对移动平台的规划和技术路线进行了周到细致的分析，对想做企业移动战略规划的 CIO 或 IT 主管来说，本书是一本很有价值的参考资料。

米丹宁
i8 小时创始人
上海汇明信息技术有限公司 CEO

推荐序（四）

“互联网+”是一个复杂的命题，纵观互联网这20年来在中国的发展轨迹，对中国传统行业所造成的影响，如零售、物流、旅游，甚至出租车，绝非简单的微创新，无一不是颠覆性变革。但同时，互联网化又是一个快速迭代式发展、在不断试错中前进的过程。如果一定要把所有模式和变革全都考虑清楚后再行动，市场机会很可能稍纵即逝。因此“互联网+”的探索，必须是短期战术与中长期战略相结合，边干边想，边想边干。

我认为对于传统企业而言，短期内最急迫也最可行的战术就是拥抱互联网。即在整体业务模式没有本质性变革以前，通过技术手段，让用户的消费体验尽量与互联网打通。在当前互联网发展的大环境之下，任何业务的经营都与互联网存在千丝万缕的联系。小到一个微信公众号、一次线上线下联合的市场活动，大到线上销售平台、甚至整体经营模式的改变，互联网已经成为线下经营行为中不可或缺的重要环节。

从中长期的战略层面来说，则需要深入思考自身的业务模式，考虑与互联网更深层次的结合，甚至是颠覆性的变革。

移动互联网是互联网与传统产业结合的最核心技术，通过移动互联网的独特技术，可以结合用户需求，重塑全新的消费场景，比如打车O2O、家政O2O等新模式层出不穷，对传统服务行业进行颠覆性变革。

移动平台又是移动互联网的最核心技术之一，并将成为传统企业转型创新的核心驱动力。本书对移动平台及其行业应用都进行了深入、全面和系统的解析，无论是作为短期的拥抱“互联网+”的技术手段，还是作为中长期移动战略的基石，对传统企业的组织重构、管理变革、业务转型或自我颠覆都会有所帮助，值得推荐。

朱战备博士
万达集团信息管理中心总经理

自 序

1986 年，美国建成基于 TCP/IP 的主干网 NSFNET，世界上第一个互联网由此产生。

2008 年 3 月，苹果公司对外发布了针对 iPhone 的应用开发包（SDK），供用户免费下载，以便第三方应用开发人员开发针对 iPhone 及 iTouch 的应用软件。苹果公司的这一举动开启了移动互联网新一代生活方式。

2014 年，人们通过移动互联网能够随时、随地、随需享受任何服务，这一年被业界称为中国的移动互联网元年。移动互联网以各种智能终端为介质，在云计算、大数据、物联网等的共同作用下，不断创造出各种新鲜社会元素。

在移动互联网的世界，人成为最核心的资产，以人为本的移动互联网把企业、个人、社会及智能设备等无缝连接在一起，形成了一种新的生产力，诸如基于企业的移动办公、移动教育、移动 O2O 消费、移动支付、移动营销、移动商业、移动制造等。无论从消费形态、商业形态还是产业形态、供应链及制造模式，移动互联网都带来了剧烈的变革和颠覆。

但是，不论互联网还是移动互联网，最根本的还是技术在驱动变革和创新。作为国内移动平台的倡导者和实践者的正益无线 AppCan 的创始人，我从 2000 年起就在移动技术研究领域打拼，从手机研发到移动核心软件研发，再到现在的企业移动软件平台研发。为了降低移动开发的难度与门槛，我们率先在业界提出了 Hybrid 混合开发模式，倡导开发者使用跨平台混合开发模式快速开发移动应用；为了帮助企业更加灵活地部署移动战略，我们第一个提出“移动平台”的概念，无平台即无战略，移动平台是企业实现移动互联网化的基石。AppCan 正朝着“移动改变工作和生活”的终极目标不懈努力，尝试着用移动技术和产品来帮助广大开发者和企业，解决移动互联网化进程中面临的各种各样的问题，站在“互联网+”的风口，紧扣兴奋点和价值点，顺势而为。

如今，移动互联在变革管理，帮助企业快速提高效率。Apple 和 Google 为满足全世界消费者移动生活需求，搭建了以 iOS 和 Android 为核心的移动平台。基于这些平台，广大开发者可开发形形色色的移动应用满足消费者的需求。现在，AppCan 同样为所有企业搭建了一个移动云平台，基于这个平台，企业及其 IT 部门可开发和定制各种移动应用，以满足员工和公司各部门、各个业务的移动互联需求。

企业移动平台初衷是为了解决移动开发和移动运营面临的问题。首先，原有的应用开发方式面临着开发门槛高、后续维护和升级成本高的问题，采用混合式移动应用开发工具能有效降低开发门槛和提高开发效率。其次，移动应用面临着碎片化、用户分散化、移动安全等问题，利用移动管理平台可帮助企业有效管理应用、用户和移动设备，同时可避免传统 IT 面临的信息和应用孤岛问题。最后，移动应用面临着调用能力和数据来源多样化问题，利用移动能力和数据整合平台，可灵活整合和管理能力接入，并对数据进行集中处理。以上关联的三方面组织在一起，就构成了移动平台的基础。

移动平台要作为一个底层支撑平台存在，需要解决好平台和应用的功能分层问题和通用技术架构问题。平台侧重于移动开发和管理的公共问题，而应用侧重于具体的应用场景。在技术架构上，平台要有利于各种应用的开发和集成，要为应用的上线运营提供支撑环境。从横向架构上移动平台可分为端子系统、管理子系统及云子系统，从支撑功能体系上可分为开发子系统（MEAP）和管理子系统（EMM）。

在更大的以互联网技术为核心的新一代 IT（云计算、大数据、移动互联网、物联网）的发展中，移动平台作为云和端的连接平台，是应用和业务的支撑平台；移动平台须构建一个全新的完整的技术体系来支撑全新的移动应用和业务；在架构企业移动平台满足新应用的开发和运营时，要重点分析和考虑原有后端能力和数据如何逐步云化的问题，要处理好与老一代 IT 系统的连接和过渡的问题。总之，移动平台作为一个全新的概念，存在一个破和立的过程。在这个过程中，移动平台会在生活和工作各种不同的移动应用推动下不停完善和升级！

本书的主要作者有正益无线首席专家顾问、CIO 时代信息化学院院长、北大 CIO 班特聘讲师、独立 CIO 陈其伟老师，中国移动互联网产业联盟秘书长李易老师，正益无线 CTO 赵庆华，以及 IDC 移动分析师王学亮。

未来，AppCan 会继续走在“移动互联网+”时代的前列，AppCan 的下一个梦想是什么——更有机地把端、管、云结合起来，更有效地为各行业和各企业提供更好的移动互联网开发和运营支撑，帮助企业移动战略有效落地，创建移动众创空间，不断聚合移动互联网平台资源，打造集移动云开发平台、移动 BaaS 平台、移动管理平台、移动物联网平台等为一体的移动一站式终极平台。我们正在努力着，并将为企业移动梦想继续前行！

王国春

正益无线 AppCan 创始人兼 CEO

前　言

2015年3月5日，李克强总理在十二届全国人大三次会议审议的《政府工作报告》中正式指出：制定“互联网+”行动计划，推动移动互联网、云计算、大数据、物联网等与现代制造业结合，促进电子商务、工业互联网和互联网金融健康发展，引导互联网企业拓展国际市场。

李克强总理的重要讲话精神标志着中国社会全面进入“互联网+”时代。所谓“互联网+”，是指“互联网+各个传统行业”，但这并不是两者简单相加，而是利用信息通信技术、移动应用技术等各种新技术加上互联网平台，让互联网与传统行业进行深度融合，创造新的发展生态。

而从某种程度上来说，“移动互联网+”又是“互联网+”的进程和升华。

近年来，我们已经一起见证了移动互联网带来的各种生活便利和生活方式的颠覆：智能手机取代了数码相机、MP3；二维码扫一扫，让实体店成了网购的试衣间；App 新闻客户端、自媒体取代了传统报纸杂志……伴随着终端技术、软件技术和网络技术的共同进步，移动金融、移动消费、移动健康、移动娱乐、移动教育等已潜移默化地改变了人们的日常生活，“移动改变生活”已经成为现实，并继续快速向纵深发展。

相对于传统互联网，移动互联网+行业应用的逐步展开和深入，正在形成一种全新的生产力形态，它推动人类社会进入了全新的移动互联时代，包括任何状态下的人与人之间的互联、人与智能设备之间的互联、智能设备与智能设备之间的互联。“移动互联网+”是“互联网+”的再一次升级。

“移动互联网+”将渗透至社会各种创新经济的生产过程中，以提高各种生产要素的生产效率为主要形式。这种力量已经开始在整体人类经济中蔓延，从创新经济开始，继而改造传统经济，最终将重构人类社会的生产力，“移动改变生产”也必将逐步成为现实。

然而，“移动改变生产”需要众多软件技术来支撑，如移动互联网、云计算和雾计算、大数据、生物特征识别、增强现实、人机交互、人工智能、量子计算、物联网、机器人、3D 打印等。其中移动互联网技术已被麦肯锡列为决定 2025 年世界经济最主要的 12 项颠覆性技术之首。而本书重点介绍的企业级移动平台技术则是移动互联网在企业应用中的核心技术支撑之一，是企业移动战略和移动应用的基石，是“互联网+”时代企业的核心驱动力，也是实现生产劳动智能化决策的关键动力。

目前，世界范围内的移动价值链已经初步形成，其中包括核心通信技术的创新者、移动设备的设计者和制造者、基础设施提供商、移动网络运营商、移动产品使用者、移动内容提供和开发者、移动 App 开发商和应用管理平台。这些公司、组织和个人构成了移动价值链的关键组成部分，他们之间既相互紧密合作，又激烈竞争，共同促进了整个移动产业的快速发展。而在国内，基于移动互联的大众创业、万众创新环境正在逐步形成，数百万的移动应用开发厂商和个人开发者也正在选择或使用移动平台来开展各种各样的移动应用的创新和创业，在实现自我价值的同时，也为产业智能化提供支撑，增强新的经济发展动力，促进国民经济提质增效升级。

正益无线 AppCan 创始人王国春表示:“在以人为本的移动互联时代，移动平台技术能把不同的端和不同的云连接起来，帮助企业形成大统一的集信息门户、社交门户、应用门户于一体的移动综合门户。”在移动互联网、物联网、云计算和大数据时代背景下，移动平台技术是企业移动战略的延伸，移动平台将成为企业提升客户服务水平和业务创新的关键支撑平台；同时，开源开放的移动云平台也将成为最佳的众创空间技术支撑之一。

作为移动生产力丛书之一，本书内容共分为 10 章。首先以“移动互联网+”为切入口，结合大量的行业案例，全面系统地分析移动互联给人们的工作和生活，以及企业的业务和生产带来的创新和改变。然后，从移动技术应用角度出发，围绕移动平台架构、国内外主流移动平台、移动平台的选型步骤及评估指标体系，以及移动平台的云、管、端、移动安全和移动应用运营等方面的技术和实现方法等，进行系统全面的讲解。最后，阐述移动平台在企业移动战略中的重要地位和作用，以及企业移动化的相关策略、方法和案例。

第 1 章主要介绍了“移动就是生产力”的主题，给出了几个国内外企业相关发展案例，用以说明国内外领先企业如何通过可持续发展的移动战略决策、移动应用技术等，实现企业在移动互联时代创新式的增长，提升企业的核心竞争力。

第 2 章主要对目前国内十大行业移动应用的行业背景、数十个企业级移动应用解决方案和行业成熟度等进行了客观、可信、有效的总结、提炼和分析。

第 3 章主要介绍了移动平台架构，这涉及企业长远的规划设计。本章还介绍了以移动平台为中心的资源聚合企业移动化解决方案，并对东航和宝钢集团的相关案例进行了解析。

第 4 章详细介绍了企业移动平台的架构和三大核心功能，同时简要介绍了国内外几个主流的移动平台，并对移动平台的发展趋势进行了预测。

第 5 章介绍了移动平台选型。对于移动平台选型，企业除了需要建立战略层面的 IT 治理决策机制之外，还需要一些科学的战术层面的移动平台选型方法论及评估指标体系，这正是本章的重点。

第 6～9 章以 AppCan 移动平台为例，分别详细介绍了移动端技术、移动管理平台技术、移动云平台技术和移动安全技术，最后提供了一个金融行业的移动安全案例供读者学习和参考。

第 10 章介绍了移动应用运营的相关内容，以图帮助企业更好地运营开发好的移动应用，使之真正产生业务、商业和客户价值。

本书附录中给出了一系列国内典型企业的“移动平台+行业应用”案例，较为系统地阐述了一体化移动平台在大中型企业管理中的巨大作用。

最后需要说明的是，由于“移动互联网+”、移动平台等均是很新的概念，我们在编写本书的过程中参阅了不少来自互联网的公开资料，限于篇幅没有一一列举，在此向资料原作者一并表示感谢。如有疑问，恳请发邮件至 qiweich@qq.com 联系我们。

编者

2015 年 5 月 4 日

目 录

1

第1章

移动就是生产力

1.1 移动改变生产——下一个风口

1.1.1 移动互联网+行业应用将重新定义人类生产力

2015年3月5日十二届全国人大三次会议上，李克强总理在政府工作报告中首次提出“互联网+”行动计划。十二届全国人大三次会议闭幕后，李克强总理会见了中外记者，在回答关于网购的问题时他表示：“这使我想起最近互联网上流行的一个词叫‘风口’，我想站在‘互联网+’的风口上顺势而为，会使中国经济飞起来。”

“互联网+”是创新2.0下的互联网发展新形态、新业态，是知识社会创新2.0推动下的互联网形态演进。“互联网+”行动计划将重点促进以移动互联网、云计算、物联网、大数据、智能制造为代表的新一代信息技术与现代制造业、生产性服务业等的融合创新，发展壮大新兴业态，打造新的产业增长点，为大众创业、万众创新提供环境，为产业智能化提供支撑，增强新的经济发展动力，促进国民经济提质增效升级。

全球知名管理咨询公司麦肯锡 2014 年 7 月 24 日在上海发布的最新研究报告显示，预计 2013—2025 年，互联网将占中国经济年增长率中的 0.3%～1%[1]。这就意味着，在这十几年中，互联网将有可能在中国 GDP 增长总量中贡献 7%～22%，相当于 4 万亿元到 14 万亿元人民币的 GDP 总量。而大力提高劳动生产率是中国目前的当务之急，研究认为，“互联网+”行动计划将促进中国经济转型到一个以高效劳动生产力、创新和消费推动的发展模式。

相信绝大部分人已经深刻地感受到了“移动改变生活”，但是这仅仅是一个开始，随着移动互联网+行业应用的逐步展开和深入，移动金融、移动健康、移动教育、移动办公、移动制造、移动营销等不一而足。作为一种全新的生产力形态，“移动的力量”正在发挥其突出作用。同时，伴随着终端技术、软件技术及网络技术的共同进步，移动互联网必将加速推动“万物互联”或“一切皆可连接”更快地实现，最终形成一种全新的生产力形态。

目前，移动技术已经成为世界经济的关键助推力之一。世界范围内的**移动价值链也已经初步形成**，其中包括核心通信技术的创新者、移动设备的设计者和制造者、基础设施提供商、移动网络运营商、移动产品使用者、移动内容提供和开发者、移动 App 开发商和设备零售商。这些公司、组织和个人分别构成了移动价值链的关键组成部分之一，他们之间既相互紧密合作，又激烈竞争，共同促进了整个移动产业的快速发展。

据波士顿咨询集团 2015 年 1 月 16 日发布的报告《移动革命：移动技术如何带来万亿美元的影响力》[2]，2014 年，在全球范围内，手机的销售和使用创造了近 3.3 万亿美元的收入。年消费者总盈余，即移动行业为用户创造的价值（除用户为移动服务支付的费用以外），达到 6.4 万亿美元（见图 1.1）。

---

[1] 中国新闻网：http://finance.chinanews.com/it/2014/07-24/6423717.shtml.

[2] https://www.bcgperspectives.com/content/articles/telecommunications_technology_business_transformation_mobile_revolution/?chapter=3#chapter3.

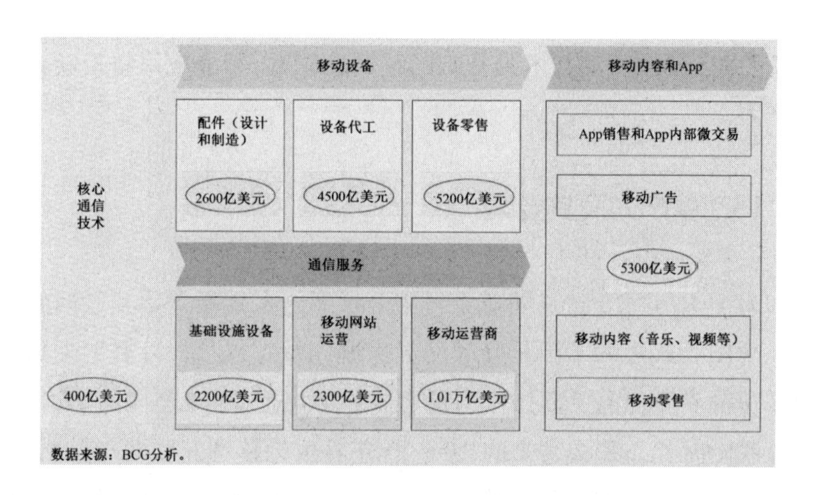

图 1.1　2014 年移动产业产值分布

该报告同时指出，移动技术对中国经济的影响高达 3650 亿美元，占中国国内生产总值（GDP）的 3.7%。中国的移动国内生产总值（mGDP）目前位居全球第二，到 2020 年有望增至中国 GDP 的 4.8%。中国移动设备和终端厂商在全球舞台上的日益扩张及其在移动技术专利领域的强劲地位是推动这一趋势的主要力量（见图 1.2）。

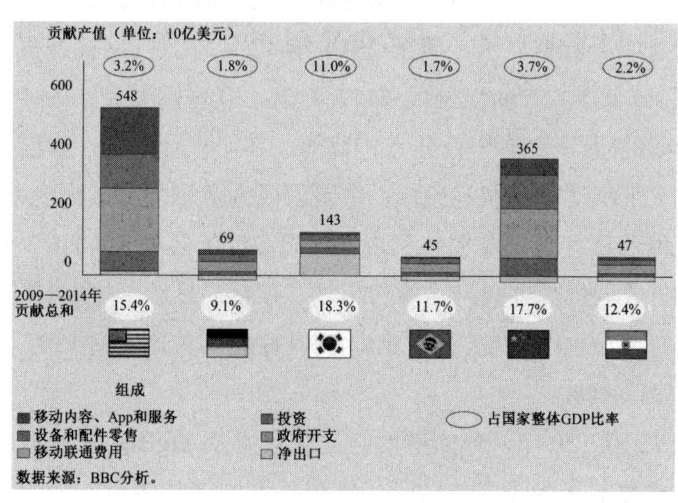

图 1.2　移动产业对六国GDP贡献比率

我们相信，以移动技术为基础的移动互联网+行业应用将重新定义人类生产力。

1.1.2 移动生产力及其要素

1994 年 4 月 20 日，随着中科院开通了一条连接美国互联网的 64K 电路，中国正式迈入了国际互联网大家庭。从那以后，互联网便成为推动中国和世界变化的主要技术力量之一。如果把 2014 年前的 20 年称为消费互联网时代，那么未来的 10～20 年将成为移动互联网+行动计划的时代，产业互联网将以移动互联网与云计算为核心，无缝连接各类智能终端和设备，形成“云+移动互连+端”的产业生态。

过去 20 年，伴随着网络通信技术从低速 2G 网络升级为 3G 网络的进步、终端技术从功能机到智能机的演进，基于“移动互联网+”行动的移动游戏、移动社交、移动办公、移动学习、移动健康、移动购物、移动支付等几乎成为新一代信息化的代名词，消费级移动互联网逐步走向成熟并接近其巅峰。互联网覆盖率和影响力正在迅速扩大。根据中国互联网络信息中心数据显示，截至 2014 年 12 月，我国网民规模数量达到了 6.49 亿，全年共计新增网民 3117 万人，互联网普及率为 47.9%，较 2013 年年底提升了 2.1 个百分点。目前，在个人计算机、智能手机、电子商务、宽带移动互联网等领域，中国已成为全球规模最大的市场之一，并且中国网络零售业的年销售额现已接近 3000 亿美元，2013 年其规模超过美国，成为世界最大网络零售市场。有数据显示，自 2010 年到 2013 年，中国的劳动生产率增长了 26%，而互联网相关产出对 GDP 的贡献则增长了 35%～60%。

而未来 10～20 年，伴随着网络通信技术从 ZigBee 等到 3G/4G 无线网络，网络覆盖无处不在；同时，终端技术进步从 RFID 等无源被动器件到各类先进的有源传感器，能充分识别生产层级多样化参数。移动互联网市场的超常规发展推动了智能硬件产业的爆发。各类智能化的移动设备（智能穿戴设备、智能汽车、智能机器人）及其与万物的连接正在重新定义人们的生活方式和生产方式，提高了人们的工作效率，释放了更高的生产力，从而创造出更大的社会效益和经济效益。这就是移动互联网+行业应用的时代，其中蕴含着无穷无尽的创新源泉和令人匪夷所思的颠覆能力，移动将改变生产。这就是移动互联网技术的力量、移动互联网+行业应用的力量、“移动的力量”。

相比于“移动改变生活”，“移动改变生产”这一命题对于今天的中国显得更为重要。一方面，转型期的中国经济亟须寻找新的增长驱动力；另一方面，中国已经具备了赶超发达国家的基础条件。无论是 GE 推动的“工业互联网”，还是德国政府提出的“工业 4.0”，或是李克强总理倡导的“互联网+”行动计划，这些新概念的本质都反映了以移动互联网为主要标志的新一代信息技术向生产层面的渗透。

正如移动生产力丛书的开篇之作《移动的力量》中分析的那样，“移动生产力具有下面三大本质特征：移动生产力是智能化与网络化生产力，移动生产力是高渗透性生产力，移动生产力是全球范围内同步运行的生产力。同时，移动生产力终将取代传统生产力占据主导地位，这种取代的根源归结起来表现在三个方面：更先进的技术基础，更能满足人类的真正利益与真正需求，更符合人类文明的进步与发展”。

作为一种新的生产力，移动生产力当然也包括一些基本的生产力要素，具体如下。

- **穿戴移动智能终端的任何状态中的人**——摆脱了固定场所的束缚，借助无处不在的网络，人可以在任何时间、任何地点借助移动智能设备与云端设备完成数据交互工作。
- **形形色色的网络化智能设备**——机器设备的智能化和网络化是移动生产力实现的前提，这也是工业 4.0、工业互联网的基础，是推动生产力提升的动力。

- **基于大数据的管理和智能决策**——基于大数据的分析结果将改变传统产业的运营模式，结合其他移动互联网技术向传统产业的渗透，最终实现生产方式的移动化与智能化；智能决策将提高潜在的生产率，同时降低成本，规模堪比工业和互联网革命。
- **无处不在的网络**——网络在移动互联网时代所扮演的角色，就像工业时代的电力和蒸汽机，它会渗透到人类生产生活的各个领域，将人、机器、数据等各种要素相互结合，增加生产要素的信息含量，并使各种要素的配置更加合理，从而提高生产力系统的整体素质和利用效率，最终实现生产力的提升。

由终端技术、软件技术及网络技术共同催生的移动互联网已经迸发出越来越大的力量，这种力量将渗透至各种创新经济的生产过程，极大地提高生产效率。这种力量必将在整体人类经济中持续蔓延，从创新经济起始，继而改造传统经济，最后终将重构人类社会的生产力。

这种力量，就是我们提到的移动生产力。

1.1.3 移动互联网——决定 2025 年世界经济的最主要的颠覆技术

2014 年麦肯锡发布了一项报告——《麦肯锡：决定 2025 年经济的 12 大颠覆技术》[3]，其中列举了 12 项颠覆技术及其潜在的经济影响程度（含消费者盈余在内，即消费者并未支付的因创新而获得的价值），如图 1.3 所示。

麦肯锡认为，未来十多年最具经济影响性的技术应该是那些已经取得良好进展的技术，比如已经在发达国家普及并在新兴国家蓬勃发展的**移动互联网**；知识工作自动化，如用计算机语音来处理大部分的客户电话；物联网，如将传感器嵌入物理实体中用来监控产品在工厂的流动；以及云计算。按照麦肯锡的估算，到 2025 年，这些技术每一个对全球

[3] http://www.mckinsey.com/insights/business_technology/disruptive_technologies.

经济的价值贡献均超过 1 万亿美元（即便是预测的下限）。

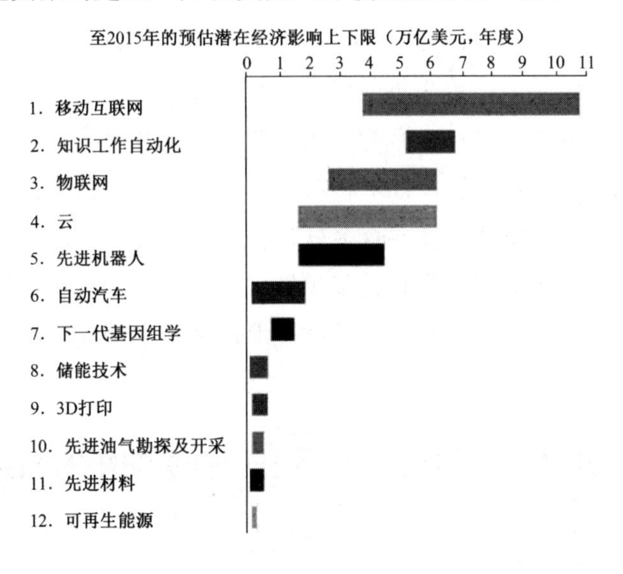

图 1.3　12 项颠覆技术

麦肯锡提出的决定 2025 年经济的 12 大颠覆技术中，**排名第一的就是移动互联网技术**，主要是指价格不断下降、能力不断增强的移动计算设备和互联网连接。

（1）到 2025 年的影响力

- 经济：3.7 万亿～10.8 万亿美元；
- 生活：远程健康监视可令治疗成本下降 20%。

（2）主要技术

- 无线技术；
- 小型、低成本计算及存储设备；
- 先进显示技术；
- 自然人机接口和先进、廉价的电池。

（3）关键应用

- 服务交付；
- 员工生产力提升；

- 移动互联网设备使用带来的额外消费者盈余。

移动互联网+行业应用是终端技术、软件技术、网络技术和相关行业共同进步的必然结果，也必将引领产业领域变革和创新，进而带来囊括了人、各类智能生产设备和智能决策机制的移动生产力的诞生，其基础和驱动力是终端技术、软件技术和网络技术三者的有机结合。

培育这种移动生产力需要众多软件技术来支撑，如移动互联网、云计算和雾技术、大数据、生物特征识别、增强现实、人机交互、人工智能、量子计算等，**而企业级移动平台技术也是其中最重要的一项。**

1.2 移动平台技术是传统企业转型的核心驱动力之一

企业移动化或向移动互联的转型并非简单地从计算机向手机等移动设备端进行迁移，而是需要管理者对企业业务管理进行大量的颠覆式创新。

这时，**移动平台将成为传统企业转型的核心驱动力**。在“移动互联网+”背景下，它必将引领产业领域变革和创新，以此形成囊括各类智能生产设备、智能决策机制的移动生产力。

1.2.1 移动平台——企业级移动应用的基石

随着移动智能设备的快速普及，3G、4G、蓝牙、ZigBee、WiFi、WSN、WiMAX、UWB、无线USB等逐步遍布生产、生活的各个角落，而且速度越来越快。智能设备与无线网络的结合奠定了移动业务应用程序的基础。我们通常把2014年称为企业移动应用元年，越来越多的企业把信息化建设的重点转向了移动信息化，并与生产和业务紧密结合，“移动优先”成为企业客户与软件厂商在IT建设模式下的共同选择。这就需要企业首先建立起用于构建成本效率优先的定制移动应用程序的专业技能。尽管定制应用程序对于较大的企业而言将始终是一个重要可选项，但它可能将开始让位于成本更低的预置应用程序。这种转变将开启一个广泛部署和快速发展的新阶段，巨大的转变必将来自移动平台技术。

多年来大中型企业的信息化实践已经证明，平台化是软件技术产品发展及行业应用的新引擎。从底层的基础设施、操作系统、数据库，到中层的中间件和上层的企业级应用系统的垂直整合、相互渗透，向一体化服务平台的新体系不断演变。基于云计算的软件即服务（SaaS）、平台即服务（PaaS）、基础设施即服务（IaaS）、数据即服务（DaaS）本质上就是打造和交付一体化集成的产品服务平台。这种以平台形式整合的集成化交付，可降低 IT 应用的复杂性，提升业务效率，满足用户灵活部署、协同工作和个性应用的需求。而一个完整的移动平台要围绕移动应用的开发、管理、整合和运营，提供完整、统一、标准化的平台化服务能力。

当然，企业并非一开始就需要移动平台。如果企业仅在一类固定的设备上支持一个移动应用程序，并且用户数较少，单点产品或可成为价格低廉且轻松的解决方案，但前提是企业从不需要改变或扩展使用该解决方案。但几乎没有企业（特别是大中型或品牌企业）会或者想要致力于这种受限的移动战略。因为这种定制单点解决方案很难满足动态变化的环境和业务的变化，且成本高昂。更糟糕的是，企业每增加一个移动单点解决方案都会极大地增加管理、开发和集成成本。如果缺少必要的移动平台，那么，在后台的多个应用程序与前台的多个操作系统和移动应用之间很难建立有效的通信和数据交换。通过移动平台，企业的移动基础设施可随着其移动业务需求的增加而轻松扩展和动态变更。移动应用程序、智能终端设备、数据库和用户组等均能够以最小的工作量加以添加、变更和管理。总之，虽然并非每个企业都需要走移动平台路线，但移动平台是那些有理想并需要保证一定可控性和灵活度的企业的最好选择，对此，在本书后面部分我们还会进行详细解读。

从广义上讲，企业级移动应用平台可以包括很多种，如 App 开发和管理平台、微信平台和直达号平台等。而本书所讲的企业级移动应用平台主要是指移动 App 开发和管理平台。后面章节会给出移动平台的具体定义，并就其架构、功能等进行分析。

从全球范围来看企业级移动平台，IBM、甲骨文、SAP 等极少数巨头级企业通过收购兼并、垂直整合和优化适配，已经逐步构建起相对完整的服务平台，初步完成了移动平台化产品的布局。但是，这些传统软件巨头还没有完成移动化领域软件平台的完整构筑；同时，由于这些国际大鳄缺乏本土化的个性化服务，再加上国内企业对信息安全等方面的考量，导致这些洋产品“曲高和寡”，并不太受欢迎。与此同时，国内也有一些老牌公司在这方面发力，如华为、用友和金蝶等。

与这些众多的移动应用平台大佬或厂家不同，位于北京中关村的正益无线 AppCan 更有特色并有望实现“弯道超车”。这家创办才 4 年的企业通过“免费+开源+开放”的互联网模式运营 AppCan 移动云平台，目前该平台已拥有超过 70 万人次的注册开发者，创建了 30 万个应用，手机安装用户数超过 1 亿个，成为行业内最大的移动开发交流社区和众创空间。近几年来，正益无线 AppCan 在企业移动信息化领域也有不错的成绩，已服务了 6000 家企业客户及政府单位，解决方案已经覆盖金融、航空、能源、医疗、政府等行业。其盈利模式非常清晰，B2B 与 B2D 相结合，一方面扩大品牌知名度及用户量，另一方面承接大型移动化项目获取利润。截至目前，正益无线 AppCan 已经拥有东方航空、国家电网、中化集团等众多大型客户案例，成为不输于国际大牌的中国本土移动云平台。

1.2.2 移动云平台+智能应用——移动互联网 2.0 时代

目前，移动互联网正在步入“移动云平台+智能应用”的 2.0 时代。

终端设备不再那么重要了，而移动应用服务的重要性则日益凸显。移动互联网 2.0 已经呈现智能化加速的趋势，智能化受到云计算和大数据发展的驱动，对于移动终端与互联网服务的结合，在智能化上提出了新的要求。移动互联网、云计算与移动智能终端的结合，将形成平台级云服务与移动智能终端应用的配合，使云和端更紧密地结合，这将对未来的产业格局产生深刻影响。

应用与开发模式的变化，也将成为移动互联网 2.0 时代最引人注目的现象。

在移动互联网 2.0 时代，移动应用模式将发生显著变化。本地应用与网页应用相结合，将引发产业格局的一场变革。 新的移动应用竞争的焦点，也开始逐步从本地转向网页。Facebook 将 API 开在网页上，而不是以往的平台上，就是一个极具代表性的趋势。移动互联网应用将逐步进入云计算和大数据时代。

与此同时，移动开发模式也正在发生变化。本地应用的开发模式，如 App Store 模式，还会流行几年。而与云计算技术相结合，移动平台化技术正向着 MBaaS（Mobile Backend as a Service）平台化应用开发模式演进。

MBaaS 将具有这些特点：①全面集成云计算核心技术；②具有云服务特色应用能力；③为开发者提供最强有力的支持；④为终端厂商提供最优秀的互联网内容和应用服务能力；⑤为用户提供最人性化、最贴近实际使用的互联网体验。这时，建设移动互联网生态圈和众创空间就变得尤为重要，其中聚集的活跃的开发者和创业者的数量便成了移动平台厂商未来取得成功的关键因素之一。

与移动互联网同时快速发展的物联网技术，也在企业中逐渐扩张，通过物联网来提高企业管理效率正在成为企业移动战略的重要选项。通过 App+云+物的三角形架构，沟通聚合来源广泛的物联网设备，借助移动平台建立起企业移动物联网统一控制台，构建起自主管控、自我扩展的企业物联网云。

1.3 移动生产力引领企业“步步为先”

移动生产力带给企业的价值是显著的。例如，作为国内企业移动应用的先行者之一的博士伦公司，早在 2003 年就设计开发和实施了基于 PDA 的移动访销系统，在国内成功运营的基础上还推广到了整个亚太地区，该系统作为营销队伍移动化和自动化的最宝贵工具，帮助企业实现了更出色的销售管理、客户服务、竞争力提升和更高的生产效率。

1.3.1 仅仅“移动优先”还不够，现在需要的是“移动生产力”

根据 IDC 在 2014 年对 364 家企业的 COO 或者 CIO 进行的调研，针对移动建设在整个企业的 IT 建设中的优先级这一问题，回答移动优先的占比为 45.6%，这主要是领先行业客户带领产生的效果，如银行、保险、政府、医疗等行业。还有大概 30%的 CIO 选择观望，他们有需求、有想法，但是可能有预算不足或者安全方面的顾虑，短期不太可能上马移动项目，从长期来看还是有这方面的需求。另外，还有 24.4%不考虑移动建设。通过这三组数字可以看出，移动信息化是未来长远的发展趋势。在调研数据中有约 50%的客户是在近 1～2 年之内开始建设的，约 30%的客户处于 3～5 年这个区间，其余的客户不是没有需求，而是可能还没有意识到移动信息化的重要性，从整体来看移动信息化潜力巨大。

在同一调查中，针对目前部署移动解决方案的情况，有 31%的客户已经可以支持跨平台的移动项目，其中以移动办公、移动手机邮箱为代表的协同应用为主，这是所有行业客户都会用到的，这类需求最多，部署也最普及。27%的企业已经部署了与自己的具体工作、业务场景有关的业务应用，如面向客户营销、企业内部管理的应用。还有 B2C 类，由于市场竞争激烈和消费市场成熟，越来越多的消费客户习惯在手机上做业务操作，很多行业客户如银行、保险公司甚至政府机构已经推出面向公众业务的 B2C 服务。这是很重要的趋势，我们相信企业业务应用将在较短的时间内超过通用的解决方案成为移动应用的主要方向。同时，20%的 CIO 已经具备了明确的移动规划。其中，还有一项数据需要特别留意，即仅有 7.7%左右的企业客户部署了移动管理解决方案，而其他大部分企业都处于前期的尝试建设阶段，没有考虑到以后对移动应用的整合和统一管理，这些企业目前均是先上项目，但等到其移动应用增加和用户规模扩大之后，它们都会面临很多管理难题和挑战，这时候将不得不返回来再考虑移动应用的管理问题。最后产业链整合方案的占比为 3.6%，也就是说企业更注重信息化移动应用建设，但是产业链的上游供应商、下游渠道商之间的协同比较差，该领域未来将有巨大的增长潜力。

移动，如今已经成为大部分 CIO 最为关注的技术趋势，很多企业已经开始实施移动优先战略。但我们认为，仅仅移动优先还不够，企业必须进一步向移动互联转型，企业更需要的是“移动生产力”。

企业移动应用可以把现有业务流程及运营机制推向移动，一些具备前瞻性的企业和 CIO 也早已经开始了这样的思考和实践：移动能够给业务带来怎样的转变并最终实现新的业务模式和创新。

企业如何做才能实现真实的移动生产力呢？对此，我们的建议是，创建一个移动平台+应用的卓越小组，将企业中最具创造性，擅长用户体验，了解工程知识、公司业务及功能原理的各类人才聚集在一起，在初步的技术路线图的基础上，让他们在极具商业价值的创新实践中充分发挥、出谋划策。一切都以抓住新的机遇为出发点，帮助企业在移动趋势下找到重塑客户、员工、产品及合作体验的途径。比如，对于航空公司而言，这可能意味着地勤工作的内容、水准，驾驶员与空乘人员的服务体验，从出发前到飞行中的限制性情况（如降低灯光亮度及机体颠簸）

等。而对于分销商而言，这可能意味着在业务需求与物流体系之间找到新的平衡点。要允许并鼓励试错，一切从用户角度出发，用事实说话，不断优化。

移动生产力已不仅仅停留在概念和学术层面，一些国内外知名企业早已经开始了在公司移动战略下的转型和创新尝试，并取得了实际成效。

1.3.2 大象转身——IBM的移动优先战略

Mobile First（移动优先）的口号最初是由Yahoo前首席设计架构师Luke Wroblewski提出的，已经获得了业界的广泛认同。他提倡产品研发团队首先针对移动设备进行设计，这不仅是因为移动设备现在数量庞大并在飞速增长，而且因为移动设备的限制能迫使我们改变旧习惯，先做减法，更关注产品最本质、最重要的方面，同时更多地注意性能和使用场景，最后会得到更出色的用户体验。当然，移动设备中丰富的传感器、摄像头等智能硬件，也为产品提供了更广阔的空间。

从利润日渐稀薄的PC硬件及x86标准服务器市场抽身，是IBM十几年来数位CEO坚定一致的转型策略。显然，高端硬件也不是IBM企业利润的避风港，从IBM最近一系列的收购和战略决策来看，移动将是IBM未来的利润引擎之一。

IBM于2013年2月启动了移动优先战略，同时发布的还有全面的移动解决方案和工具，包括平台、安全、培训、数据分析、设备管理、App开发软件，以及移动相关云计算和专家服务。IBM还宣称其移动优先解决方案覆盖企业向移动业务转型的所有需求，从企业员工移动设备管理到开发移动商务应用无所不包。

IBM认为移动正在改变顾客与企业的互动方式，移动优先对企业来说意味着需要改变整个企业IT架构。移动优先是企业IT架构重构的切入点和支点。IBM移动优先战略的背后支柱，是云计算优先、社交优先、大数据优先和 API 优先。IBM 希望通过云计算、大数据和实时社交网络帮助企业客户重塑 IT 基础设施，迎接移动优先时代的挑战。

移动技术的兴起为全球各个行业注入了新的活力。企业可通过移动的方式随时随地与客户、雇员及合作伙伴进行交流，并不断利用移动计算带来的机会提高企业的运作效率、发展新的业务、开发新的市场。移动化进程对企业的重要性可谓日益增强。正因为如此，IBM 和苹果公司在 2014 年 7 月宣布结盟，两家公司将会针对企业市场推出一系列的定制软件和服务。初期涉及的领域将包括银行业、政府、保险行业、零售业、旅游和运输业、电子通信行业等。

借此，IBM 将建立以移动优先为核心的移动战略，并通过移动平台+行业应用，为各行各业在移动业务领域开展创新提供持久发展的动力。

1.3.3　从 OTA 到 MTA——携程在手，说走就走

2013 年，梁建章的回归为携程打了一针强心剂，壮士断腕、强势并购、血本引流，携程从 OTA（Online Travel Agency，在线旅行社）转型至 MTA（Mobile Travel Agency，移动旅行社）。自 2013 年 4 月发布“大拇指+水泥”无线战略后，携程展开了一系列移动方面的并购和研发，并在 9 月 12 日正式发布中秋携程旅行 5.0 客户端，新客户端在丰富机票、酒店资源的基础上，推出了动态打包式自由行套餐，增加了攻略社区的微游记功能，将行前、行中、行后打通。携程移动应用正成为携程的核心预订平台，手机端酒店预订交易占比峰值突破 40%，单日交易额峰值突破 5000 万元，已超过携程传统 PC 端和呼叫中心的订单占比，这意味着携程基因已由 OTA 转型至 MTA。

1.3.4　掌上东航——“指尖上的东航”成为东航整体移动化战略

根据东方航空信息部副总经理王大明先生的介绍，“东航移动化战略

的价值主要体现在‘创新’和‘创效’两个方面，既有组织模式上的，也有生产运营上的。移动化战略是东航IT战略选择的重中之重，是信息化东航与人之间的连接器，永远在线。”

“指尖上的东航”是东航的整体移动化战略，移动平台现在并将继续在整个移动信息化战略中起主导作用。截至2014年5月，“掌上东航”的累计用户数为55982人，每日访问量达12万次，月活跃度高达78%。移动化的实施，全面提升了东航航空作业过程中业务流程管理的灵活度及运营管理效率。以EFB系统的采用为例，仅A330机型每年节约燃油、资料成本275万元，差错概率由4σ降低至6σ，极大地方便了手册资料的更新。另外，“掌上东航3.0”已被纳入2015年的计划并开始实施，它将实现以“用户体验”重构优化企业生产流。

东方航空是我国三大国有骨干航空运输集团之一，其“指尖上的东航”移动战略已在东航内部初显成效。通过在标准化的移动平台上运营、开发的东航App Store“掌上东航”移动平台，仅提供给内部员工使用的App就达到二十几个，包括移动OA、移动飞行、移动机务、数据报表、飞行员和空乘管理、掌上学堂、移动电商、移动物流等应用，覆盖了地勤、空乘、驾驶舱、机务和行政办公等各类用户人群，应用使用活跃度达到70%以上（见图1.4）。

以给全体机务人员使用的移动机务App为例，过去机务人员必须通过办公室电脑处理工作，现在直接通过移动终端就可完成。而给飞行员和乘务员使用的移动飞行 App，根据空勤人员的工作特性，结合航前、航中和航后整个工作流程，使飞行员可以快速了解机组人员及乘客的相关情况和联系方式。

2014年，东航又进一步强化移动前端应用的整合，打造统一移动个人门户，把以前分散的各类应用，改造成面向特定用户角色或岗位的个性化移动门户，使每类用户人群的使用功能都不一样。这些涉及东航内部方方面面办公管理的移动应用，大大提升了东航在航空作业过程中业务流程管理的灵活度及运营管理效率，每年节省投资及费用超过 4000 万元，使东航成为在移动互联网下遥遥领先的航空公司。

图 1.4　“掌上东航”应用界面

1.3.5　从“一卡通”到“手机银行”再到“一闪通”——招行招招领先

招商银行早在 1995 年就推出了“一卡通”，圈住了一大批新兴客户，塑造了招行的品牌和文化，也由此奠定了零售业务的优势。

招行紧紧抓住社会信息化和金融服务多元化的时代潮流，依托先进的信息系统和强劲的创新能力，于 2000 年首家推出手机银行并不断升级，提供全套的移动金融服务和理财服务。

2014 年 12 月 10 日，招商银行正式发布移动金融产品“一闪通”，其中一项重要布局就是与移动产业链的多方合作，进军 NFC 支付领域。招行推出的“一闪通”产品将银行卡与手机合二为一，将银行卡的支付、理财、兑汇等所有功能全部集中到手机上。从这个意义上讲，“一闪通”完全替代了招行的金牌产品“一卡通”，也替代了信用卡。

正如招行主管零售的刘行长所说，如果说招行“一卡通”吹响了中国金融电子化的号角，那么“一网通”则全面开启了中国银行业的互联网时代。招商银行“一闪通”将开启银行无卡化时代，再次领跑移动金融行业。

毫无疑问，在移动互联网时代，企业将拥有数量庞大的移动应用机会，但以往的“移动优先”已经不足以概括移动技术的重要性。有理想引领企业走向光明未来的 CIO 们应该把“移动生产力”作为新的奋斗目标，把注意力集中到以移动为基础打造全新业务发展方向上来，这才是“移动生产力”的真正含义，也是传统企业转型的重要方向。

2

第2章 “移动互联网+”引领行业转型和变革

近半个世纪以来，信息技术的发展与应用有力地推动了人类文明的进步。从20世纪60年代的大型计算机、70年代的小型计算机、80年代的个人计算机到90年代的互联网，每一步里程碑式的发展都把人类文明推向一个更高的层次。如今互联网正式进入中国已经20年，移动信息化时代逐渐来临。

2007年，苹果公司开启了智能手机的重新定义，使移动技术的应用获得了空前的发展。截至2014年6月，苹果和谷歌移动应用商店中的应用数量都达到了120万个，其中苹果应用商店的下载次数达到了750亿次，这些应用涵盖了信息、娱乐、教育、社交、健康等与生活相关的方方面面。

随着近年来移动互联网和智能终端的普及，经过几年的尝试和发展，智能手机的渗透率超过了90%。一项针对中国28个城市白领日均智能手机使用时间的调查显示，绝大部分城市的白领每天使用移动智能设备的平均时间为 2～3 小时，北京白领使用时间最长，达到 6.72 小时。林林总总的移动应用可以满足人们的各种需求，可以说，移动技术已经深刻地影响了民众的工作、生活和娱乐习惯。

2013 年 7 月 22 日上午 7 点左右，当时已经拥有 4 亿用户的移动社交应用微信，发生了自上线以来最大规模的技术故障。在 5 小时的修复过程中，许多用户因无法使用微信而焦虑。在其后的两天时间里，该事件成为社会舆论的焦点：新浪微博中有关“微信故障”的讨论达到百万条，百度搜索中有关“微信故障”的新闻达到数千篇。“失去方知珍贵”，正是像微信这样一批人们已经离不开的移动互联网应用，让我们体会到了移动互联网的强大威力。

这种力量的影响，首当其冲体现在移动智能终端上空前丰富的各类移动应用，它们已经极大地改变了人们的生活，正所谓“移动改变生活”。

2.1 离不开的移动应用

广义移动应用（Mobile Application，MA）包含个人以及企业级应用。狭义移动应用指企业级商务应用。简而言之，移动应用是指能够将我们的生活和工作搬到智能移动终端上用移动程序来完成操作的应用。

移动应用从表现形式上，分为以下几类。

① 客户端形式：App 客户端形式是可以在手机终端运行的软件，在手机上安装完方可使用，目前主要在 iOS 和 Android 系统上。

② 浏览器形式：通过手机自带浏览器或者第三方浏览器访问，称为 Web App，未来将以 HTML5 为主。

从内容和功能上，根据苹果 App Store 分类标准，包括报刊杂志、财务、参考、导航、工具、健康、教育、旅行、商业、社交、摄影、生活、体育、天气、图书、效率、新闻、医疗、音乐、游戏、娱乐共 21 种应用。

移动应用从使用人群上，分为以下几类（见图 2.1）。

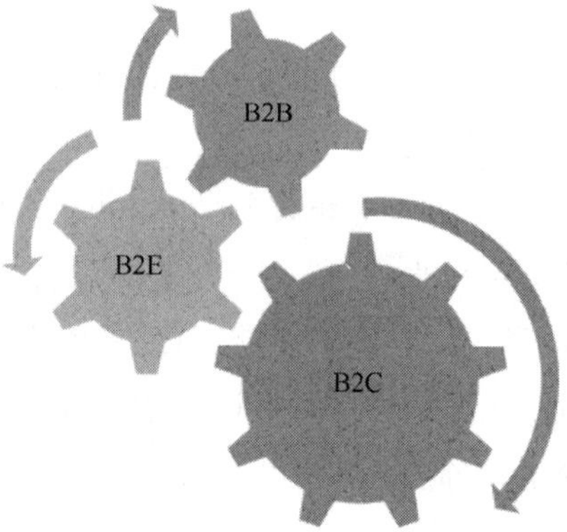

图 2.1　移动应用分类

1. B2C 类应用

B2C 类应用主要针对大众人群，按照用途大概可以划分为以下几类。

- 社交应用：微信、新浪微博、QQ 空间、人人网、开心网、腾讯微博等。
- 地图导航：Google 地图、导航犬、凯立德导航、百度地图、悠悠手机导航、SOSO 地图等。
- 网购支付：淘宝、天猫、京东商城、大众点评、淘打折、团购大全、拉手团购、美丽说等。
- 通话通信：手机 QQ、Youni 短信、飞信、QQ 通讯录、YY 语音、QQ 同步助手等。
- 生活消费：去哪儿旅行、携程无线、 114 商旅、百度旅游、穷游锦囊、58 同城等。
- 查询工具：墨迹天气、我查查、快拍二维码、盛名列车时刻表、航班管家等。
- 拍摄美化：美图秀秀、快图浏览、3D 全景照相机、百度魔图、美人相机、磨屏漫画、照片大头贴、PhotoWarp、GIF 快手、多棱相机等。

- 影音播放：酷狗音乐、酷我音乐、奇艺影视、多米音乐、手机电视、PPTV、QQ 音乐等。
- 图书阅读：91 熊猫看书、iReader、Adobe 阅读器、云中书城、懒人看书、书旗免费小说等。
- 浏览器：UC 浏览器、QQ 浏览器、ES 文件浏览器等。
- 新闻资讯：搜狐新闻、VIVA 畅读、网易新闻、鲜果联播、掌中新浪、中关村在线等。

2. B2E 类应用

B2E 类移动应用主要面向企业内部，通过智能终端的形式，以电信、互联网通信技术融合的方式，实现政府、企业的信息化应用和智能制造，最终达到随时随地进行随身的移动化信息工作的目的。

- 协同办公：移动 OA、移动审批、移动待办、移动公告等。
- 人事行政：移动考勤、移动 HR、移动招聘、移动报销等。
- 移动营销：移动 CRM、移动展业、移动订单系统等。
- 移动业务：移动盘点移动监管、移动医疗、移动制造等。
- 基本工具：移动邮箱、移动通讯录、计算器、天气预报、文档编辑器等。

3. B2B 类应用

B2B 类应用是企业移动信息化的产物，主要面向各企业间的业务合作和沟通。随着企业移动信息化的逐步发展，B2B 类移动应用不断产生，如企业针对物流公司的物流发货跟踪管理系统，电子商务平台针对各经销商的管理系统，以及人与人或者企业与企业之间沟通的即时通信系统等。B2B 类移动应用提高了企业与企业之间的沟通速度，让企业协作流程更加通畅。

过去 20 年的“移动改变生活”主要来自 B2C 类移动应用，而正在到来的“移动改变生产”将主要来自 B2E 类和 B2B 类移动应用。下一节将给出更多的实用案例供读者学习参考。

2.2 十大行业移动应用全景图

随着移动互联网的快速发展和移动终端的迅速普及，各行各业争相通过移动终端的方式去吸引和抓住客户。当很多企业家还在为自己所错过的互联网浪潮感叹时，新一轮的移动互联网浪潮已悄悄到来。现今可以说是互联网向移动互联网转型的关键时期，几乎所有的互联网企业都在争抢登上移动互联网这艘大船的船票。然而还是有很多企业对移动互联网“看不懂或者跟不上”，为了让更多的企业都顺利搭上移动互联网的大船，企业需要通过移动互联网的入口去创造更多的新价值。

据 IDC 在 2014 年的调查报告，2014 年中国企业级移动解决方案市场空间为 16.3 亿美元，这还不包含所有相关的硬件设备。到 2017 年这个数字将达到 48 亿美元，2014—2017 年复合增长率将达到 43.5%，2015—2017 年将进入建设高峰。

随着移动互联和智能终端逐步普及，企业移动化已进入“移动互联网+”时代。最早一批布局移动信息化的企业已尝到“甜头”，而此前翘首观望的企业特别是传统企业如今也纷纷开始尝试并规划适合自身发展的移动化战略，企业移动化已经是大势所趋。

下面我们从保险、银行、证券和基金、快速消费品、政府、交通物流、医疗、零售、制造、电力和能源十大行业的行业背景入手，提供数十个“移动互联网+”行业应用的实际解决方案的全景图，同时分析每个行业目前移动应用的成熟度（见图 2.2）。

	政府行业	金融行业	智慧交通	智慧医疗	电子商务	电子行业
B2E（内部用户）	1.移动电子政务 2.移动分文审批 3.移动会议服务 4.移动公告通知 5.移动OA 6.移动CRM 7.移动终端 8.移动考勤 9.移动审批	1.移动监控 2.掌上运维 3.移动考勤 4.移动审批 5.客户经理 6.研究精选	1.移动现场作业 2.移动仓储客户端 3.移动物流监控 4.移动调度 5.移动排版 6.移动物流	1.移动护理 2.体征采集 3.医药仓储管理 4.移动考勤	1.移动CRM 2.移动BI客户端 3.移动库存管理 4.移动物流管理 5.移动营销助手	1.现场监理 2.现场智能监控 3.移动考勤 4.智能变电站应用 5.移动抢修应用 6.移动派单 7.现场数据采集
B2C（社会公众）	1.移动税务 2.交通违章查询 3.移动工商 4.移动城管 5.移动民政 6.移动质监	1.金融管家 2.移动理财 3.云记账 4.手机银行 5.自助理赔 6.金融商城	1.移动物流 2.移动助手 3.移动派送 4.移动票务	1.移动门户 2.预约挂号 3.健康咨询 4.电子病历	1.移动电子商城 2.移动即时通信	1.掌上营业厅 2.移动缴费 3.移动微网站 4.电动汽车
B2B（合作伙伴）	1.供货商客户端 2.移动采购系统		1.企业客户端 2.移动对账	1.供货商客户端 2.药品分销配送 3.零售连锁	1.供应商终端	1.电子直报系统 2.基建工程外网系统 3.现场监理

图 2.2　各行业移动应用

2.2.1　保险业

1．行业背景

保险行业是移动应用建设比较成熟、用户规模较大、与业务关联比较紧密的行业之一。从行业监管层面来看，保监会发布相关政策，要求保险企业提升对投保客户的服务水平，切实保障保户权益。各保险公司纷纷出台了内部管理措施，要求缩短客户服务响应时间，提升客户满意度。在激烈的市场竞争下，各家保险公司在产品、营销渠道和服务模式上须不断创新。其中开拓保险营销新模式、降低营销成本成为保险业十分关注的问题，基于智能终端的移动应用能够有效解决这一问题。

2．移动应用解决方案

（1）B2E 营销类应用

移动展业面向保险业务的推销人员，主要集中在寿险领域，业务人员通过智能手机或平板电脑等设备，在客户现场开展保险推广活动，可直观形象地宣传保险产品，试算保费投入，并可直接在现场受理客户的投保申请，能有效提高业务员出单成功率并降低成本。

通过移动展业应用，保险公司可以大幅降低外包录入、纸张资料寄送、电话核对及人员交通成本和资料审核的时间成本，此外业务员工作效率提高使得公司的业务员单位时间产出增加，从而有效提高市场竞争力。

（2）B2E 售后服务类应用

移动查勘理赔面向保险售后团队，主要集中在财险类业务，典型险种为车辆险。保险公司售后服务人员可在客户交通事故现场，通过智能终端拍照取样，收集车辆的损坏情况，进行现场查勘定损，通过无线通信网络，即时把现场案情信息传送回总部后台业务系统，缩短理赔服务时间，保证客户在短时间内即可得到赔付款。

借助移动查勘理赔系统，一线业务人员可与总部团队形成良好的互动，后台核损人员能全程指导和监督现场查勘人员的理赔工作，确认出险程度，便于对案情定性。

（3）B2C 公众服务类应用

目前很多保险企业均推出了面向公众用户的 B2C 类移动应用，用户可从保险公司官网下载安装手机客户端软件，直接进行手机投保、保单查询、在线咨询、保费试算等业务操作，这类似于手机营业厅的自助服务功能。除了业务类应用之外，保险企业也拓展生活服务类移动应用，通过统一终端应用载体为用户提供更多便利服务，如保险常识、理赔定点医院、交通法规、保险行业动态等内容。

3. 行业成熟度分析

由于行业竞争的原因，保险行业的移动应用建设在众多行业中较为领先，用户规模较大，其中保险代理人和理赔查勘人员是主要的用户人群，大型保险企业保险代理人达到几十万。另外移动应用的业务复杂度较高，需要与核心业务系统、移动支付系统及终端本地硬件特性做紧密集成。目前移动应用已经成为各大保险企业重要的 IT 建设方向，行业普及率较高，将为软件厂商和平板电脑厂商带来大量商机。

在项目建设模式上，保险行业客户通常与外部软件厂商合作开发移动应用解决方案，部分客户采用全部外包的方式，有些则采用共同研发的方式。

在硬件购置方式上，通常采用集采方式统一配备终端，主要采购联想和华为的平板电脑产品；也有通过与运营商合作的方式，采用话费补贴政策，解决终端问题。

2.2.2 银行业

1. 行业背景

银行业在移动信息化领域走在各个行业的前列，在客户营销和业务办理等方面进行了积极的探索，目前国内大多数银行都已经建设或正在规划移动应用，成为未来 IT 建设的增长点。

国有银行受安全政策约束，目前尚不能规模部署基于 WiFi 或无线通信网络的移动应用，但国有银行已经对移动应用技术进行了可行性论证，一旦有了合适的安全解决方案或政策导向发生变化，相关应用马上可以部署。其他股份制银行和城商行在移动应用建设方面较为领先。

2. 移动应用解决方案

（1）B2E 运营管理

主要面向银行主管领导，在银行内部运营及管理领域，逐渐形成了移动 OA、行长决策、咨询平台等解决方案，辅助管理者更好地处理日常工作，查看各项经营指标，通常采用 iPad 呈现应用。运营管理类移动应用用户群体较为集中，主要是管理者，另外由于涉及银行内部核心业务系统的集成，存在一定的安全风险，所以此类应用目前在银行业中并不是特别普及。

（2）B2E 客户营销

银行客户采用平板电脑，支持客户经理等营销人员，便于在客户现场开展工作。其中既有面向银行客户经理的移动展业、面向大堂经理的个人理财、小额贷款业务等移动应用，也有面向 VIP 客户的私人银行、贵宾理财等业务。

比较典型的是银行信用卡中心移动开卡服务，工作人员通过平板电脑可以在客户现场直接办理信用卡开卡业务，采集客户资料信息，回传给银行信用卡中心业务系统。平板电脑配备了蓝牙便携式打印机、二代身份证读写器等扩展设备，帮助客户经理快速进行信息录入，鉴别用户身份，规避潜在风险并加快业务办理流程。

此类解决方案同样适用于其他银行卡开卡业务，部分银行已经用于借记卡开卡服务，银行可以派工作人员为大企业客户提供上门服务，集中办理开卡业务，提高工作效率和客户满意度。

移动开卡类业务的首要收益是能够加强征信管理，直接在现场就可以核查客户的身份和资信情况，相对于以往的纸质表单申报方式，风险大大降低，银行的风控部门对此解决方案非常重视；其次才是工作效率的提升，可缩短中间处理环节，加快发卡速度，提升客户满意度。

另外银行受营业网点的制约，覆盖的客户资源有限，尤其是城商行，相对于国有银行会有一定劣势，为了争取更多的客户资源，以平板电脑为载体的流动网点非常适合中小银行开展业务，不受网点的约束，可以上门为客户提供服务。银行业未来的发展方向将是以便捷服务吸引更多客户，提供贴身管家式服务，移动应用尤其适合这种业务需求，很多业务可以不通过银行柜台，直接在平板终端上完成，银行的商业服务模式将发生彻底变革。

（3）B2C 公众服务

手机银行已经成为银行向公众提供服务的一个重要载体，各家银行均推出了手机银行服务，方便客户在智能手机上办理账务查询、转账汇款等常规业务。除此之外还推出了掌上生活、移动支付等B2C类产品应用，为银行客户提供了更多便利，提高了客户忠诚度。

3. 行业成熟度分析

银行的移动应用通常都由总行统一规划部署，各地分行可根据当地业务需求在总行的移动应用产品之上做一些定制开发。银行业在用户规模上仅次于保险行业，业务复杂度较高，未来需要构建统一移动应用平台，主管机构的安全政策要求是其大规模发展的一个制约因素。银行企业在互联网金融的冲击下，也在积极谋求创新服务，基于智能终端的移动互联网应用将是一个着力点，便于银行提供更好的服务给最终客户。

在项目建设模式上，有实力的银行客户通常与外部供应商共同研发或购买中间件平台自主研发，部分城商行和农信社等金融机构采用外包方式建设。

在硬件配置方面，银行针对办公类应用通常采购 iPad，信用卡中心移动开卡服务通常选择 Android 平板设备，国产终端厂商比较有优势，因为他们愿意配合用户进行终端定制化改造，进行原型验证。

2.2.3 证券、基金行业

1. 行业背景

证券、基金行业的最大竞争就是客户的竞争、服务的竞争。如何才能更好地服务客户、争取更多质量更高的客户，成为证券、基金公司现在考虑的最大问题。加快移动信息化步伐，可以为证券、基金公司提供一种新的销售渠道和服务模式，用更加方便的购买渠道和服务水平赢得更多的客户。

2. 移动应用解决方案

（1）B2E 协同办公类应用

移动协同办公系统是一款面向证券、基金行业内部人员的移动办公应用，它将原有协同办公系统中的公文流转、下发通知、数据采集、电话会议等功能迁移到手机上。使用人员可以摆脱时间和空间的束缚，提高工作效率，加强远程协作，尤其是可轻松处理常规办公模式下难于解决的紧急事务，从而极大地提高内部办公效率，促进内部信息沟通（见图 2.3）。

证券、基金行业的行情信息瞬息万变，基金经理可以通过移动协同办公系统，随时了解市场实时动态，调整业务，下达指令。众多分析员的分析工作及协作工作也可以通过移动终端的方式实现随时、随地接入内部系统，进行分析结果信息的交互和查询。

图 2.3　移动协同办公系统

（2）B2E 营销类应用

企业移动营销系统是一款面向证券、基金行业业务人员的移动营销应用，证券、基金行业业务人员可随时随地通过企业移动营销系统，进行客户资料收集管理、客户营销、产品推广展示、客户服务、客户关怀等客户关系管理工作。

证券、基金行业业务人员可以在出外勤时登录公司的企业移动营销系统提交客户资料，无须到办公室进行附加操作或后续工作；通过企业移动营销系统不仅可以改善内部流程，也可改善客户体验，当企业业务人员同客户交流的时候，企业移动营销系统可以帮助业务人员生动地展示产品，解决现场客户问题。

（3）B2E 即时通信类应用

移动即时通信系统是一款面向证券、基金行业内部员工和客服的手机即时通信应用，与企业现有客服中心相结合，可满足证券、基金行业内部员工与员工、客服与客户之间随时随地快捷沟通的需要。交流内容包括文字、语音、视频及文件互发等（见图 2.4）。

企业内部即时通信系统可以通过树形组织架构，在短时间内将企业通知传达到全部员工；可使异地员工间突破地域限制，交流沟通更简便快捷；可使客户直接与内部客服人员即时沟通，企业内部客服人员可以同时处理多个访问者的咨询。

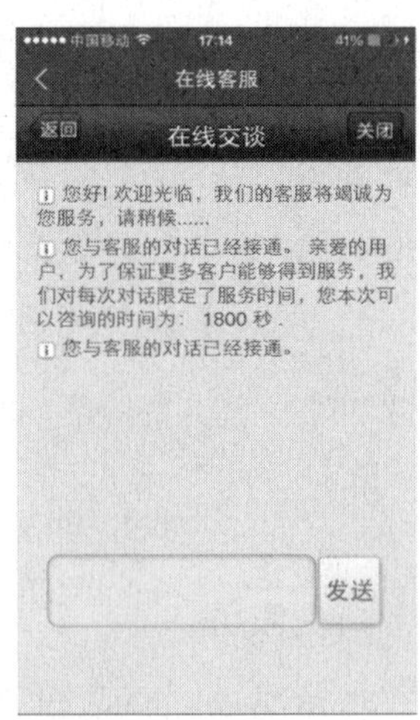

图 2.4　移动即时通信系统

（4）B2C 营销类应用

证券、基金行业是一个服务性行业，证券、基金公司之间的竞争其实就是服务的竞争，谁的服务质量好，谁的产品收益多，谁就能争取到更多的客户。证券、基金公司为用户提供频繁有效的沟通和多种销售渠道，方便用户多渠道购买赎回，让客户时刻感受到证券、基金公司的高效和便利性，才能在竞争激烈的市场中占据优势。

建立面向终端用户的移动营销体系，打通 App、微信、微网站孤岛，形成多渠道、多入口的产品推广和营销模式，让用户可以选择自己喜欢的渠道来做出响应。通过统一的管理后台，精准分析用户的购买习惯、风险承受能力、所在地域、终端类型等方面的数据，精确锁定营销目标，适时、适地为适宜的客户提供适当的服务，在降低成本的同时提高营销投资的有效性。

3. 行业成熟度分析

证券、基金行业属于金融领域的一个分支，讲究的是产品和服务。目前国内证券、基金行业的佼佼者如中信证券、华泰证券、招商证券、华夏基金、南方基金等都已经展开了自己的移动信息化建设，但移动信息化的程度并不高，缺少对移动信息化的统一规划和实施。

在移动安全方面，证券、基金行业与银行、保险业相同，信息安全尤为重要，需要从移动终端、信息传输、本地存储等多方面考虑。

2.2.4 快速消费品行业

1. 行业背景

快速消费品（简称快消品）行业涵盖食品、饮料、日化等多个细分行业。从业厂商需要及时掌握市场营销动态，即时采集产品在各个卖场、超市和零售店的销售情况，包括订单数据、货架信息、店面库存、竞品信息等，以便安排生产计划以及调整市场营销策略。快消品厂商的业务覆盖范围较大，需要大量的业务代表走访终端门店，采集信息数据。传统模式是采用纸质表单记录门店的库存、销量、排面等情况，采集到的信息不能及时回传给总部，不能有效支持管理者的决策。基于智能手机终端的移动数据采集应用很好地解决了这一问题，可实现信息的实时采集上传，并可进行拍照、录音、录像等操作，丰富了信息采集手段，取得了良好的应用效果。目前国内比较大的快消品厂商都已实施了类似的解决方案，部分企业已经建设了具备一定规模的业务系统。

2．移动应用解决方案

（1）B2E 面向导购员

导购员由快消品厂商招募并派驻到商场、超市等大型卖场，负责产品促销宣传工作。

导购员须每天上报商品在各个零售终端和大卖场的销售情况，包括销量、库存、排面、陈列、价格和促销等信息，便于区域经理或总部营销主管及时掌握各地市场情况。以往主要通过纸质表单或手机短信方式，工作效率低，存在数据误差，不能及时精准地反映市场竞争情况，需要借助移动应用辅助导购员上报现场情况。

考勤：导购员每天上班时，在超市卖场拍一张工作照，并通过 LBS 定位方式记录导购员考勤信息，包括时间、卖场位置、工作场景，可有效监督导购员出勤。

工作计划管理：导购员可以把每月、每周甚至每天的工作计划记录在手机上，经主管审核批准后，开展工作。

通知公告：当快消品厂商准备开展促销活动时，可将通知内容通过手机客户端推送给导购员，包括活动时间、注意事项、相关项目内容等，加强总部与一线人员的联系。

（2）B2E面向业务代表

业务代表负责辖区内各个零售门店、商场、超市、经销商等营销通路的销售工作。与导购员不同的是，业务代表不常驻某一家卖场，通常是走访片区内的直营卖场，收集订单信息，进行产品理货和客户关系维护工作。

业务代表是大多数快消品厂商进行市场调查的核心人群，以往他们也是采用纸质表单收集销售终端营销信息，包括检查货架陈列是否符合要求，采集自有产品和竞品价格，检查促销活动现场情况，收集销量与补货信息，进行串货和假货检查等多项内容。这种方式工作效率比较低，信息录入存在误差，数据的时效性差，不能及时准确地反馈市场信息，所以一些企业为业务代表配备了智能手机并安装了数据采集移动应用，以实现电子化数据录入，及时反馈市场动态。

（3）B2E面向督导员

督导员主要负责管理监督导购员和业务代表工作，一般每个督导员管理几十个导购员或业务代表，采用抽查方式检查人员考勤和工作情况。督导员通过移动应用可以实时看到导购员或业务代表上报的数据信息，通过实地走访终端门店，可以复查上报信息的真实性，加强对一线人员的有效管理。

3. 行业成熟度分析

快消品行业由于产品生命周期短、可替代性强、客户黏度小，所以整个市场的竞争非常激烈。为了提升自身的竞争力，一些大型的快消品厂商均已部署实施了市场营销数据采集系统，以快速应对市场变化。由于营销地域范围广泛，单一客户的业务代表群体至少有几百人，大的客户会达到几千人的规模。在移动信息化建设方面，一些外资企业和大型企业处于领先地位，如宝洁、可口可乐、卡夫、汇源、燕京啤酒等。但北方地区的客户思路较为保守，在IT建设上投入不大，典型厂商就是蒙牛和伊利，虽然拥有庞大的业务代表群体，但在移动应用领域总体投入很有限，甚至要求经销商自主建设实施。

快消品厂商通常选择外包厂商来建设移动应用项目，但每家的需求各不相同，所以需要大量的定制开发工作，这给软件厂商带来了很大的挑战。

在硬件设备购置上，快消品厂商由于总体IT投入有限，没有太多预算购置智能手机，通常采用合约机方式与运营商开展合作，降低总体投入成本。部分业内设备厂商创造了一种新的设备租赁服务方式DaaS（Device as a Service），快消品企业可直接向设备厂商租赁终端设备，拥有使用权，设备厂商要保障终端在全业务范围的售后服务。

2.2.5 政府行业

1. 行业背景

政府行业涉及的部门非常多，信息化建设水平参差不齐，对移动信息化的认知程度也各不相同。IDC研究发现，各地政府移动信息化建设呈现如下特征：一部分政府单位的工作以业务职能为主、内部行政办公为辅，如海关、金融、质监、工商、税务等，由业务驱动的政府机构IT建设较为完善，移动应用也呈现行业化特征，主要应用是移动执法；另一部分政府机构偏重于内部协同办公，没有太多业务职能，如教育部、科技部、工信部等，侧重于政策法规的制定和推广，IT系统建设较为薄弱，仅停留在OA阶段，甚至还倚重传统的纸质办公模式，因此从职能划分上各政府机构移动应用建设情况有很大的差异。另外从地域分布来看，东部沿海经济发达地区的地方政府思路较为超前，愿意尝试新的技术，尤其在上海和广东地区，已经有很多的移动执法和无线城市移动应用项目落地实施。西部内陆地区受限于经济因素，再加上地方主管领导思路较为保守，不愿意冒风险建设新的项目，移动应用普及率不太高，仅限于邮件、通知公告类的移动办公应用，业务类应用较少。

2. 移动应用解决方案

（1）基础应用

由于安全政策的制约以及主管领导的重视程度有限，大部分政府单位尚没有建设完备的移动信息化应用，部分政府客户进行了简单的试用，主要集中在移动办公领域，以信息浏览、通知公告和工作流审批为主。经济发达地区的政府在这一领域有很多试点项目。典型代表是北京政府公务员手机门户。

基础应用没有明显的业务属性，适合所有政府单位，主要面向中高层领导用户人群，基于平板电脑，进行日常工作事务审批和信息浏览。另外北京、上海等地区政府建设了政府移动办公门户，面向所有公务员，提供辅助办公服务。

（2）行业应用

主要面向具有执法监督或信息采集职能的政府单位，提供执法监察类应用，如交警、城管、税务、公安、工商、路政巡查、卫生监督、食品药监、国土、消防安全监察等。移动应用对于提升政府机构的执法监督水平和工作效率有很大的促进作用。

① 工商。

工商部门日常工作中，执法人员需要到地方工商所接收执法任务信息，携带很多纸质表单，然后前往执法现场进行商户巡查，填写纸质表单，整个过程比较烦琐费时，所以工商部门寻求通过移动技术手段，提高执法效率。

工商执法人员利用移动执法系统，在执法现场可以进行市场主体信息核实、户外广告查询、现场照相及录像取证等。市场监管人员在日常巡查和监管中，通过移动终端就可以及时、准确、便捷、全面地获取企业注册信息，了解企业经营情况，为实施有效监管提供保障。

移动应用主要功能包括以下方面。

- 经济户口管理：户口查询、户口认领、户口标注、GIS 定位。
- 质量监控：实时获取食品、商品最新检测信息，及时上报问题产品检测结果。
- 监测信息：包括市场监测、广告监测、商标监测和合同监测。
- 移动执法：现场拍照取证，登记录入案件信息，查询已登记的案件信息，提高现场执法效率。
- 网格巡查：系统根据工作人员所在地域和状态在移动终端自动生成巡查任务，现场执法人员按照任务提示完成巡查任务并进行结果反馈。
- 法律法规查询：执法人员根据实际案件处理需要，通过移动终端实时、快速地查询有关工商法律法规，为执法人员办案提供有效支持，提高行政执法水平。
- 12315 调度：执法人员在外可实时获取举报信息、申诉信息，即时核实处理。

② 税务。

税务机关“征管查”三大税收征管职能中，“征”、“查”职能对移动应用的需求较为强烈，征管人员和稽查人员分别主要承担着税务征收和税务审计等重要职能。征管和稽查工作本身具有的管辖范围广、纳税户多、征收项目多等特点，要求征管和稽查人员长时间在外办公，任务相对较重，移动办公需求日渐凸显。

稽查人员的主要职责是在辖区内检查漏征漏管户，通过手机查询纳税人基本信息和缴税情况，现场将笔录和偷税漏税信息录入系统。征管人员在执行迟报催缴过程中，现场使用智能手机进行计税对比和发票处理等工作。

移动应用主要功能包括以下几方面。

- 移动查询：纳税人基本信息、纳税人缴税/欠税情况、案件查询、发票真伪查询、税务政策等。

- 移动采集：稽查数据、纳税人问题反馈。
- 移动执法：迟报催缴、发票处理。
- 移动考勤：上下班系统考勤。

③ 公安交管。

- 警务通：警务通主要面向公安民警，以手持移动终端 PDA 为载体，通过无线网络，提供信息查询、采集上报、移动执法等功能。这有助于治安警察预防、发现和制止违法犯罪，维护公共场所的治安秩序，管理特种行业和危险物品，处理一般违法案件等。主要功能包括综合查询、案件管理、治安管理、社区警务管理等。
- 交警通：交警通主要面向交通警察，通过移动终端将公安网内部信息资源提供给执勤交警，为其处理各项业务提供及时准确的依据，使其在现场快速辨别在逃人员、套牌车辆、假驾驶证、走私或盗抢机动车、非法拼装车辆、扣分是否超过 12 分等。交警通系统还具有移动支付功能，持卡人可通过移动警用终端现场刷卡缴纳罚款，并可打印票据，免除了前往违法处理网点排队交款的麻烦。

④ 卫生。

基层卫生监督所原有执法模式过程烦琐，缺乏统一的检查标准，工作效率低下。卫生监督部门希望利用信息化技术，实现卫生监督信息的快速获取，方便执法人员在现场快速规范地开展监督检查工作，不断提高执法效率，提升卫生监督社会形象。卫生监督移动执法系统利用智能手机移动应用，实现了现场检查、取证、上传及打印执法文书等功能，通过实时查询，帮助执法人员在现场全面掌握被检查目标的详细信息，包括行政许可、行政处罚、投诉举报和日常监督检查等，通过黑名单库，对无证行医者能第一时间掌握头像照片和司法移送等附加信息，创新了执法取证手段，提高了行政执法效能。

卫生监督移动执法系统，通过结合地理信息系统和应急指挥系统的方式，为卫生监督执法工作和决策提供了全新而有力的技术手段，使各卫生管理部门实现了优化执法流程和严格执法管理，提高了监督执法人员的工作效率。

⑤ 国土。

土地执法监察机构基层执法人员在日常土地勘察工作中还采用传统手工作业方式，需要携带多种纸质图件、测量工具和相机等设备，在现场进行测量、绘图、定位、拍照等，工作行动不便利，执法监察工作流程烦琐，时效性低，无法现场对疑似违法用地行为定性。

通过开发移动执法监察系统，可实现对违法用地的及时发现、快速定位、准确定性，实现土地执法监察的定量、定性分析和执法监察的过程管理，加强土地监管，为依法查处违法案件提供科学、高效的现代化手段。

移动执法监察系统主要功能包括举报管理、巡查调度管理、现场采集取证管理、案件管理、图形辅助审查管理、绩效考核监督管理、案件成果信息汇总分析管理和执法过程监督管理等。

⑥ 环保。

目前环保执法人员在执法现场只能根据现场情况及有限的信息对执法对象进行核查，现场执法取证的数据无法及时自动回传至监控中心，所以为了规范环境执法程序，提高环境执法效能，准确锁定违法信息和证据，环境监察部门需要构建移动执法系统。

环境监察移动执法系统以3G网络为传输通道，以手持移动设备（智能手机、PDA、平板电脑）为信息处理终端，依据环保局监察执法部门的执法流程，通过与现有的审批、许可证管理、行政处罚、排污收费、环境信访、监测数据、在线监测、环境统计、排污申报等系统有机结合起来，实现信息共享和交换。

该系统主要功能包括：查询执法业务信息、获取企业历史资料、确认污染源地理位置、记录现场图片与文字证据、任务管理、稽查管理等业务功能。

通过建设移动执法系统，执法人员可以在现场了解污染源的审批信息、试生产信息、验收信息、排污许可证办理情况、排污口整治情况、总量情况、监测信息，以及该污染源有无被投诉或者处罚的情况，并且可以查看有关法律、法规及每个管理对象的现场检查作业指导书，以便对现场情况进行处理，大大提高执法效率。

⑦ 消防。

目前消防安全检查工作中存在着防火检查不到位、单位防火设备不齐备、占用防火通道和设备等复杂的现象，对于防火人员检查和监督提出了越来越高的要求，常规的监察手段不能有效满足检查要求，存在一定的安全漏洞和隐患。

基于智能手机的“消防通”移动应用利用移动通信技术，采取固定设备和移动设备相结合的方式，突破了时间和空间的限制，将城市重点单位、消防社区、消防部门连成了一个整体。其主要功能包括以下几个方面。

- 现场信息采集：基于智能终端移动应用可实现文字、图片、音频、视频等多媒体信息的采集、编辑、初加工、传送、签发等功能。
- 现场执法：在巡检过程中现场取证、开罚单，当场完成处罚，规范执法行为，杜绝暗箱操作。
- 移动办公应用：基于现有 OA 系统提供待办事项、移动邮件、通讯录、公告通知、信息传阅、信息推送和决策数据指标展现等功能。

（3）统一应用平台

随着越来越多的政府单位开始建设移动应用，政府可以筹建统一的移动应用平台，支持各个部门接入使用，减少重复投资；另外，面向公众服务领域，伴随着无线城市战略的推广，在网络基础设施完备的前提下，政府需要提供一些移动应用以满足市民的生活服务需求，如旅游交通、政务门户、便民服务等。目前中国移动联合第三方解决方案提供商，在全国 20 多个地区推广建设了无线城市项目。

① 移动政务平台。

部分地方政府整合资源，构建电子政务移动办公平台，用于满足各级政府机构移动应用建设需求。统一移动平台可实现移动化应用的快速构建和部署。公务人员可利用手机或平板电脑随时随地、安全便捷地进行政务处理和信息查阅，进一步提高行政办公效率和政务服务水平。目前在北京、福建等地已经建设了移动政务平台。

② 无线城市平台。

无线城市包括无线网络和无线应用两个层面。无线网络是指为市民提供 3G、WiFi 网络通信服务。无线应用是指市民可以通过手机和各种无线终端随时随地获得与政务公开、公共事业服务、个人生活等相关的各种城市服务信息。同时，借助物联网等技术，无线城市为政府行业用户提供城市信息化应用，提高政府的城市管理水平和各行业的生产效率。

无线城市是各种移动应用的聚合体，是以市民服务为中心的资源载体。无线城市将在市政管理、公共安全、医疗卫生、商务旅游、文化生活等领域带来新的便民服务。

对于政府客户，通过无线城市可实现政务公开、网上办事、市民互动，可提高公众对政府的满意度。通过使用智能城市管理类应用，可提高城市管理效率，提升城市品牌形象。

对于市民用户，通过无线城市可获取与日常生活息息相关的各种便民信息，如政策法规、交通出行、旅游观光、生活服务、购物休闲等。

3. 行业成熟度分析

政府行业客户涉及的细分领域较多，各个职能机构的移动信息化水平参差不齐。总体来看，受限于安全政策和政府领导思路，移动应用尚未真正大规模普及，只是在局部地区和重点机构有了一些试点应用，大部分地区还是以移动办公等基础类应用为主。但整个政府行业的市场空间非常广阔，能够为软件开发商、智能终端厂商和运营商带来更多的潜在机会。目前在智慧城市战略的推动下，全国很多城市都开始建设无线城市平台，以无线覆盖为基础，构建移动应用平台，便于政府办公和市民日常生活，未来的发展潜力巨大。

2.2.6 交通物流行业

1. 行业背景

交通物流行业包括城市公共交通、公路、铁路、民航、水运、邮政速递等业务领域。随着经济活力的增强，尤其是电子商务产业的蓬勃发展，交通运输对于移动应用的需求也非常多，需要把客流、物流、运力、道路等交通领域的多种要素进行关联整合，方便市民出行或跟踪物流走向。

2. 移动应用解决方案

（1）交通运输

市民在日常出行时，需要了解公路、铁路、航空等方面的运力情况，合理安排出行。目前主要由地方政府主导建立面向公众的便民移动应用服务，市民通过手机客户端应用，可实时查询城市交通状况，便于及时掌握路况信息和运力情况，合理安排出行，典型代表有苏州公交电子站牌系统及深圳易行网。

未来城市交通运输的各个环节，如公路、水路、航空、铁路、地铁等都将被纳入统一的交通信息管理平台，面向公众实时发布交通信息，方便居民出行。目前包括北京在内的一些大城市均有这方面的规划。

另外在高端交通运输领域，移动应用已经得到普及，以民航为例，包括以下几方面服务。

① B2E 客舱服务：面向飞机客舱乘务人员，用户可以在地面把乘客信息同步到便携终端设备，省去携带大量纸质材料的烦琐。在飞行途中，能够看到所有登机乘客基本资料信息，便于提供客户关怀服务或者直接受理客户业务申请，提升客户满意度。

② B2E 飞行服务：面向机长等飞机驾驶人员，飞机在起飞前需要进行大量的准备工作，如确认飞行路线图、操作手册、注意须知等。传统方式是通过纸质表单或到固定工作台电脑前完成，流程烦琐，效率较低。基于 iPad，机长可直接浏览确认起飞前各项准备事宜，如天气、航班流量、进出港航班情况等，并可将相关信息下载到 iPad 上，便于机长在地面准备起飞和空中飞行时使用。

③ B2E 地勤服务：面向航空公司的地勤人员，提供移动派工服务。地勤人员可通过智能手机或平板电脑接收工单，用于提供接机保障服务，工单内容包括航班预计到达时间、延误状况等，用电子派工替代纸质工单，有利于更好地排班，提升周转效率。

④ B2C 用户自助服务：基于智能手机，乘客可以自助完成各种业务操作，如客户值机、电子购票、航班动态查询、里程查询、酒店预订、行李查询、遗留物品查询、天气预报等。目前各大航空公司都已推出了相应的服务，典型代表为东航。除了专用客户端之外，航空公司还与微信合作，进行深度定制开发，把手机值机、客户购票等功能，通过 HTML5 技术搬到微信中，不需要重新安装客户端，用户即可使用各种移动业务服务，典型代表为南航。

⑤ B2C 空中娱乐休闲服务：在飞行距离较长的航线时，部分航空公司还配备了 IFE（In-flight Entertainment）客舱娱乐系统，基于平板电脑、手持式或座椅后背固定式设备，向客户提供影音娱乐、电子杂志、航路信息等服务。

（2）物流

物流运输企业有大量的快递员，通过工业 PDA 设备进行包裹分拣和派发，典型应用包括以下几个。

① 移动派工：快递员在收派件和物流中转站均须扫描包裹上的条形码信息，用来跟踪记录货品的递送流程。面对海量的包裹，物流公司必须为快递员配备 PDA 设备进行分拣，提高包裹的周转率。目前各大物流企业均已建设了类似的业务系统，移动派工成为快递员日常工作中必不可少的支持工具。典型应用有顺丰速运，目前在全国有 10 多万名用户。

② 黑名单查询：物流运输企业会建立最终客户信用体系，如果有客户恶意投递违规的包裹或以次充好、要求物流公司赔偿，物流公司会将其列入黑名单；快递员在上门接收包裹时，通过 PDA 设备根据客户填报的信息自动检查是否为黑名单客户，如果确认，可拒绝递送，保障物流公司不受损失。

（3）分销

分销是商品流通中的一个重要环节，大部分消费品厂商主要通过分销渠道销售自己的产品，因此对于产品流向的把控尤为重要。分销主要包括如下移动应用。

① 产品追溯和防伪：产品质量是企业生存的关键，所以很多厂商都加强了对分销渠道的把控，借助 PDA 设备快速采集物流信息，对整条销售链中的信息流、物流全面实施过程监控。通过产品包装上的一维或二维条形码，确认产品标识；产品在出厂之后，流经各级经销商时，均须通过 PDA 设备扫描产品条形码，记录产品流向和检验真伪。厂商可通过这些信息有效把控产品流向，避免地区间串货和假冒商品出现。

② 经销商返点：为了调动经销商的积极性，厂商通常采用返点方式向经销商派发奖励，产品销量越大，经销商获得的返点越多。通过扫描产品包装条形码的方式也可有效记录经销商销售的产品数量，可作为最终绩效考核依据发放返利奖励。

3．行业成熟度分析

交通行业在移动应用领域尚处于起步阶段，部分地区、部分企业客户在进行试点应用，用户规模较小，业务复杂度不高。物流行业由于特殊的业务属性，几年前就已经为快递员配备了 PDA 设备，建设了快递包裹分发跟踪系统，这已成为快递行业的标配应用。在大物流体系中也逐步在仓储、分销、运输等各个环节建设了移动应用，IT 水平相对较高。

2.2.7 医疗行业

1．行业背景

目前医疗行业的信息化建设日趋完善，主要的大型三甲医院都已建设了完备的业务系统，包括 HIS（医院管理信息系统）、EMR（电子病历）、PACS（影像存档和传输系统）、CIS（临床管理信息系统）等。从 2013 年开始，医院信息化中移动应用成为最值得关注的热点，其不仅需要软件系统的开发和实施服务，而且还推动无线局域网建设升级和智能终端采购市场需求。

2．移动应用解决方案

目前有一些医院试点了移动应用，主要集中在三甲医院，主要的应用场景如下。

（1）移动查房

移动查房面向医生用户群体。传统情况下，医生查房时需要携带大量纸质病历资料，不太方便，每次查房能巡视的病人数量有限；借助移动解决方案，医生在查房过程中可通过平板电脑来查看患者电子病历和历史诊疗信息等内容，并可即时下医嘱，记录用药情况，简单便捷。

移动查房应用使医生不用再抱着大量病历夹，在每个床位查看患者病情，做好草稿记录后，再返回办公室录入系统。医生可以在病床旁随时调用患者的病史资料、住院情况、病程记录、用药情况、检查结果和影像资料等，可以提高查房效率和查房质量，遇突发紧急情况须抢救时，可以立即会诊制定诊疗方案。另外医生还可以根据患者病情变化即时开出检验、检查、治疗、用药等医嘱，避免了查房后再次转抄医嘱或凭记忆补开医嘱、记录病程，造成重复工作甚至错误情况发生。

目前移动查房在部分三甲医院已经开始试点应用，如北大人民医院和上海胸科医院。但业界在移动查房领域存在平板电脑和医疗手推车之争，有些医院认为平板电脑功能单一，屏幕较小，且不便于消毒处理，不适用于医院复杂的医疗环境，更倾向于使用医疗手推车设备，认为其可提供更多的功能。

（2）移动护理

移动护理主要面向护士人群，通过 PDA 设备提供移动护理服务。主要应用场景如下。

① 输液：护士在给病人输液时，通过 PDA 扫描患者腕带、药品，形成关联匹配，确保用药正确。

② 摆药、发药：护士从药房领取整盒药品，根据医生医嘱，为每位病患配药，通过一维条码进行识别，在给病人发药时，须扫描腕带和整理好的药品进行匹配。关于患者的标识、用药、剂量及方法等详细信息会得到确认，如果存在差异，PDA 会告警提示错误，避免出现用药差错。

③ 生命体征录入：护士通过 PDA 设备输入病人体温、心跳等常规数据，是护理信息系统的基础功能。按照病人的护理等级、手术情况，PDA 移动应用可自动提醒护士在特定时间测量病人体温、血压、脉搏等信息。传统情况下护士采集病人生命体征时，只能先手写再转抄，工作效率较低，且容易发生错误。

和其他行业类似，移动互联网+医疗行业应用也可能颠覆部分业务，比如：

- 病情诊治的移动化，也就是患者可以通过智能移动终端直接和医生对接，获得专业的诊治建议；
- 医院流程的互联网化，也就是说将医院的挂号、门诊、检查和取药的手续全部互联网化，当然这需要和医院做十分密切的配合；
- 医药电商模式，从2014年春季中信21世纪拿到第一张“第三方网上药品销售试点资格证”，到9月六部委联合发文放开管制，医药电商市场就开始沸腾了。

3. 行业成熟度分析

由于医院领导的思路相对保守，再加上总体投入过大，很多医院对于移动应用还是持观望态度，部分医院进行了试点应用，尤其是移动查房服务，普及率并不太高，但移动护理业务在各大医院基本都有应用，便于医护人员开展日常工作，并能对护士的工作绩效进行有效监督考核。另外，有别于其他行业，医院的移动信息化需要WiFi支持，在网络基础设施方面需要一大笔投入。高昂的设备预算以及医院主管领导的保守态度，导致目前医疗行业的移动信息化还处于试点摸索阶段，尚未形成规模，但很多医院的IT主管对移动应用解决方案都有浓厚的兴趣，这应该是医院信息化建设的新方向。

2.2.8 零售行业

1. 行业背景

零售行业整体信息化水平并不太高，总体IT投入有限。传统的零售厂商，如西单商场、太平洋百货、王府井百货等对移动信息化的认识还停留在移动OA层面，没有意识到移动技术在业务营销方面的价值。与之相对的是电子商务企业在移动应用方面积极探索，率先推出了面向消费客户的手机购物应用，作为新型的购物渠道，面向特定的用户人群。

未来在 O2O 模式的推动下，越来越多的用户将习惯线上和线下相结合的消费方式。

2. 移动应用解决方案

（1）传统零售终端

部分零售企业率先在业界尝试引入移动技术，提升客户购物体验，典型代表为上品折扣，移动应用场景如下。

① 导购营销：主要用于商品数据的采集和现场的物品销售，上品折扣采用店库一体的经营方式，要求每个进店的品牌供应商必须录入商品详细数据，入库实时更新，使商品信息全部数字化。然后企业可以据此进行商品调配，导购员在销售过程中可及时查询门店库存、确定销售订单并完成客户交易。

② 销售结算：部分大的品牌供应商要求零售终端实时上报商品销售情况，卖场内导购员通过平板电脑报送商户当天销售和库存情况，便于卖场和供应商及时补货。

③ 手机支付：上品折扣与支付宝合作，推出了移动支付应用，消费者在商场购物时，可通过支付宝手机客户端进行移动支付，方便快捷，节省了在收款台的排队等待时间。

（2）电子商务企业

随着智能手机的普及，电子商务企业也逐渐拓展在手机端的购物应用，国内几家大的电商均推出了自己的手机购物客户端，如京东商城、淘宝商城、凡客诚品、当当网等，用户可以在手机上浏览商品信息甚至下订单购物。

随着手机屏幕适配技术的提高以及移动支付瓶颈的逐步解除，消费者的手机购物体验将逐步提高，手机用户的活跃度和成单量也会逐步提高，电商企业要把手机购物作为一个主要的扩展渠道来锁定客户人群。

3. 行业成熟度分析

总体来讲，零售行业厂商对于移动应用的认知程度有限，但随着市场的发展和解决方案的不断完善，零售厂商会逐步接受移动应用，尤其是在规模比较小的零售终端，门店营业面积有限，不能像商场柜台一样配置完备的营销终端设备，如 PC、POS、宽带接入等，总体投入较大；如果手持移动设备能够满足支付和数据上报需求，且成本不高，零售企业客户会考虑使用智能终端支持门店日常销售。随着智能手机的普及，未来 O2O 模式将会得到更多用户认同，零售行业销售业态将发生革命性变化。

2.2.9 制造业

1. 行业背景

制造业细分行业较多，近年来制造业信息化发展很快，制造型企业陆续建设了 OA、ERP、CRM、SCM 等系统，开始服务于采购、制造、销售等各个环节。随着市场竞争节奏的加快，制造业员工通常需要在各个地点开展业务工作，传统的办公室应用模式不适应新的办公需求，越来越多的员工希望能够在办公室以外，如客户现场、生产车间、差旅途中使用 IT 业务系统，所以催生了对移动应用的需求。

2. 移动应用解决方案

产品设计：在研发领域基于 PLM 系统，研发主管或技术人员可通过平板电脑随时了解产品设计情况、展示概念原型，使用户能够随时获得产品生命周期管理流程和信息。

销售团队管理：制造型企业都拥有大量的营销人员，这些人员在外开展业务时，一方面缺少有力的信息化支撑手段，不能有效提升成单率；

另一方面无法有效管理在外业务人员的工作绩效和考勤等情况。目前有业内厂商推出了集成 CRM 系统的移动 SFA（Sales Force Automation）应用，销售人员可通过平板电脑或智能手机直观地向客户展示产品设计模型、产品实物样例、各项指标参数等，甚至即时查询库存情况，可直接在客户现场下采购订单，提高销售成单率。另外业务团队可以及时上报商机线索，汇报每天、每周、每月工作情况，便于主管领导清晰掌控业务团队的工作状况。典型应用为汽车制造厂商在 4S 门店或汽车展上，通过平板电脑向客户宣传汽车产品特性，采用直观、有效的体验吸引客户注意力，提升交易成功率。

售后服务团队管理 FSA（Field Service Automation）：制造型企业逐渐从以产品为中心转变为以客户服务为中心，随着业务量的不断增加，售后服务的工作范围也逐渐扩大，包括送货、安装、调测、维护、检修、培训等；每个制造型企业都配备了大量的售后维护服务人员，由于缺乏有效的技术手段，企业对于售后服务工程师的忙闲状态以及在现场的工作情况不能及时把控并给予支持，需要采用移动信息化技术与企业的售后服务系统或派工系统集成，每个售后服务人员只需要配备智能终端，即可随时接受维修任务并上报维修完成情况，移动派工免除了维修员前往公司总部获取和递交维修工单的时间损耗，可分配更多时间用于售后服务。

移动互联网+智能设备的智慧制造，如工业 4.0、工业互联网、中国制造 2025 等，已经成为下一个风口，也将是移动生产力最关键的一部分。

3. 行业成熟度分析

制造业移动应用尚处于探索阶段，大部分企业还是持观望态度，尚未大规模铺开建设。总体来说，主要集中在外出工作人员对信息的采集、查询以及方便领导出差审批等场景中，也有一些创新的应用如移动视频监控、移动下单等。越来越多的 IT 厂商把移动解决方案与现有的解决方案如 ERP、OA 等系统结合，帮助企业尽快享受到移动应用带来的便利，但由于中国制造业总体信息化水平不高，ERP、PLM、MES、OA 等系统都还没有完全普及，所以移动应用也就无法实现深度融合，只能建设一些初级的应用。但同时，移动应用在制造业的普及将产生真正的生产力，工业 4.0 和中国制造 2025 等必将彻底改变生产。

2.2.10 电力和能源行业

1. 行业背景

电力和能源企业非常重视基础设施的安全运行，各个公司均在设备、管道线路、固定资产的巡检盘点和维护上投入了大量的资金和人力。比如，电力设施巡检是有效保证电力系统安全运行的一项基础工作，巡检的目的是掌握线路运行状况及周围环境的变化，发现设施缺陷和危及线路安全的隐患，保证线路的安全和电力系统稳定运行。

早期的设备巡检，由于技术条件的限制，只能采用纸质表单记录方式，人工录入数据错误率较高且数据的时效性差；另外对于巡检人员的考勤、工作绩效情况缺少有效的管理手段，巡检工作质量得不到保障。

总之，电力和能源行业在设备盘点巡检环节普遍存在工作效率低下、巡检排查效果差、人员难于管理的问题。

2. 移动应用解决方案

设备巡检：类似于现场服务管理，工作人员手持移动终端设备查看工作现场设备运行情况，通过传感器可采集设备信息，并可向设备发送操控指令。巡检员可填报现场巡查各项指标，如温度、电压、湿度等参数，并检查设备是否有缺陷，进行现场拍照录像，记录缺陷信息。管理中心负责人员可通过后台系统及时查看设备巡检情况，安排维修计划。

资产盘点：电力和能源企业属资产密集型企业，固定资产具有价值高、使用周期长、使用地点分散等特点。另外电网企业的许多资产都是电气化设备，盘点时不能停止设备运行，多种因素导致电网固定资产盘点工作烦琐、复杂，所以存在诸多问题。基于移动应用的资产盘点管理系统，能够有效解决这一问题。工作人员只需要手持 PDA（移动手持终端）扫描设备上的 RFID 标签，即可确认设备身份，并输入资产相关情况，检查资产与系统记录是否一致，上报折旧情况、破损情况等。这可取代以往靠纸笔盘点的方式，确保资产盘点工作轻松高效完成。

移动用电管理：供电公司工作人员通过移动终端查看用户基本档案、计量资产和电量电费等信息，对于用户违章用电等情况进行现场勘查记录，传回后台系统。另外还可以针对各类用电户的服务申请进行响应处理，如报装申请、复电申请、保修申请等。管理或维修人员可以通过移动终端受理用户的各项业务申请，解答相关咨询问题。

3. 行业成熟度分析

电力和能源行业的移动应用建设处于试点阶段。受限于复杂的工作环境和技术指标要求，目前的移动解决方案处于小规模试点阶段，尚未大规模铺开，主要面向现场服务人员，提供信息化支持，提升工作效率。未来随着移动应用、物联网、RFID、传感器等各类技术的逐步成熟和融合，面向电力和能源行业的移动应用将具有广阔的发展前景。

2.3 “移动互联网+”行业解决方案示例

2.3.1 移动金融行业解决方案

2015 年 1 月 13 日央行印发《关于推动移动金融技术创新健康发展的指导意见》，明确了移动金融技术创新健康发展的方向性原则。监管层把移动金融作为丰富金融服务渠道、创新金融产品和服务模式、发展普惠金融的有效途径和方法，给予充分的支持和鼓励。央行科技司司长王永红此前更是断言，“2015 年将成为移动金融的普及年”。这预示着，移动金融的变革，将使金融服务平台进一步从系统走向生态，融入生活场景，融入商务服务过程。银行、证券/基金、保险等金融体系都将顺应移动互联网时代的金融服务趋势，加快布局移动金融，不断满足客户日益增长的移动服务需求，构建较为完善的移动金融产品体系，在竞争激烈的移动金融领域抢占先机。

1. 金融行业在进行移动信息化建设的过程中面临的诸多挑战

如今，过时的金融行业基础架构在应对监管以及竞争压力方面已经不够灵活，无法适应新的风险管理和客户服务模式，旧的架构也不能完全适应新兴市场和成熟完善经济体逐渐增长的交易量。金融行业在进行移动信息化建设的过程中将面临诸多挑战。

① 传统业务流程效率低下、体验较差。例如，办理信用卡、办理投保、购买基金等，都需要用户到相应的营业厅柜台，既降低了工作效率，也降低了用户体验感。

② 现有业务系统架构复杂，向移动信息化进行整合时存在很大风险。例如，支付、信贷、理财等不同系统之间业务逻辑的整合和信息数据格式整合等，有任何一个环节出现问题都会给系统稳定造成很大的隐患。

③ 目前移动应用技术不够成熟。金融机构在对技术类型和产品厂家进行选择时没有相应的标准和归口，如果选型失败，则会造成后期应用开发困难、成本高、难维护等一系列问题。

④ 金融行业的特殊性决定了该行业对数据安全的较高要求。移动信息化的灵活性和便捷性给信息安全带来了一定的隐患，如由移动网络和移动设备造成的支付密码泄露、银行卡信息泄露等诸多安全问题。

⑤ 移动应用后期的全面管理运维也是非常重要的。如果没有很好的

管理体系，则无法及时进行版本升级、账单信息推送、用户使用情况的数据统计等。

2. 金融行业移动信息化解决方案

与整个社会环境相适应，移动技术的发展不仅改变了金融行业与客户相互联系的方式，也改变了金融行业的服务方式、产品营销方式和交易处理方式。正益无线 AppCan 针对金融行业办公、客服、运营、支付等环节的移动信息化需求，结合自身的移动平台优势，强调以客户为中心、关注风险管理、提升运营效率，帮助用户构建灵活的移动化战略，提升金融业核心服务价值。

基于移动平台为金融业提供线上业务向移动终端拓展的整体解决方案，同时借助统一实施的移动平台也为企业提供内部办公的移动信息化方案。整体架构分为业务集成层、应用构建层、行业功能规划层、应用管理层及安全体系，完整提供了从前端应用开发、后端业务集成部署到一体化应用管理的全过程解决方案，覆盖金融企业的 B2B、B2E 及 B2C 需求，为金融企业提供移动信息化的全面支撑（见图 2.5）。

（1）多业务的有效融合

- 移动平台 MAS 后端集成系统可以快速实现对金融企业内部跨系统、多产品的业务和服务组合创新，该系统基于 NODEJS 开发，可将电子银行系统、开户系统、保险查询系统等不同系统的数据通过 MAS 系统封装好的各种协议接口（REST、SQL、SOAP、LDAP、REDIS、DOM）进行对接整合。
- 高性能 NODEJS 架构，提供基于策略配置的数据缓存机制，可以在有限资源的服务器上，为移动接入提供更强大高效的接入能力，这为金融行业信息量大、高并发提供了很好的支撑。
- 通过证书、权限、应用校验等机制构造移动应用接入防火墙，有效避免业务系统遭受恶意访问，从而造成开户信息、支付密码等重要信息的泄露。

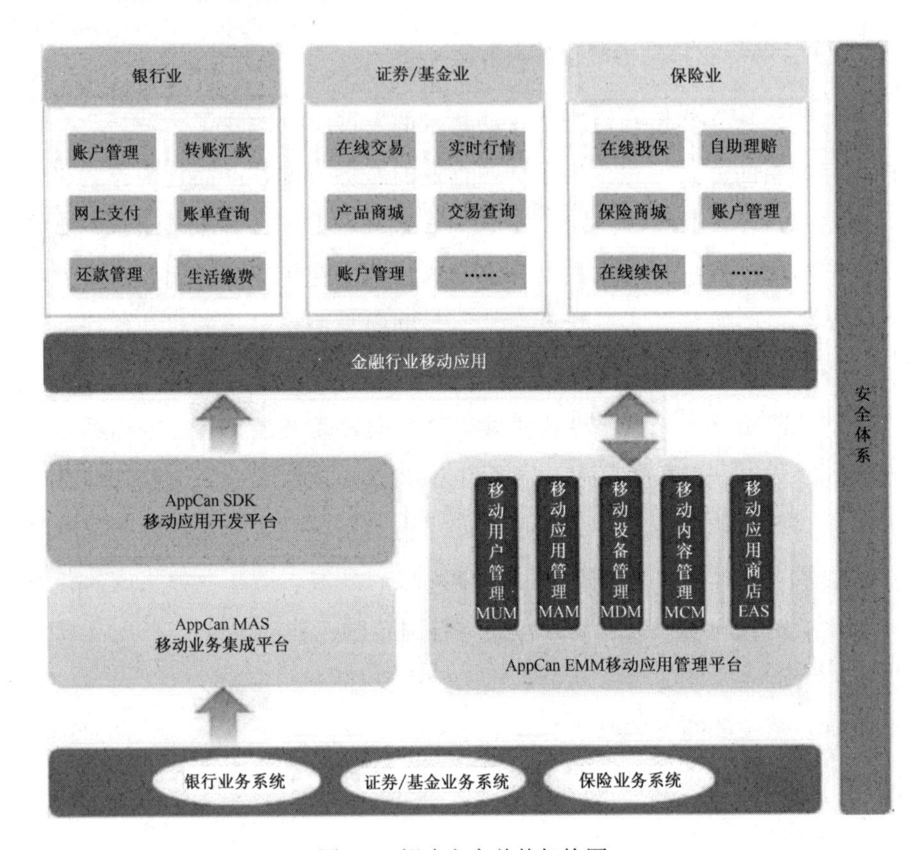

图 2.5　解决方案总体架构图

- 平台化模式将金融企业内部各个不同的技术组件和业务组件进行整合，通过架构进行梳理，提高了开发资源的复用率，缩短了业务开发周期，大大激发了业务部门创新能力，优化了各个业务部门流程。

（2）全面的移动化管理

移动信息化由于拓展了信息系统应用的边界和使用场景，管理就显得尤为重要。对于金融行业来说，业务系统复杂、市场需求变化迅速、安全要求高等因素决定了其必须拥有完善的管理体系。移动平台 EMM 移动应用管理平台提供对用户、设备、内容、邮件的综合管理服务，并在此基础上提供统一的应用商店、移动接入控制、移动运行监控等关键服务，为金融企业打造完整全面的移动管理体系（见图 2.6）。

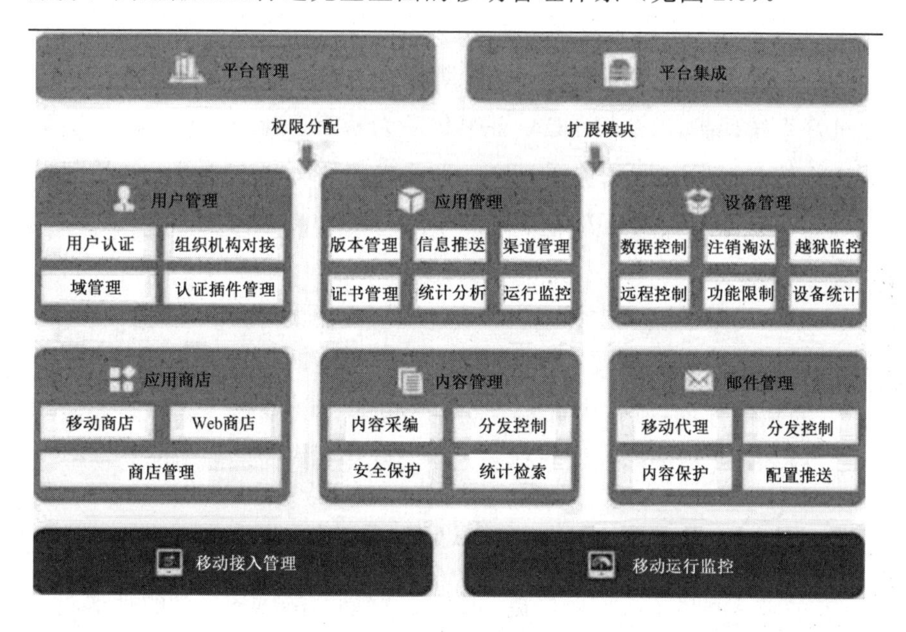

图 2.6　移动管理体系

（3）超凡的用户体验

移动金融服务打破了距离与地域的限制，人们可以随时随地获得如大额消费、转账、账户信息查询、购买理财产品、购买保险、在线理赔等所需的各种服务和信息；而金融企业系统纷繁复杂，各类应用功能需求繁多，在保障应用功能实现和用户操作体验的同时，金融行业还需要快速更新应用功能来适应市场需求的不断变化。移动应用开发平台的标准开发框架以及可自定义的扩展插件机制，可以帮助企业组建有序、高效的开发团队，全面解决金融行业信息化面临的移动开发难题，快速开发移动应用，实时打造全新的移动金融服务和用户体验。

（4）强大的移动安全体系

金融行业在进行移动信息化建设的过程中安全问题是重中之重。除传统的数据安全、传输安全、机制安全以外，移动平台能帮助用户实现与移动设备的绑定、多重认证与企业内部权限系统相结合的认证机制，保障用户移动办公安全可靠。

移动平台安全体系围绕云、管、端三个方面，从各自层面采用不同维度进行系统保护，以 PKI/CA 证书体系为基石，对云、管、端各层子系统进行签名校验和信息传递保护，形成完整的平台安全体系，从而为金融企业移动安全提供全方位保护。

（5）价值收益

- 成熟高效的技术支撑平台，快速实现应用的开发和管理，及时响应金融业市场不断变化的需求。
- 敏捷高效的移动 IT 策略使金融业更快实现交付方案，降低运营成本，实现一致的客户体验，持续发展具有盈利能力的交易金融业务。
- 移动、灵活的业务运营体系，使商业交易网点扩展和延伸到用户手中，满足了人们对便捷、安全的移动金融服务工具的需求，真正实现了实时移动金融应用。
- 强化了金融业大数据信息的收集渠道，通过智能分析与优化，提升业务决策的支持能力。海量客户与交易数据，增强金融行业的市场洞察与应变能力，及时回应市场环境的细微变化。

（6）成功案例

成功案例包括中国银联、富国基金、华泰证券、泰康人寿、南方基金、先锋金融和中国出口信用保险。

2.3.2　移动医疗应用整体解决方案

2014 年被誉为“移动医疗元年”，移动医疗经历了一轮疯狂的膨胀，面对移动医疗市场的火热和对其前景的看好，各大公司纷纷涉足。而如何通过移动互联网与智能终端等先进技术为移动医药、移动健康、移动医疗服务提供很好的支持与保障，是整个行业一直在寻求解决的问题。

移动医疗信息化建设是一场健康革命，由于涉及一个比较特殊的领域，具有很多其他行业不会遇到的政策壁垒、专业限制、资格门槛制约等问题，因此它在 IT 移动化方向的发展需要先做好战略规划，定位也必须更加明确。

中国的移动医疗到目前为止，发展核心仍然在前端用技术改变服务模式以及数据收集的阶段。移动医疗缺的是如何打通数据、技术和服务，再真正拓展到后端诊断、个人健康干预的层面。加快移动信息化建设的步伐，创新发展移动医疗服务，与后端数据联系起来，确保医疗服务高效快捷，移动医疗必将蓬勃发展。

1. 标准化的移动开发平台，快速提升移动医疗应用开发效率

医疗行业移动信息化建设纷繁复杂，具体表现在以下方面。

① 以常见的医院行政 OA、办公查房、医嘱和临床决策为中心，同时整合 PACS、LIS、病理科、护理、挂号预约、药剂科、高值耗材全流程管理、消毒供应、医院决策等。

② 为医生、护士、药师和医药研发者等从业者提供有价值的工作、生活、学术等移动工具和内容。

③ 医药研发的细分领域如大型医药、医疗器械等硬件厂商的移动信息化建设。

④ 针对普通人群的问医导医、问药导药的移动应用。

要将这一系列系统充分体现到移动终端上，就必须解决移动应用开发效率、原有业务系统与移动端完美对接与融合、不同移动操作系统导致的差异化开发、升级维护难以及不同类型设备适配等问题。

正益无线 AppCan 早在 2013 年就深入移动医疗领域，专注于为医疗

行业提供移动信息化整体解决方案。当前，正益无线已经为医疗行业构建了一体化移动信息化解决方案，覆盖医药产品电商移动平台、查询专业信息的移动平台、寻医问诊的移动平台、预约挂号及咨询点评服务平台、细分功能产品移动平台五大方向，蕴含着更多移动技术的创新和智能运营模式（见图 2.7）。

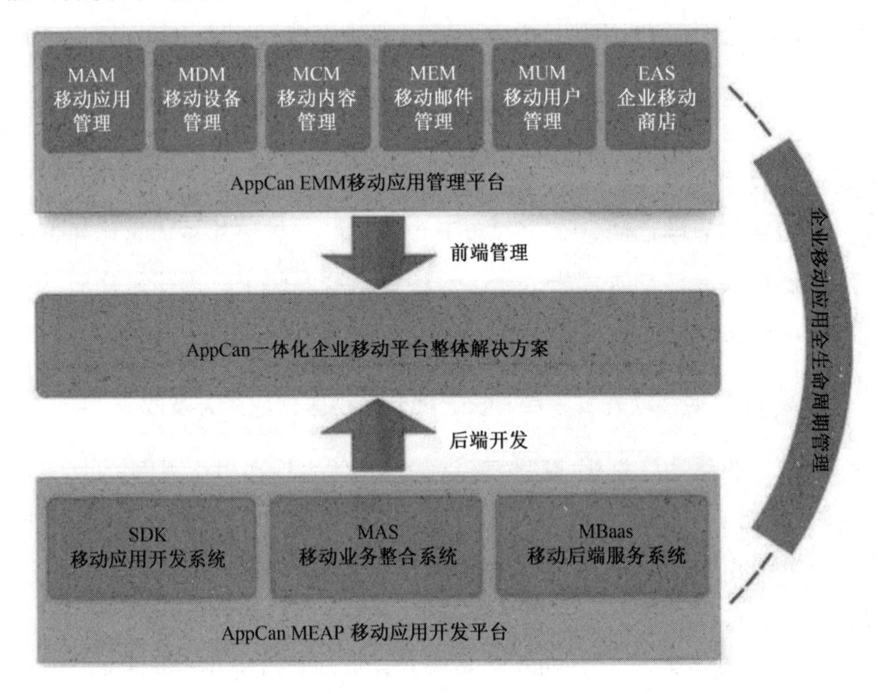

图 2.7　一体化移动信息化解决方案

基于标准化的移动平台 MEAP 移动应用开发平台，采用大量数据运算支撑的架构设计，大量使用包括 NOSQL、消息队列等众多领先技术，保证系统的高效和数据量运算的有效支撑，具有功能全面、部署简单、支持百万级用户的大数据量运维支撑、冗余性与稳定性高等特点，可以将医疗行业整体的移动信息化战略从移动开发、项目管理、应用管理、系统整合及信息安全等多方面进行规划和布局，综合解决移动医疗面临的移动化难题，快速提升应用开发效率，为医生、护士、患者、管理者、医药研发者和厂商等不同用户群体提供数据集成、移动应用、服务互动的一体化全方位解决方案。

通过移动平台 MAS 后端集成系统将医疗机构或企业集团现有 IT 信息系统快速集成在一起，再基于标准化的应用开发系统，把医疗行业的移动平台建成功能健全、性能优异、安全便捷的移动应用平台，完整提供从前端应用开发到后端业务整合部署的全过程解决方案，加强医疗保障、医疗服务、健康管理、医药服务等信息管理的移动化建设，充分利用现有信息和网络设施，快速实现医疗信息、设备信息、药品信息、人员信息、管理信息的采集、处理、存储、传输、共享等，实现医嘱执行全程跟踪、用药监控、护理工作记录和患者信息移动查询等功能，提升自动化、智能化健康信息服务水平。

2. 立足 EMM 平台，助推移动医疗管理，减少管理成本和风险

医疗行业的特殊性要求移动医疗相关应用必须围绕患者和医生，为大众提供健康服务，为医药从业者提供相关服务，做大众与医药行业之间的纽带。在构建移动医疗信息化进程中，个人用户只需根据自己的需要购买移动设备、安装移动应用，而医疗行业相关用户是一个团队，不仅设备型号复杂，人员部门和业务需求不同，权限也各有区别。因此，移动医疗信息化建设要想落到实处，移动管理尤为重要。

移动平台 EMM 企业移动管理平台为医疗行业移动化战略提供完整丰富的平台级管理能力，覆盖了移动应用开发、管理、安全、整合等全生命周期的统一平台，支持广泛的开放性、标准化和跨平台能力，集移动用户管理（MUM）、移动设备管理（MDM）、移动应用管理（MAM）、移动内容管理（MCM）、企业移动应用商店（EAS）、移动接入管理、移动运行监控等于一身，让移动医疗信息化管理更简单。

① 在单一平台上，管理者就可对移动用户、设备、应用和内容进行统一管理，在提供有效的对人、设备、应用的综合管理服务的同时，交

付完善全面的医疗行业移动化管理手段，满足不同用户群体的不同层次需求。

② 内部应用商店，全面提升机构或企业移动应用的统一形象，实现应用同步、信息同步、内容同步、服务同步、药品生产营销实时监控的管理目标，让流动用户能够即时获取工作所需的信息和应用程序。

③ 轻松解决医疗行业移动应用多、应用复杂、人员数量多、变动快、操作系统各异、业务流程特殊等问题。

④ 颠覆医院传统看病的挂号、收费、检查、取药、排队等形式，通过移动设备实时录入各项临床数据，移动平台 EMM 能够帮助有效管理这些移动设备和移动数据，保护患者隐私安全，减少管理成本和风险，大幅提升医疗准确性和效率。

3. 突破安全管理瓶颈，推进移动医疗服务创新发展

医疗关系着千千万万病人的健康和生命安全，不容半点差池。由于工作需要，医疗行业从业人员经常处于移动状态，只有保证在任何地方随时都能收到医疗信息，才能够更好地实现移动医疗服务的理念。移动医疗的创新发展关键问题在于安全性。移动设备操作系统和硬件类型繁多，多 App 分发渠道和来源让移动设备处在一个保护极其脆弱的环境，安全漏洞的隐患等安全包袱转嫁给移动设备使用者是不切实际的，IT 部门除了增加对移动设备的安全规范外，还需要以集中方式规范使用行为，从后端、管理、接入、应用几个层面来规避安全问题。

正益无线 AppCan 移动平台可以帮助 IT 部门建立完整的安全风险管理体系，实现移动医疗平台上从用户、设备到应用的全面安全管控，并为安全运维和安全管理提供支撑。移动平台的安全体系从云、管、端三个方面进行系统架构，在各自层面采用不同维度进行系统保护。同时，平台整体以 PKI/CA 证书体系为基石，对云、管、端各层子系统进行签名校验和信息传递保护，从而构建平台整体的安全体系，为移动医疗信

息化建设提供全方位的安全保护。

① 安全体系基石 PKI/CA：通过医院或企业已有的或平台自建的证书中心向设备、应用颁发其专属证书，完成设备、应用和服务器之间的身份认证，并且证书具有可配置的生命周期，可以设定设备、应用的权限期限。

② 云后端安全：后端的关键数据和配置均采用高强度加密算法保护，分布式易扩展的后端云服务架构，通过访问控制管理，避免非授权应用访问，并对关键医疗服务进行可用性和安全性监控，没有单点失效问题，有效杜绝服务终端隐患。

③ 管理安全：通过平台管理、应用管理、设备管理、内容管理、邮件管理等形式，全方位多角度（管理权限、授权机制、证书校验、身份控制、远程擦除、存储加密）为移动医疗用户打造一个安全管理平台。

④ 管接入安全：采用 PKI/CA 证书机制，对移动平台云后端、管接入、端应用进行统一数字签名认证，杜绝任何一端的接入冒用，对传输内容数据采用高强度的加密算法进行加密，保证数据的完整性。

⑤ 端应用保护：采用沙箱隔离和存储保护机制，应用本地数据隔离存储于受保护的应用沙箱中，并支持配置为存储加密，确保存储到移动设备的数据都经过加密保护，有效杜绝企业业务数据泄露。

2015 年，越来越多的医院、医药厂商、硬件厂商将要部署移动应用，基于移动平台的移动医疗一体化解决方案着眼于行业标准、数据安全、深度应用，覆盖移动医疗四大入口和医药研产业链，致力于推动移动医疗应用早日步入正轨，实现医疗资源的高度共享，提升移动医疗的运营管理效率，推进移动医药服务创新发展。

2.3.3 智慧城市解决方案

1. 背景概述

（1）国家密集发布政策推动智慧城市加速发展

2014 年 1 月 9 日，国家发改委发布了《关于加快实施信息惠民工程有关工作通知》。2014 年 1 月 14 日，国开行和住建部发布了《“十二五”智慧城市建设战略合作协议》。2014 年 6 月 12 日，国家发改委公布了信息惠民国家试点城市名单，全国共计 80 个城市。2014 年 8 月 27 日，八部委联合印发《促进智慧城市健康发展的指导意见的通知》。2015 年 2 月建立了由 26 个部门和单位组成的“促进智慧城市健康发展部际协调工作组”，正式开始了智慧城市统筹落地。2015 年两会的政府报告中明确指出，将提升城镇规划建设水平，发展智慧城市。

（2）城市病倒逼政府加快智慧城市发展

按照世界城市的发展规律，当城镇化率达到 40%～60%的时候，城市病就将进入多发期和爆发期，推进城镇化将面临更为严峻的挑战。而数据显示，目前我国城镇化率已达 53.7%。在过半的城镇化率背后，隐藏着诸多亟待“医治”的城市病。老百姓对城市环境提出越来越高的要求，也让注重民生的中国政府深刻意识到建设智慧城市的急迫性和必要性。

（3）新技术为智慧城市提供有力保证

这些年，移动互联网、云计算、物联网、大数据、GIS 等新技术获得了快速发展，能让地方政府向市民提供更为贴心的服务。比如，智慧城市基于 GIS 技术、物联网来感知、采集城市数据，利用云计算服务来存储和传递数据，依赖大数据技术来整合、分析和预测数据，从而使智慧交通、智慧能源、智慧社区等基础设施实现智能化，更好地服务每一位市民；在应急保障、环境治理、市场监管等社会治理领域加强云计算服务和大数据技术的应用，实现社会管理精细化，为市民创造出更为良好的生活环境；通过社交网络、移动互联网来运营和推送有价值的数据，更好地点对点服务教育、医疗、养老、环保、交通等领域所有相关人员。中国智慧城市发展，核心在智能化技术。新技术的快速发展和广泛应用为智慧城市提供了有力保障。

2．挑战分析

中国智慧城市的发展已有许多年，2010 年中东部一些城市就开始进行试验，最新的统计数据显示超过 400 个城市正在进行智慧城市相关建设。虽然经历这么多年的实践已经获得了不少经验，但智慧城市仍然有很多问题需要解决。简单总结如下。

（1）规划问题：顶层设计成共识，标准难统一

智慧城市的本质是信息化与城市化的高度融合，是整座城市信息化的高级阶段。同时，智慧城市事关城市中的政府各部门、企事业单位和每个人，它是一座城市的整体发展战略。因此，地方政府在智慧城市的建设过程中需要提升认识高度，注重整体、统筹、协调发展，然后不断细化、运营推进。符合城市特色且行之有效的顶层设计将帮助地方政府认清自身定位，形成科学、合理的发展路线图。从已试点城市的经验总结和智慧城市各家供应商实践总结中已然发现“特色顶层设计”已被城市管理者所认同。

智慧城市是一个庞大的信息化项目，原有信息化系统之间的数据交换、流程互通、系统整合等事务极其繁杂，再加上组织层级复杂、城市基础各异、各部门和各组织本位主义重，一时间政府仍很难制定出统一的标准。

（2）历史问题：基础差异，尤其市民素质参差不一

一座城市的信息化建设好比一个大集团企业的信息化集成项目，因为历史原因各部门信息化水平不一，各部门信息化基础和应用水平千差万别。尤其智慧城市运营是依赖城市基础设施的，往往很多基础设施的

建设周期均不短，历史建设的基础设施对智慧城市限制较大。另外，有些城市管理部门（或行业）信息化系统已经运行了十多年或几十年，而且系统往往事关城市中每个人且已被市民所熟悉。更重要的是，正像企业信息化成功依赖员工的信息化水平提升一样，智慧城市的实现与城市中市民相应素质提高分不开。正确理解城市基础水平，有效提高市民素质是智慧城市建设中一大挑战。

（3）协调问题：庞大系统项目，协调难度大

中国特大城市有2000多万人口，中等城市也有50多万人口。首先，智慧城市建设涉及财政、税务、质检、环保、交通、教育、医疗、民航、通信、公共安全等众多政府部门，若加上组织层级则多如牛毛，原有信息化系统中的烟囱效应、孤岛问题在整座城市信息化建设中会显得更为突出，可想而知其中协调难度是巨大的。其次，很多行业的管理机制差别较大，有的采用矩阵管理，有的采用直属管理，有的两者均有，这些均需要协调、统一。最后是观念上的转变，智慧城市提倡的“民生”的服务思想，与传统的政府运行体制出入较大，观念上的转变更是协调的重点、难点。

（4）模式问题：创新模式，多方须合作共赢

智慧城市涉及城市的方方面面建设，所需投资是巨大的。而当前有些地方政府债台高筑，虽然国家有专项配套资金，但相对于整体投入来讲还是较小的。如何科学规划，是否选择借助民间资本，采用独立运营、外包运营还是联合运营等问题能否有效解决考验着地方政府的执政水平。地方政府及合作方都在积极探讨智慧城市建设的创新模式。

智慧城市建设是一个极为复杂的系统工程，需要整个生态圈的若干厂商共同参与合作才能建设好。当前，在典型智慧城市建设中，一般都会涉及七方合作：地方政府、专业设备厂商、电信运营商、IT厂商、科技地产商、各类投资机构、众多服务商。随着智慧城市创新型商业模式的广泛应用，这些参与者正在增加彼此间合作的机会，建立起多方共赢

的生态系统。

（5）安全问题：涉及民生城安，安全尤为注重

在智慧城市的建设过程中，基础设施和信息资源是智慧城市的重要组成部分，其建设的成效将会直接影响智慧城市的体现。而信息安全作为辅助的支撑体系，是智慧城市建设的重中之重。建设信息安全整体监控运营平台，强化信息安全风险评估体系，将成为智慧城市建设的战略重点。IDC 预计，2015 年，智慧城市的建设将更加关注信息安全。政府方面应该着力将基础设施分级分类，继续深化在网络基础设施及信息资源方面的安全防护；各参与方应该注重加强产业合作，形成合力，推动安全信息产业的快速发展，不断满足智慧城市发展需要。

3. 方案特点

最近几年移动互联网的蓬勃发展给中国老百姓的工作、生活等带来了巨大变化，也给政府的城市治理和建设引入了新的思想。受到李克强总理在政府报告中倡导的“互联网+”行动计划的启发，本书提出以人为核心的智慧城市的设计建议，希望通过导入互联网思维来重新思考智慧城市规划设计和建设路径。互联网思维包括：用户思维、平台化思维、简约思维、极致思维、社会化思维、迭代思维、流量思维、大数据思维和跨界思维。

（1）用户思维

智慧城市的用户是城市管理者、企事业单位和市民。智慧城市服务核心是“人”。智慧城市与用户思维结合就是要连接每个人，服务好每个人。地方政府可以借助移动与每个人形成连接，借助社交网络让每个人都参与智慧城市建设，借助移动互联网、感知技术、大数据技术等实现与每个人互动和完善个性化服务。总之，“智慧城市+用户思维”强调以人为本。

（2）平台化思维

平台化思维在智慧城市中处处可见。首先，智慧城市是“系统中的系统”，需要多方齐力协助，因此需要打造多方共赢的生态圈，这本身是一个大平台的设计。其次，智慧城市建设方案中都有共享信息的服务平台的设计，服务平台既是多级城市保障者服务市民的平台，也是众多服务商多样化服务用户的众包平台。

（3）简约思维

智慧城市建设是个庞大的系统工程，也是一个持续建设和运营的长期工程。地方政府该选择哪些产品或服务来切入是个很重要的课题，而且城市建设中各方需求也是动态演进的，相关行业发展仍是急需的。简约思维的导入则是让城市管理者能够根据自身城市底蕴、远期目标要求，以人为核心来确定 MVP（最小可行化产品），从单点做好、做出最佳体验，然后通过运营来不断完善。

（4）极致思维

极致思维的核心是打造让用户尖叫的产品。天津滨海新区行政审批局提倡的行政审批一站式服务就是极致思维的体现。打破孤岛、用户互动、互联网化持续服务是智慧城市需要提倡的极致思维。

（5）社会化思维

首先，社交媒体是社会化思维的集中表现。城市市民越来越移动化、社交化，与之相应越来越多的地方政府或部门纷纷开通社交账号，借助社交媒体与市民互动沟通。其次，社会化思维体现在众包服务上。新时代，城市管理者无须提供所有的服务，可搭建起平台让本地化服务商甚至用户来为城市和市民服务，必要时地方政府可以购买其中优秀、高价值的公共服务。

（6）迭代思维

迭代思维提倡的是小处着眼、微创新、快速迭代。庞大的信息化系统建设是分期的，最初的阶段价值展现往往让利益相关者感受不深。借助移动等新技术让智慧城市的核心——用户不断体验到阶段成果、感知服务价值是智慧城市持续建设最有效的推动力。

（7）流量思维

流量思维体现为坚持发展，优化运营。智慧城市是多对多的服务平台，是事关城市每个人的平台。确定了目标和以用户为核心，城市管理者必须从点滴做起，不断穿透部门壁垒，持续优化运营来使城市变得越来越智慧。

（8）大数据思维

中国信息化发展至今，已经积累了大量的行业数据，分散在政府部门、行业平台和企业等不同的实体机构中。在移动互联网的时代，各类数据将呈现井喷之势，各类大数据挖掘、分析和预测类应用的推广和普及将有效盘活积存数据，挖掘数据潜在价值，消除数据盲点，为城市管理者提供数据分析和预测等服务，推动智慧城市建设。城市管理者必须更加重视大数据的规划、建设和利用，依托大数据实现城市的长尾服务。

（9）跨界思维

移动互联网来了，原有的行业界限变得模糊。同样，政府提倡的民生思想体现出以人为核心，若以人即用户视角来设计应用往往需要穿透政府部门、行业，即跨界。 智慧城市建设需要以用户为中心来实现跨界整合。

4. “App+DATA”智慧城市整体框架

正益无线提出的“互联网+”智慧城市解决方案是围绕民生、移动连接用户、核心应用为基础、快速迭代、持续运营等融合互联网思维的解决方案。其总体架构如图 2.8 所示。整套方案选用的是“App+Data”框架，突出了移动和（大）数据核心地位。“App”让“人”（包括物，核心是人）在线化，借助物联网和应用让一切数据化，通过运营“App+Data”来逐步实现城市智慧。

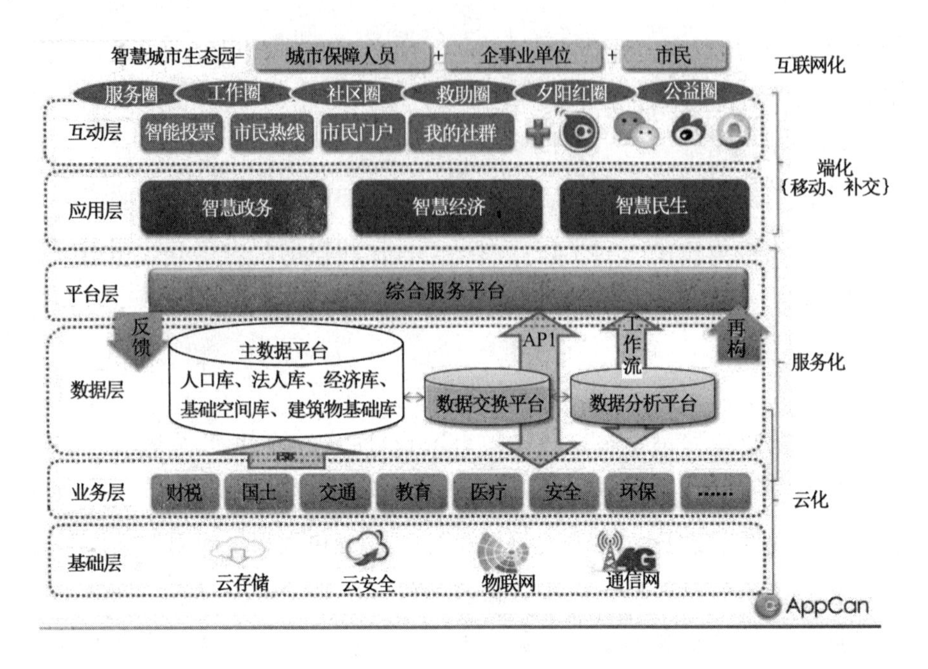

图 2.8　“互联网+”智慧城市总体架构图

5. 综合服务平台架构

正益无线能够提供综合服务平台，其架构如图 2.9 所示。综合服务平台包括综合业务系统、EMM 移动管理系统、集成开发系统、O2O 众包系统和数据中心，以及对外的 portal 和移动端。

- 综合业务系统是业务、应用的日常运行系统，它包括基础应用功能，如可灵活配置的协同办公模块、支持多级组织复杂权限配置的权限管理模块、统一的消息发布模块、应用运营可配置的应用管理模块、社交管理模块和平台运维监控模块等。
- EMM 移动管理系统提供对用户、应用、设备、内容、邮件的综合管理服务，并在此基础上提供统一应用商店、移动接入控制、移动运行监控等关键服务，为使用者打造完善全面的移动管理体系。

- 集成开发系统是对底层数据和服务的再集成开发工具，因此它具备强大的集成能力，包括流程引擎、模板库、服务基层接口、数据交换接口和移动 SDK，通过提供通用标准接口与现有部门系统实现快速集成。
- O2O 众包系统是供各级运营机构管理所辖 LBS 服务商、各服务商相关业务操作的系统。
- 数据中心是按照云架构搭建的主数据平台、数据交换平台和数据分析平台。

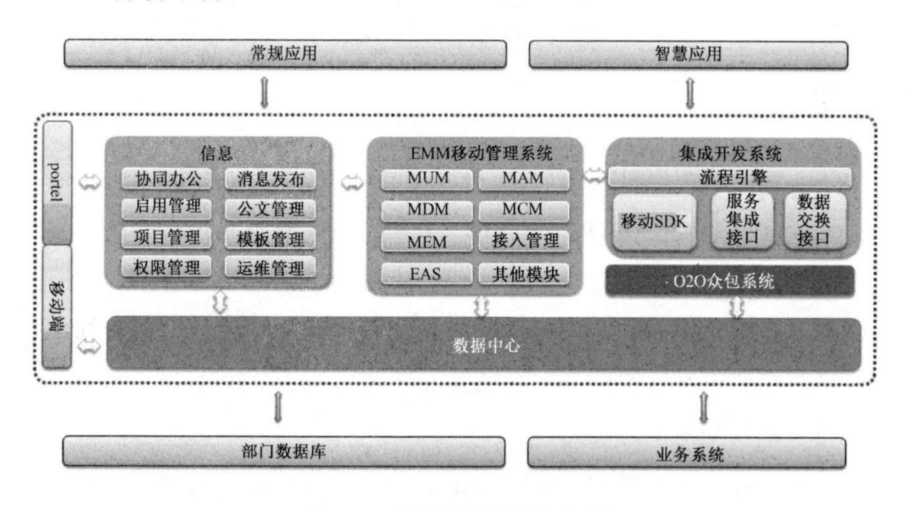

图 2.9 综合服务平台架构图

其中 O2O 众包系统也可以独立部署，如图 2.10 所示。

6. 综合服务平台核心能力

（1）移动全程服务能力

正益无线拥有成熟移动全套解决方案，从集成、开发、上线、运营和运维打造全生命周期移动服务。同时，通过开源移动产品和打造移动开发者社区等方式来培养移动生态圈，这样既充分验证了核心产品的稳定性和易用性，又为客户提供了丰富多样的专业移动服务人力资源。

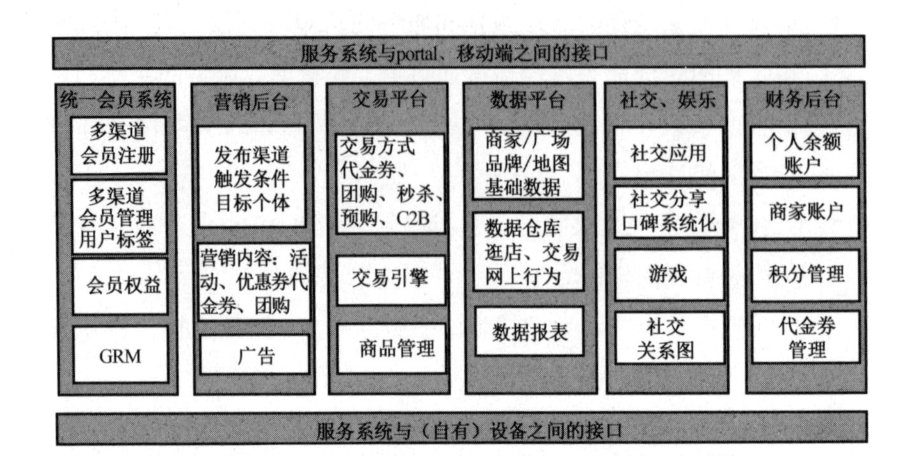

图 2.10　O2O众包系统

（2）快速应用提供能力

综合业务系统、O2O 众包系统、EMM 移动管理系统已封装成熟的常规功能应用，绝大部分功能应用均可支持个性化灵活配置。针对一些特殊的或个性化需求，集成开发系统也能提供通用模板、简单易用的开发工具和集成工具来帮助客户快速开发实现。

（3）系统平滑演进能力

整个平台完全是按照云架构来搭建的，能满足客户对功能、能力灵活扩展的需要，同时互联网式技术架构通过分布式设备来完全满足智慧城市中各类数据高度密集型实时应用场景需要，因此系统完全具备平滑演进的能力，有效保证了客户投资。

7. 智慧社区场景示例

（1）定位分析

智慧社区是智慧城市很重要的一个方面，是地方政府与市民日常接触最紧密的点。建设智慧社区需要解决很多问题，可以简单总结为四个方面的问题：社区服务质量、邻里关系、居民健康和社区安全。借助“互联网+”思想来快速推进社区人员的在线化，通过不断丰富应用来逐步实现社区数据化。依托搭建起的“App+Data”框架平台持续运营来不断丰富应用，从而更好地服务于社区所有人，最终实现社区智慧。

（2）典型用户

智慧社区的典型用户有社区居民、社区居委会及相关主管社会管理和社会服务的政府部门（包括街道、民政、计生、综治委、派出所等）的办事人员、面向社区居民提供各项社区服务的人员，以及与社区相关的小区物业公司、社区周边商家相应人员等。

（3）应用场景

智慧社区常见应用场景有：

- 面向社区外勤工作人员的移动 App，用于走访管理引导、协同办公、信息发布、社区数据采集、居民互动、制度学习和经验分享等；
- 面向社区工作人员的社区协同办公网，包括与政府相关部门业务协同、与外勤人员协同等；
- 面向社区居民的本社区综合服务门户和移动端（如微信、微博、市民 App，视群体等情况而异），以提供便民信息及便民服务为主，并争取逐达到一站式服务和根据个性定制功能等；
- 面向社区合格服务商的一刻钟服务网和相应服务 App。

（4）方案示例

借助正益无线综合服务平台可迅速搭建起具有地方政府特色的智慧社区解决方案，如图 2.11 所示。

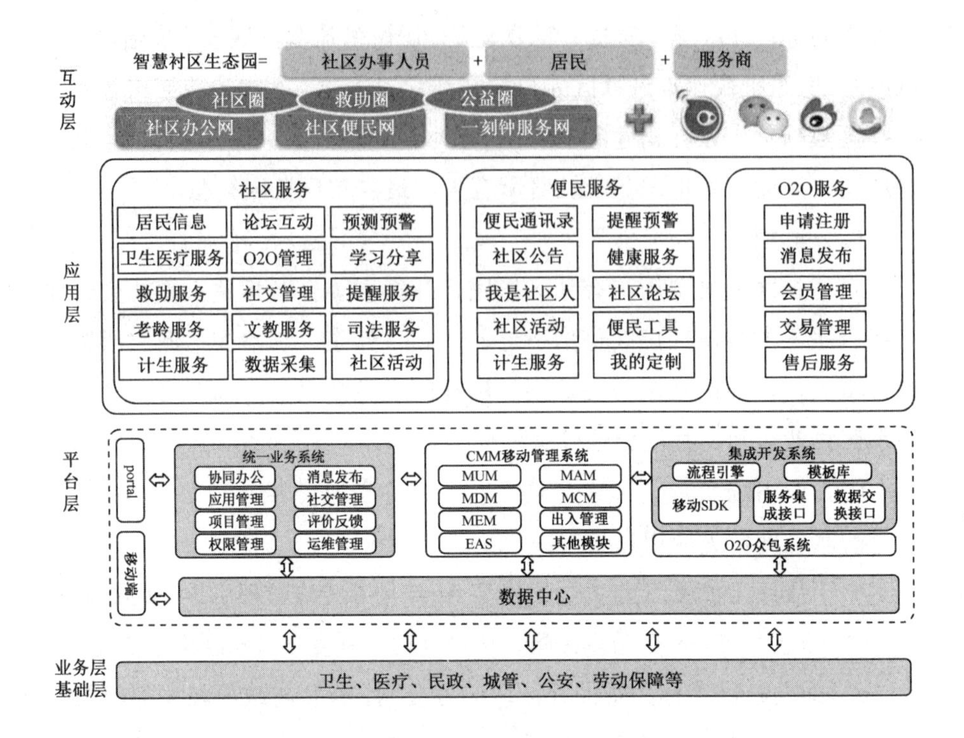

图 2.11 智慧社区解决方案

2.4 案例分析——移动化给企业带来的变化

2.4.1 让内部沟通更便利、让外勤人员信息更通畅、让领导决策更准确

这里以证券、基金行业为例，深度挖掘证券、基金行业内、外部移动信息化业务需求，结合自身业务特点，阐述移动信息化给证券、基金行业带来的好处（见图 2.12）。

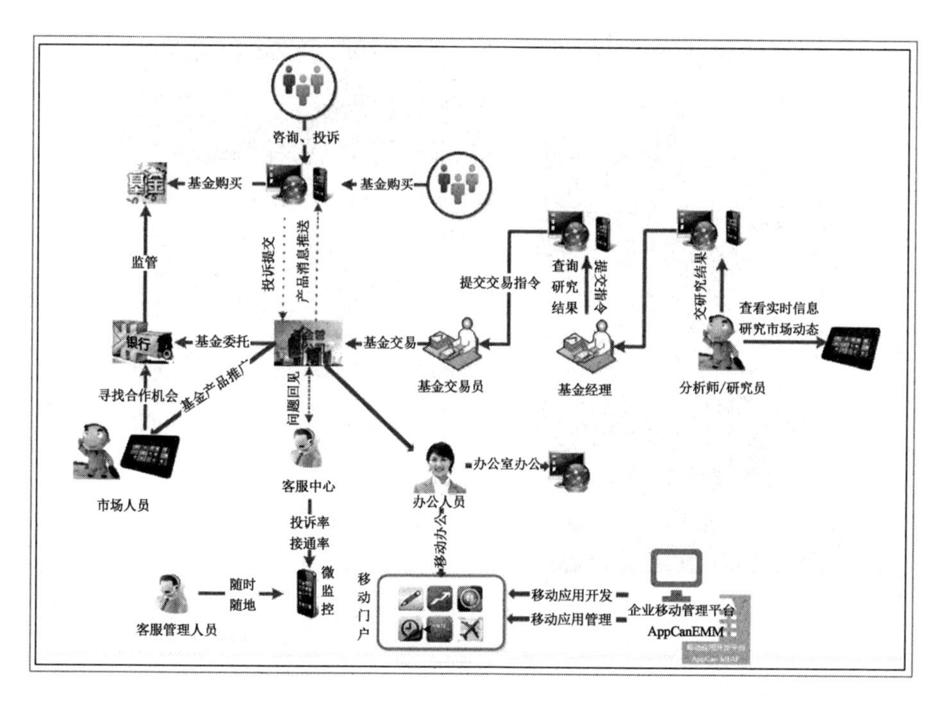

图 2.12　基金行业业务流程示意图

1．针对研究员和基金经理

证券、基金、股票等行情瞬息万变，注重实时性。研究员需要时刻掌握市场动态，在任何时间、任何地点，一旦行情发生了变化，就需要即时将实时信息传递给基金经理，基金经理在收到行情信息后，立即做出相应的反应，对证券、基金、股票进行买卖操作。

富国基金为了提升研究员与基金经理的沟通和协作能力，开发了卖方分析师、研究精选等应用，主要实现“内部分析师”、“外部分析师”、“基金经理”三种用户之间的荐股分析等功能。实现投研业务过程的流程跨平台自动化操作，使研究员、分析师可以随时随地了解市场热点和行业动态；即时反馈投研动态，为基金尽量提供更有价值的投研参考信息，并配合消息推送提醒功能，使操作更快捷，从而提升投研部门的工作效率（见图 2.13）。

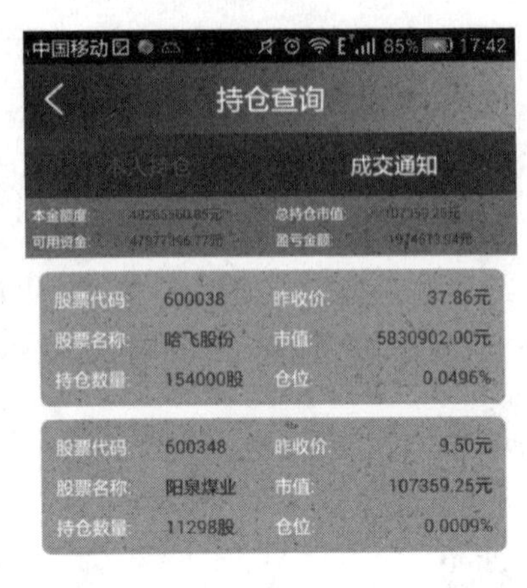

图 2.13　富国基金相关应用

2. 针对外勤人员

证券、基金公司的产品销售人员需要外出与银行或者最终用户洽谈合作意向，通过移动终端的方式可以实时展现公司产品。2014 年华泰证券为整合公司客户优质资源，实现公司内部各营业部之间交易业务信息及客户资源的实时共享，推进公司交易业务迅速有序发展，建立了移动撮合平台业务系统。移动撮合平台能更快汇集分支机构拜访收集的存量客户与潜在客户资料，并可对客户的需求和形成的项目进行综合跟进管理，迅速解决上下游的信息对称问题，匹配合适的交易对象，使双方达成交易意向，促成交易。移动撮合平台的及时性、互动性强，更强调智能和专业化服务，是业务快速增长的有力支撑。

3. 针对决策层领导

传统的办公模式经历了纸质办公时代、互联网时代，公司员工通过固定的办公场所、固定的网络进行办公。公司决策层领导时常外出开会，需要随时随地访问办公系统，通过移动终端的方式了解市场实时动态，并随时调整业务，下达指令，加快信息传递过程（见图 2.14）。

图 2.14　公司领导办公应用

2.4.2　多渠道接入，让销售方式多元化

产品的销售渠道一般包含实体店面销售、电话营销、网络营销。伴随着科技的发展和技术的进步，营销方式也变得多种多样。

实体店面销售是最早的一种模式，在繁华路段通过实体店面的形式销售产品，可以与客户进行面对面的交流。随着程控电话交换机技术的发展，通过电话网络主动外呼销售产品的方式也逐步成为一种趋势。电话营销，通过线上电话销售、线下配送服务的方式，节省了实体店面销售昂贵的房租。再后来随着互联网思维的发展，越来越多的用户通过网络下单的方式购买商品。如今网络营销的方式已成为主流。

移动信息化给企业带来了一种新的模式，通过移动终端的方式增加多种销售的入口和门户，App、微网站、微信公众账号多渠道整合，让人们通过手机终端随时随地方便地购买商品。客户还可以携带移动终端到实体店面详细比对参数和同行业产品信息，从而使客户获得更为优质的服务。中国互联网协会秘书长卢卫表示，基于移动互联网的信息消费已成为创新最活跃、渗透性最强、影响面最广的领域，预计 2015 年，移动互联网信息消费规模将达到 2.16 万亿元人民币，移动互联网信息消费增加值占当年 GDP 的比重将达到 1.44%。

以国美电器为例，截至 2013 年，国美门店总数（含大中电器）达 1063 家，覆盖全国 256 个城市。2011 年 4 月，国美电子商务网站全新上线。国美率先推出了“B2C+实体店”的电子商务运营模式，预计国美在线网上商城 2015 年交易额将达到 300 亿元，相比 2014 年翻一番。国美在线 App 于 2012 年 8 月上线，并相继推出了微网站、微信公众账号等多渠道销售模式。国美自 2014 年上半年开始全面发力移动端，618 电商大战中，国美在线移动端 6 月订单量环比增长 300%，占全站总体订单量的 27.5%。双 11 购物狂欢节当天，国美在线在 PC 端和移动端的交易额均出现了井喷，据国美在线发布的最新数据显示，截至 11 日 24:00，国美在线全站交易规模同比增长 580%，移动端订单量同比增长 1050%，成交占比达 43%。11 日 0 点开始 10 分钟内，国美在线交易额突破 2 亿元，其中无线端成交占比达 50.8%，国美在线成为继天猫之后又一家无线占比超过 PC 端的 B2C 平台。第三方机构的数据也显示，国美在线无论从流量还是从 App 使用幅度上都创下了纪录。

此外，国美在线在新版客户端中还推出了“掌上专享”、“摇摇美”、“抢购频道”等活动，并与“百度钱包”、“微信支付”等多渠道建立了合作。国美在线移动端已经驶入移动购物快车道，成为国美在线销售持续增长的主渠道之一。

国美在线官网如图 2.15 所示。

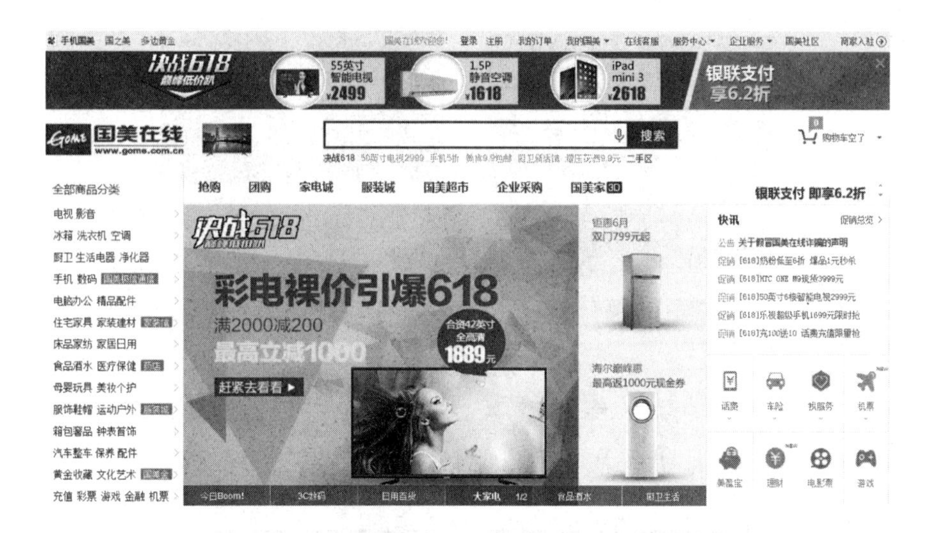

图 2.15　国美在线官网

国美在线移动客户端 App 如图 2.16 所示。

图 2.16　国美在线移动客户端App

国美微网站如图 2.17 所示。

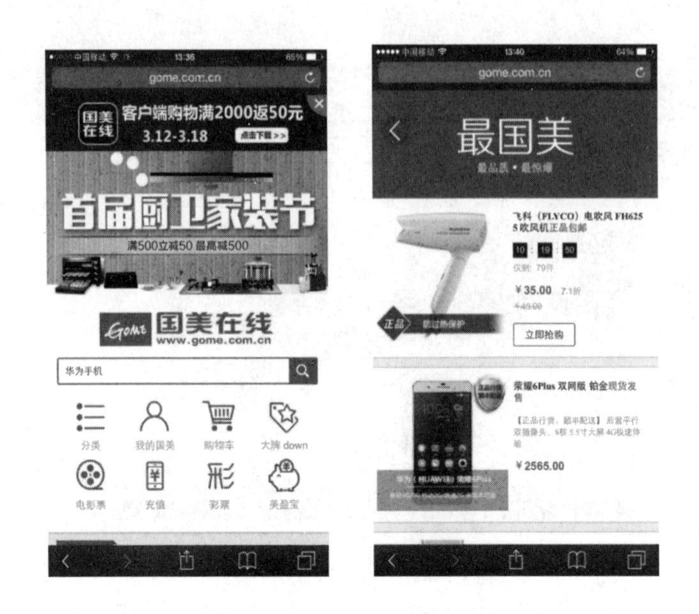

图 2.17　国美微网站

国美微信公众账号如图 2.18 所示。

图 2.18　国美微信公众账号

2.4.3 服务智能化，让用户感受更优质

随着科技的发展，客户服务变得越来越智能化，客户服务伴随着营销模式的多样化，同样也出现了实体店面服务、电话联络中心服务、网络服务等模式，服务模式的多元化给广大用户带来了方便，人们可以随时随地通过多种方式获得自己想要的帮助（见图 2.19 和图 2.20）。移动信息化并不是一种技术的革命，而是信息化技术的一种延伸，它有效地将云计算、物联网、大数据等新技术融合在一起，通过统一的后端服务模式为前端用途提供优质服务。

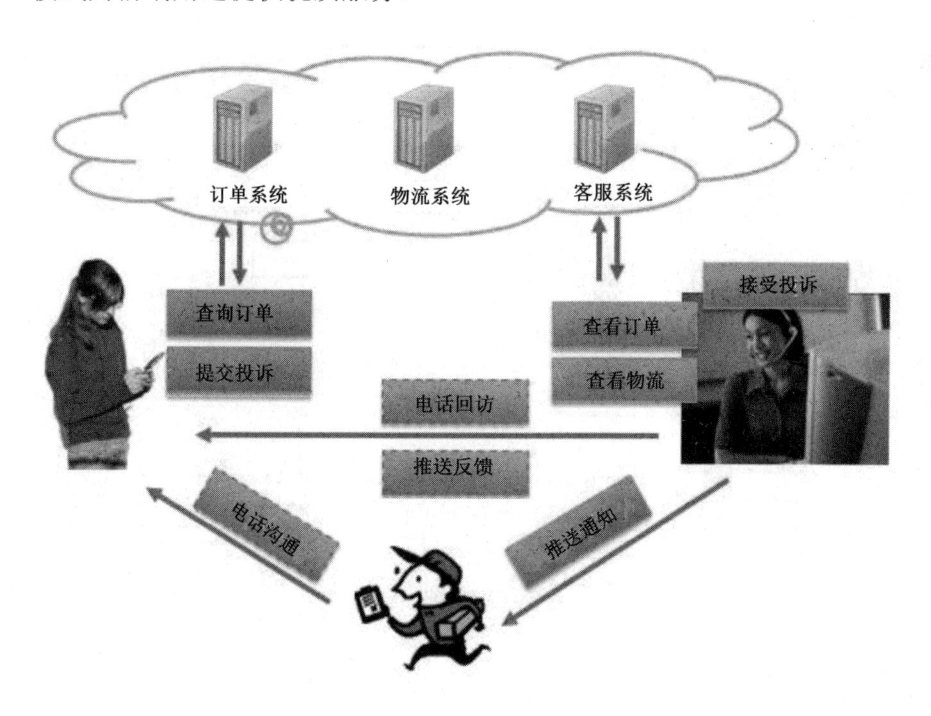

图 2.19 服务模式

通过移动互联网，用户可以随时随地做自己喜欢做的事情，如上网购物，并通过移动终端特有的拍照、语音、定位等功能，获得更好的体

验。移动互联网让沟通更简单、更智能，用户可以随时随地、向客服提出问题并实时得到解答，将服务装在口袋里。

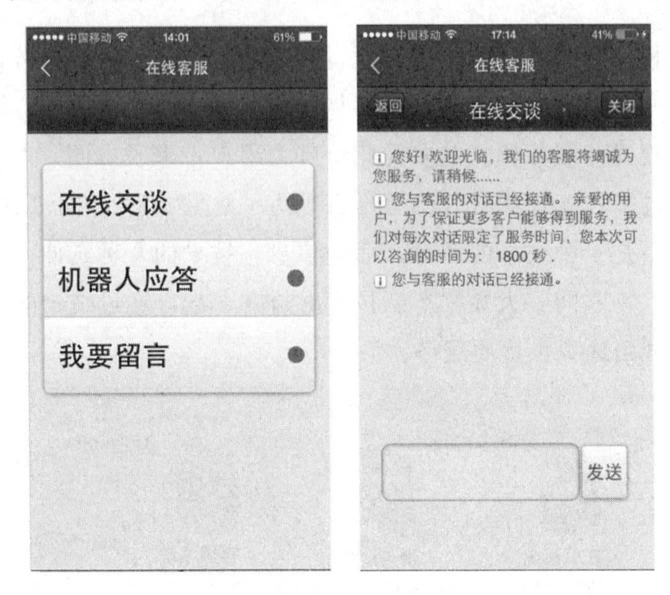

图 2.20　在线客服

3

第3章 企业移动化，平台须先行

随着智能移动设备的普及，越来越多的企业把 IT 建设的重点转向了移动应用。根据 IDC 的预测，2014 年中国企业级移动应用解决方案市场规模达到 16.3 亿美元，2014—2017 年复合增长率超过 30%。移动应用项目的增多，带来了建设模式的根本性变革，企业从早期的单一项目建设方式，逐步过渡到以移动平台为基础的项目群建设方式。移动平台能够整合移动应用相关的基础技术框架和管理能力，如跨平台开发技术和用户身份认证、移动设备管理、移动应用管理功能等，使各个项目团队能更加专注于业务功能的开发，能够节省开发人力、缩短建设工期。在 IT 建设平台化发展的总体背景之下，移动平台在移动应用建设领域将发挥越来越重要的作用。

本章将从企业移动化的需求以及面临的问题入手，分析移动平台在中国企业级移动应用市场的建设成因和给企业带来的价值；基于企业移动化建设的四个发展阶段，给出以平台为中心的资源聚合移动平台解决方案。移动平台是行业客户未来移动应用建设的基础和重要方向，企业移动化，平台须先行。

3.1 企业移动化的诉求与困境

3.1.1 企业移动化，未来已来

如今随着各种智能终端设备的发展，移动互连产业已经逐渐成熟。对于企业来说，未来是一个移动的世界，未来的市场在移动互联网。

企业发展需要移动化。随着企业的发展，分支机构、办事处、连锁店等逐渐增多，面对办公地点增多，企业员工分布广，移动性强，频繁往返于客户、销售卖场与公司之间，需要一种便捷、灵活和具有跨地域性的办公方案，使员工无论身在何处，都能实现员工与员工之间、企业与业务伙伴之间的相互交流和沟通。各级政府机构服务观念在不断增强，也希望通过移动办公的方式提高办公效率，降低管理成本，提升服务质量。这些诉求都要求企业能够以最便捷的方式进行移动信息化，因此企业移动战略成为大势所趋。

凭借便携、触屏、高清的丰富体验，以智能手机和平板电脑为代表的移动设备正悄然改变着企业的商务运行。人们开始将金融服务、业务管理、报表、设计、邮件、个人事务管理等移动化。以往给人复杂、笨重感觉的企业级应用，逐渐部署在移动终端上。这使得原本定义为消费设备的产品逐渐也应用于商务领域，从而引发了企业级应用厂商把研发重点转移至移动应用平台。IDC 研究发现，“移动应用成为很多企业 IT 建设必不可少的组成部分，预计到 2017 年，中国企业移动应用市场将形成具备一定规模的产业，企业移动解决方案市场规模将达到 46.7 亿美元。”企业级移动应用市场已经成为移动互联网的主战场。

正如本书第 2 章所描述的，很多企业已经将移动战略升级为企业管理的一级战略。金融、能源、医疗、航空、政府、传媒、教育、制造、

交通物流等行业在企业移动化进程中拔得头筹，企业全面移动互连时代已经来临。

用 CIO 们的话讲，“**企业移动化，未来已来**”，也有 CIO 表示移动信息化是痛并快乐着，可是面对不可回避的趋势潮流，企业信息化正在被革命的势头谁也无法阻挡。

3.1.2　企业移动化面临的诸多挑战

移动互连时代与 PC 互联网时代有很多的不同，以下总结了移动企业面临的五个常见挑战，之后将给出帮助企业实现其移动战略的一个秘方。

1．开发难、迭代难

根据面向的用户不同，移动应用可以分为 B2C 类应用、B2E 类应用及 B2B 类应用。越来越多的移动信息化需求，对于对移动技术并不熟悉的企业来说，可以说是难上加难，只能依靠外包团队来解决业务需求。但各外包团队对移动应用开发所使用的技术、接入标准和安全都没有统一的规范，不但给企业内部的技术传承带来困难，也很容易使企业被外包商绑架。

另外，移动应用需要针对不同的移动操作系统、不同的分辨率、不同的移动操作系统版本进行开发，从而导致移动应用的开发难。通常企业需要招聘大量懂 iPhone（Object-C）、Android（Java）、Windows Phone（C#）移动开发技术的员工来开发移动应用，成本居高不下；在不同的移动设备上统一移动应用的用户界面、用户体验及应用功能等变得十分困难，移动应用产品的迭代更是难上加难。

2．集成难

企业移动化的第一步通常就是把企业传统信息化系统和移动端进行

融合，把 PC 端业务向移动端转移。但由于多种多样的原因，企业业务系统（如 OA、ERP、CRM 等）很多是相互独立的，并在不断扩大、增加。信息系统间的整合是 CIO 们必须解决的问题。而移动应用的引入，将显著提高集成的难度，包括各种移动应用间的集成、移动应用和后端信息系统的集成等。

3. 部署难

网上的 App 可能被人为植入一些木马程序，下载使用可能会危及企业的信息安全。所以，企业开发和迭代出来的移动应用，如何安全地部署到每个用户的设备上也是一个难点。

另外，面对移动应用的高用户体验要求和业务需求的快速变化，移动应用如何快速部署也是不得不面对的难点。

4. 管理难

BYOD（Bring Your Own Device，自带设备上班）当下已经成为企业移动信息化的关键词。传统的企业内部应用通常在固定场所、固定网络环境、固定时间、固定设备上运行。但是企业移动应用的 BYOD 特性让一切变得复杂。没有移动信息化管理经验的企业要如何应对？

随着 BYOD 时代的到来，保持低成本的移动应用管理、移动设备管理、移动设备安全、移动用户管理也为企业带来不小的挑战。

移动应用的开发只是移动信息化的一小部分，更重要的是通过移动信息化给企业创造更多的价值，如何通过统一的管理流程和规范，对移动用户的使用习惯、风险承受能力或者消费水平等进行统一的信息收集，针对这些数据进行深层次的挖掘，最终根据用户的喜好、交易习惯的智能分析做出明确的判断，主动推送相关产品给最适合的用户，也是企业移动化面临的难点。

5．保护数据难

在移动应用给企业和用户带来极大便利的同时，移动应用的移动特征打破了企业网络的边界，这又给企业带来了更大的安全隐患。内部员工和B2C类用户可能在咖啡厅、机场或者路上随时通过移动网络接入系统，企业应该如何防范与控制风险呢？另外在人员离职或者手机丢失的情况下，保存在员工手机内部的企业数据如何消除以免除数据泄露的风险呢？种种难题一度让企业的CIO们陷入沉静。如何找到一种手段或者标准规范移动应用的接入，并对移动应用、设备、用户等进行全方位的管理，将设备、用户、应用进行绑定，做到从设备接入到注销的全生命周期管理？难！

尽管企业在进行移动信息化的时候困难重重，但面对众多困难还是不得不硬着头皮往前上。为了提高用户工作效率、提升客户的用户体验、实现移动应用的业务价值，同时从开发、管理、安全、集成等几个方面解决企业信息化过程中遇到的难题，企业需要一个功能强大的一站式移动信息化平台，不但要在移动端做到功能的实现、安全的保障，更要为长远打算，打造一个能支持大用户量并发和能开发出良好用户体验的移动平台。

当然，并不是说所有的企业一开始就必须使用移动平台。针对是否应该选择企业级移动平台，Gartner提出了一条“三”原则：支持三个移动应用程序、三个移动操作系统（OS）或者正在集成至少三个后台数据源的任何企业均应部署企业级移动平台。

根据相关调研发现，国内最早尝试部署移动平台并取得良好开端的企业主要有以下两类。

一类是早期建设了一些移动应用试点项目，在建设过程中不断出现各种开发难题，随着项目的增多，开发难度增大，开发周期增长，促使企业考虑采用平台化思路去解决这些问题，如江苏烟草等。

另一类企业拥有比较明确的指导思想，始终在跟进研究移动应用的前沿技术方向，结合企业未来的移动化建设要求，首先提出了平台化建设的思路，率先建设好移动平台，在此基础上再开发移动项目，这类企业主要是以东方航空、国家电网、中化集团等为代表的大型集团型企业。

3.2 企业移动化建设的四个发展阶段

移动信息化，是指在现代移动通信技术、移动互联网技术构成的综合通信平台基础上，通过掌上终端、服务器、个人计算机等多平台的信息交互与沟通，实现管理、业务及服务的移动化、信息化、电子化和网络化，向社会提供高效优质、规范透明、适时可得、电子互动的全方位管理与服务。

移动信息化就是要在手机、PDA 等智能终端上，以电信、互联网通信技术融合的方式，实现政府、企业的信息化应用，最终达到随时随地可以进行随身的移动化信息工作的目的。在移动信息化实施之下，目前政府和企业在电脑上应用的各种信息化软件体系，如办公信息化软件、ERP 软件、CRM 软件、物流管理软件、进销存软件，以及各种特定的行业软件（如警务联网系统、统计局统计系统等），都可以移植到手机终端使用。手机变身为一台移动化的电脑，既能在手机与手机间进行信息化工作联动，也能够与原有的电脑信息化体系保持互连互通。随着手机成为信息化网络中的移动载体，移动信息化将让现在需要固定场所、固定布局的企业和政府信息化建设模式变得更加灵活方便，满足政府和企业在工作人员出差、外出、休假或发生某些突发性事件时，与单位信息体系的全方位顺畅沟通。

企业的移动信息化随着移动网络的升级、移动终端的普及逐步发展。企业需要通过移动的方式改变原有的办公模式，增加销售渠道或者改进服务方式，通过与云计算、大数据、物联网等新技术的结合，加快实现企业内部协同办公。企业的移动信息化并不是一种新技术的变革，而是信息化的延伸。在移动信息化方面随着技术的发展，各企业一直在进行着尝试，2014 年可以说是企业移动信息化元年。

企业移动化建设大致可以分为四个阶段（见图 3.1）。

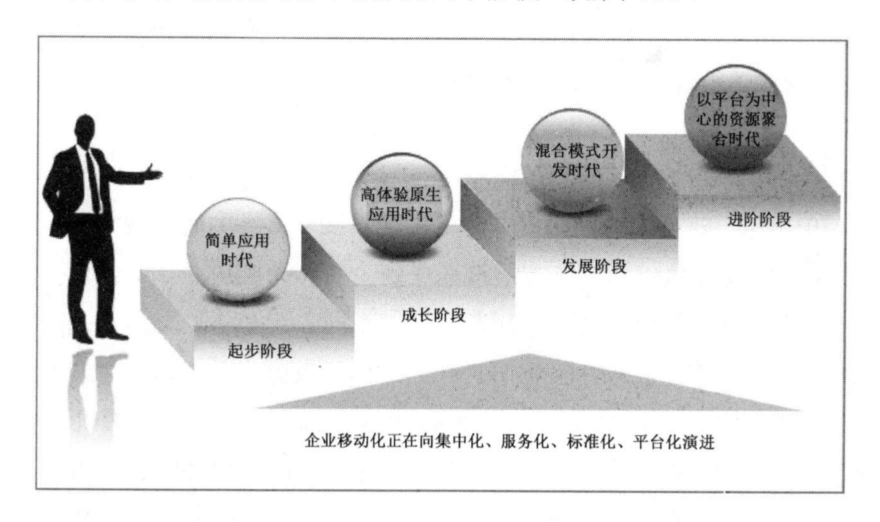

图 3.1　企业移动化建设的四个阶段

1. 简单应用的起步阶段

2004 年以塞班系统为代表的智能操作系统开始兴起，企业通过移动 WAP 网站、Java 小程序实现简单的移动信息化，由于 2G 移动通信网络数据承载能力、设备软硬件水平和其他无线网络接入技术成本的限制，虽然市场已呈现出较强的移动信息化需求，但是移动信息化由于缺乏坚实的技术驱动基础而无法承担信息化革命的重任。此阶段的企业移动信息化主要满足高层管理者办公需求，如移动审批、收发邮件等。

2. 高体验原生应用的成长阶段

2008 年，3G、移动通信和其他无线技术都有了突破性发展，以苹果公司和谷歌公司推出的高端智能手机为代表的产品软硬件水平空前提高，为企业移动信息化的推进打下了良好的环境基础。企业纷纷在智能操作系统（Android、iOS）上通过原生语言的方式实现了企业的移动信息化。但由于需要针对不同的操作系统分别进行开发，造成了开发成本巨大。此阶段的移动应用并没有真正产生对企业有利的价值，但是从用户使用层面和应用层面来讲对移动信息化有了更为深入的理解，应用主要面向领导及公司员工内部需求，如移动 OA、移动 CRM、移动审批等。

3．混合模式开发的发展阶段。

2010 年，随着 HTML5 技术的产生和发展，移动中间件技术得到迅速发展。以混合模式开发的方式渐渐成为企业移动应用开发的主流，混合模式移动应用引擎，规避了开发者针对不同系统和不同分辨率进行开发的劣势，采用国际通用标准 HTML5 作为开发语言，支持一次开发多平台适配，包括 iOS、Android、Windows Phone 等，使开发效率提高了 50%以上，开发成本降低了 30%以上，上线速度提高了 40%。企业移动信息化开始在企业内部得到关注，移动应用如雨后春笋般涌现。在这一阶段，企业移动信息化不再只是关注企业内部需求，而更多地面向企业的最终客户，通过企业移动信息化服务于更多的企业的最终客户，移动信息化为企业找到了一种新的营销方式和服务方式，帮助企业打开了销售渠道，提升了服务理念。

4．以平台为中心的资源聚合的进阶阶段

随着云计算及物联网的产生，企业逐渐认识到以应用为中心的模式已经不能满足企业发展的需求。随着移动信息化的深入，各种需求逐步增加，给移动应用的管理带来了一系列问题，简单而凌乱的移动应用及安全产品堆叠无法让企事业单位对快速发展的移动信息化进行有效的支撑和把控，进而促使企业移动化向平台化发展。**企业移动化正在向集中**

化、服务化、标准化、平台化演进。

以平台为中心的开发管理模式成为企业移动信息化的主流思想，即通过建立企业移动应用服务平台，统一企业移动应用管理，收集用户使用习惯，整合挖掘企业移动应用数据，为企业创造更大的利润空间。此阶段的企业移动信息化具有深度挖掘企业内部各业务部门和市场需求，结合移动终端特性的特点。结合移动互联网、云计算、大数据等新兴技术、我们相信 2015 年正是企业移动化的元年，企业移动化必将迎来一个崭新的时代。

3.3　建设移动平台的动因及其带来的好处

3.3.1　企业转型需要移动平台的核心驱动力

正如前面两节提到的，针对企业移动信息化面临的诸多问题，并引领企业向移动互联转型，选择合适的企业级移动平台就是最有效的办法和核心驱动力。

通过对相关企业的调研和对实战项目的分析总结，把企业构建移动平台的核心动因归纳如下。

1．移动终端设备规格不同，催生跨平台开发需求

移动应用开发不同于传统桌面应用开发，因为移动终端设备规格不同，目前的终端设备复杂多样，相对标准的苹果设备也至少有 10 多款，如 iPad 和 iPhone 等，Android 设备更是数不胜数，很多都不一样，对开发工作提出了很高的要求。同一款应用可能需要部署在 Android、iOS、Windows Phone 等各类移动平台上，同时各个终端的屏幕尺寸、分辨率、拍照、录音、定位等硬件属性各不相同，这给开发工作带来了很大难度。早期企业客户通常是针对一种设备先开发一款应用，上线后再针对另一

种设备重新开发一款应用，这需要多个技术团队支持，存在技术人力的浪费，同时项目周期也比较长，不利于快速上线部署实施，并且未来运维管理阶段也会面临很多挑战。所以企业希望采用一个技术平台，能够屏蔽移动设备的技术差异，使开发人员专注于具体业务实现，而不用考虑过多底层技术细节。

企业移动开发除了上面的跨平台诉求之外，还包括资源复用、碎片化应用、快速开发交付和卓越的用户体验等原来 PC 和互联网时代所没有的动因。

移动平台很重要的一点就是实现一次快速开发到平台部署，并能很好地解决上面的诉求，类似 Java 的特性，这是移动平台在开发过程中最重要的特性。

2. 整合基础功能，统一移动开发规范

移动应用有很多共性的基础功能，如消息推送、用户管理、黑白名单、加密解密、文件压缩、版本升级更新、应用统计分析和数据集成接口访问等，如果都由每个项目团队单独开发，会造成开发资源的浪费。另外如果每个项目的基础功能都由各个团队单独开发，那么各个技术团队的开发规范不能保持一致，对后续的系统升级维护不利，且不利于开发人员在各个项目之间的流动分配。因此，客户倾向于采用统一平台来构建基础功能，同时建立统一的技术架构和设计、开发、测试、运维规范，确保各个项目团队采用一致的技术体系，有助于提升项目开发效率和交付质量。

3. 平台化管理，自主集中管控

大中型企业目前均已建设了大量的 IT 业务系统，各个业务部门也在尝试与各类厂商合作分别构建自己的移动应用，建设和运营模式较为独立、分散，不利于集中管控。传统模式下，企业的管理者如果想了解各个移动应用的使用情况，需要分别去找具体的业务实现厂商来提供相关

数据，烦琐且费时费力。企业的管理者希望实现集中管控的目标，有效监控这些分散的移动应用，要求所有数据接入交互、应用发布、升级更新等都通过平台来实现。把所有移动应用都接入移动平台之后，可以有效掌控每类应用的使用情况，如使用人数、激活率、在线人数等，平台可以提供一个集中的统计报表，实时展示具体使用情况，实现集中监督管控的目标。现在 IT 建设总体呈现平台化、集中化的趋势，行业客户的 IT 主管谋求实现集中管控的目的，这也推动了对移动平台的需求。

4．平台与应用分离，减少对外包厂商的依赖，强化 IT 建设自主权

最后是关于平台的依赖性，这是所有软件平台的优势和特性，很多企业早期的移动应用建设全部外包给 IT 供应商，各个业务体系或分（子）公司分别找不同的外包厂商来开发移动应用，由软件外包厂商从零开始，企业客户和行业客户仅仅提出需求，等这个项目逐渐成熟之后，在业务创新、系统升级改造、运维管理等方面要严重依赖这些 IT 厂商，对于后续的代码开发、技术标准及运维管理，企业没有太多的话语权和掌控措施，不利于企业强化自身的主导权，存在一定的建设风险。所以集团企业谋求建设移动平台，制定统一的开发规范，使平台与业务应用开发分离，使供应商与核心业务解耦，IT 厂商只是企业软件生命周期中开发实现的一个环节（只是帮助企业实现代码和应用），当然具体的框架、标准和规范都掌握在企业手里，对于未来的项目升级企业掌握着很大的话语权，从而避免被一家或几家厂商绑定。采用平台化建设方式，企业掌控核心引擎和技术规范，具体应用可由外包厂商开发完成。

3.3.2　移动平台的价值收益

众多大中型企业的实践已经证明，移动平台是解决企业移动化面临的一系列问题的好工具；移动平台不会使 IT 资源负担过重，同时可以提供全面的移动开发部署、移动管理和安全解决方案，这使得移动平台必将成为任何企业移动战略的核心。

软件平台是当前IT建设主流趋势，在移动互连时代，移动平台同样起着非常重要的作用。应从企业引进技术的目的和战略出发，考察移动平台给企业经营管理带来的价值。移动平台的能力直接影响企业移动化战略的执行效果，企业通过移动平台获得的价值收益主要表现在以下几方面。

1. 统一技术标准和管理规范，节约开发及运维成本

移动信息化建设的成本要素包括设计成本、人力成本、流程成本、集成成本，以及持续改进和运维的成本等。采用移动平台标准化、易扩展的开放性设计框架，可为企业移动化解决方案带来更好的集成、扩展和服务能力，实现移动开发和管理的标准化和统一性。这有利于技术人员采用统一的开发规范，获得更快的开发进度、更低的开发成本、更广泛的支持（多种设备、多种企业信息系统和多种技术架构），便于技术资源的复用，降低因人员流动带来的额外成本。流程再造、系统集成整合以及持续改进和运维，在移动化战略中所占成本比例也不小，这些成本的控制不仅考验企业IT建设者的把控能力，而且需要强有力的厂商提供技术支撑。分散的项目建设模式固然灵活，但却加大了企业IT建设者的监管难度，也给流程再造、集成整合以及持续改进过程带来了许多难题，移动平台厂商往往在这方面更有经验，能够更好地依托现有的移动平台进行扩展和延伸。

2. 统一接口服务，实现与传统应用深度融合

移动平台以接口服务方式，提供了业界常用的各种协议栈的封装，支持REST、SQL、SOAP、LDAP、REDIS、DOM等，开发人员可以采用通用技术使用移动平台提供的各种标准协议组件对企业多种业务系统进行对接整合，减少企业业务系统的二次开发工作。高性能的整合服务

架构，也是移动平台带来的优势之一，移动平台的整合服务可以在有限资源的服务器上，为移动接入提供更强大高效的接入能力。相比于传统 J2EE 框架，移动平台具有高并发、低资源占用的优势，可以轻松支撑十万级用户的访问。同时，移动平台还可支持横向扩展，通过物理集群方式实现平台扩容。

3. 企业移动应用的全面管控

移动信息化逐步进入快速发展阶段，各类行业客户的移动化需求将日益增多，未来企业或政府机构的移动应用数量和用户人群都将非常庞大，这将给移动应用的管理带来一系列的问题，简单而分散的移动应用及安全产品堆叠将无法让企事业单位对快速发展的移动信息化进行有效的支撑和把控，这就促使移动信息化管理向平台化演进。移动平台提供了移动用户管理（MUM）、移动设备管理（MDM）、移动应用管理（MAM）、移动内容管理（MCM）、企业移动应用商店（EAS）、移动接入管理、移动运行监控等完整的企业移动化平台管理能力，各管理子系统均采用标准开放易扩展的设计框架，提供了丰富的扩展插件/接口和 API，便于企业集成业务管理后台、扩展服务。企业二次开发的系统，可以快捷地接入 EMM 平台中，并与 EMM 各功能模块紧密融合，实现移动管理后台的高度开放性和统一性。

4. 构建企业移动信息化安全堡垒

移动平台围绕用户、设备、应用为企业提供了全面的安全保障手段。在用户管理方面，提供统一用户管理，支持单点登录，提供丰富的移动用户权限和访问控制服务。在应用管理方面，可设定应用的授权用户域和用户分组，控制用户对终端上移动应用的使用，支持应用门户内应用对不同用户的可见性；提供统一的移动应用升级管理，支持应用强制补丁更新；支持接口服务控制，支持对移动应用施加证书校验，对应用接入身份进行控制。在设备管理方面，支持设备硬件控制、越狱上报、强制设备密码、数据沙箱加密、远程锁定、远程擦除、远程配置、应用远程安装、卸载与失效等多方位设备控制机制。同时，移动平台还提供权限接入聚合能力，可以将企业系统的权限配置节点快速引入平台权限配置节点库中，并设定接入权限。移动平台提供的全方位、一体化安全保障体系可确保各类行业客户能够放心地部署与使用移动信息化解决方案。

通过对企业信息化过去30多年的经验总结可以发现，作为最佳实践，软件平台早已是各类企业在IT建设过程中的共性选择，并不局限于移动信息化领域，在现有的IT建设模式下，软件平台已经被银行、电信、保险等各类行业企业所广泛接受。因此，在软件平台化的总体时代背景之下，为应对未来大量的复杂移动应用建设和管控需求，构建统一移动平台是大中型企业客户的最佳选择。标准化平台便于企业管理业务需求的迭代更新、功能的无限扩展，以及实现灵活高效的运营与维护。

3.4 以平台为中心的资源聚合移动化解决方案

企业需要建立一体化移动信息化平台，通过标准化的开发平台和管理流程，支撑企业移动信息化建设，通过快捷的开发方式快速实现移动端业务功能，以应对移动办公人员随时随地接入内部系统实现移动办公的需求，适应市场的快速变化，并通过统一的管理流程实现对移动应用的统一发布、统一监控和统一运营（见图3.2）。

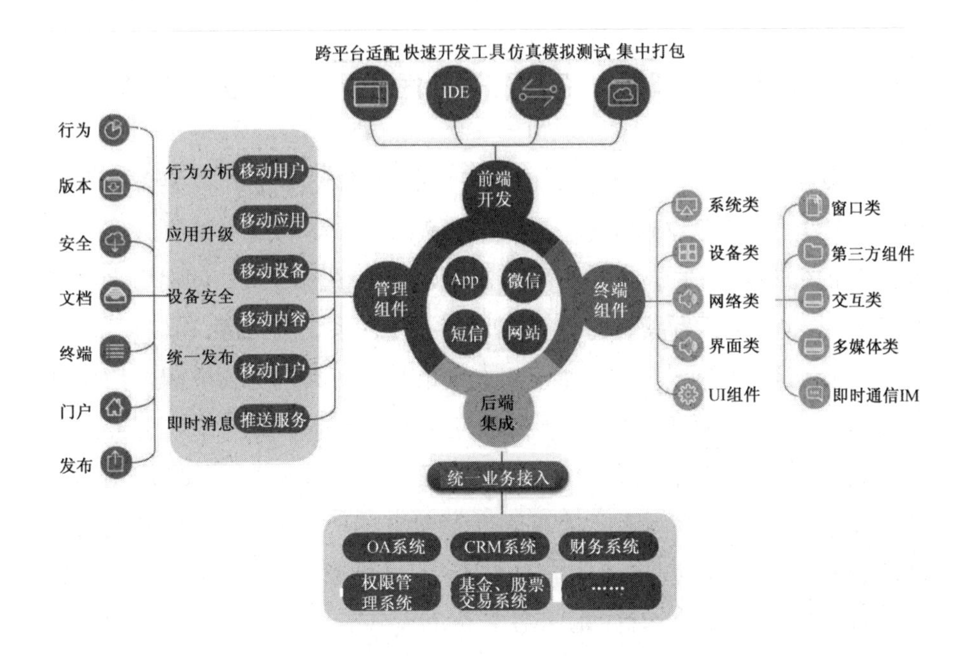

图 3.2　移动信息化平台

3.4.1　选用一体化解决方案，让开发更快捷、管理更省心

企业移动信息化一体化解决方案，提供专业的移动互联网应用支撑平台，包括移动应用开发平台和移动应用管理平台。移动应用开发平台拥有可视化的开发工具、丰富的插件和行业模板资源，通过资源库的方式统一服务于所有移动应用开发者，帮助其快速构建移动应用的同时，统一移动应用的开发标准和接入规范。移动应用管理平台从移动应用的开发、测试、发布、运营实现企业移动信息化全生命周期的管理，做到移动应用开发和运营过程的可管、可控、可查，最终实现移动应用独立开发、集中发布、统一监控、统一运营，全面解决企业移动信息化过程中面临的应用开发难、运营管理复杂和后端服务整合的问题。

3.4.2 混合模式开发，一次开发多平台适配，降低人力成本

移动应用具有多种开发方式，如原生开发[使用系统本身语言开发 iPhone（Object-C）、Android（Java）]、Web 开发等，每种开发方式都有其自身的优势。原生语言开发界面效果好、流畅程度高，可实现多种特别的效果；Web 语言具有跨平台性，不被软件系统所束缚，具有一次开发多平台运行的特点。但每种开发方式也都存在其自身的弊端，原生开发技术门槛高，不能跨平台，上线周期长，人力成本高；Web 开发虽然具有跨平台、技术门槛低等优势，但很难达到原生开发的移动应用的使用效果或者流畅程度。因此推荐使用混合模式开发，移动应用开发采用 Hybrid 混合开发模式，基于 HTML5 技术，融合原生和 HTML5 双方的优势。通过 Hybrid 技术，HTML 开发人员遵循基于标准 CSS 技术的移动开发 UI 参考框架，即可完成一次开发、多平台适配、多分辨率的移动终端适配，并且结合原生组件使混合移动应用与原生应用保持相同体验，使移动应用的开发周期大大缩短，开发成本大大降低。据 Gartner 预测，到 2015 年 90%的企业移动应用将转向混合模式开发。

3.4.3 建立统一服务资源库，提升应变业务能力

企业业务具有灵活多变的特性，不同业务有时还具有一定的共性特点，比如在企业多个移动应用中均有定位、拍照等功能，移动应用单独开发，业务和业务之间开发没有关联性，每次开发都需要将相同的功能重做一遍，造成大量的资源浪费。为满足企业业务快速变化的需求，降低资源浪费，将深度挖掘业务部门需求，总结各业务中心共同点，建立企业移动服务资源库，将移动设备能力、移动系统本身能力、第三方优质服务资源（如移动支付、地图、即时通信、智能机器人、微博、微信

等第三方开放平台能力）进行整合，形成一个多渠道的资源共享平台，服务范围更广泛，服务模式更多样。

3.4.4 建立企业移动门户，形成用户与企业间的桥梁与纽带

企业级移动应用发布一直是困扰企业的问题，如果将企业内部移动应用直接发布到 AppStore，那么全社会公众都可以进行下载，会给企业内部的安全带来极大的隐患。另外 AppStore 移动应用发布新版本需要长时间的审核，这对于发生应用故障时急于修复版本的管理者来说是无法忍受的一件事情。

企业移动门户是一款用于企业内部的移动应用发布系统，是最终用户与企业间的纽带与桥梁，它将内部移动应用通过统一的平台进行集中发布，内部员工可通过该门户进行移动应用的下载、安装、升级，并根据权限划分进行移动应用的访问控制，无须通过 AppStore 进行审核发布，在解决移动应用快速发布问题的同时，也提供了移动应用安全访问策略。通过企业商店全面收集、实时统计移动终端、应用、用户的各方面数据，提高战略决策质量，完善经营管理层面的智能分析与辅助决策能力（见图 3.3）。

整体来说，企业移动化已是大势所趋，企业移动化，平台须先行。同时，企业移动平台的标准建立需要开放的战略思维，在企业级移动应用还处在发展阶段时，移动平台厂商需要具备长远的、前瞻性的眼光与案例经验累积，为企业提供有效的移动战略部署规划意见，通过自身领先的产品技术体系和平台定制服务能力，帮助行业客户打造符合自身业务实践需求的移动平台，从而最终助力企业提高投资回报率、业务运营效率及核心竞争力。

图 3.3　企业移动门户

3.5　案例分析——移动信息化，无平台即无战略

3.5.1　东方航空移动应用平台

在由工业和信息化部信息化推进司、上海市经济和信息化委员会指导，中国移动互联网产业联盟、上海移动互联网应用促进中心等机构联合主办的 2013 年中国（上海）企业级移动应用峰会上，东方航空移动应用平台被评为 2013 年度中国企业级移动应用十大优秀案例之一。

“纵观中国移动信息化市场，真正称得上大移动化平台的应用案例并不多见，这不仅要求企业决策层具有前瞻性的移动化战略思维，也要求企业具有业务管理改革创新的勇气。由正益无线选送的东方航空移动应用平台获此殊荣可谓实至名归。”中国移动互联网产业联盟秘书长、上海移动互联网应用促进中心主任李易如此评价东航移动应用平台获奖。

1. 勇于吃螃蟹的东航移动应用平台

事实上，作为国民经济的重要组成部分，航空企业的信息化应用程度一直非常高，东航在移动信息化领域也做了多年的尝试与探索，在原有封闭的移动框架和当前主流的移动平台的选择上做了长时间的考察和测评，从移动开发、应用管理、系统整合及信息安全等多方面进行了周密的规划和布局，最后确定“指尖上的东航”为其整体的移动信息化战略。

自 2013 年 5 月开始，东航移动应用平台已在东航客户服务及内部业务管理中正式启用，借助 AppCan MEAP 平台，顺利完成了原有应用迁移和新定制应用（共计 17 个 App）在东航 AppStore“掌上东航”上运行，以此全面提升了东航航空作业过程中业务流程管理的灵活度及运营管理效率。

截至 2013 年 11 月，东航移动客户端总用户数已达到 186546 人次，其中 16%的用户为活跃用户，约 8%的用户购买了两次以上的机票，而“掌上东航”已服务了 8 万名东航员工。

2. 移动战略需要一体化移动平台

企业移动应用平台（Mobile Enterprise Application Platform，MEAP），是企业移动战略的基础支撑，从开发、安全、管理和对接四个层面来一体化规范企业移动战略，形成对应的开发标准、发行管理标准、安全标准，从而覆盖控制到企业移动 App 全生命周期的管理，帮助企业降低移动战略的成本和风险。

“如果没有一体化的移动平台做支撑，东航的移动战略不可能走得这么快，我们已经在使用国际标准的第二代企业移动应用平台，仅东航提供给员工使用的 App 就有十多个，涵盖了移动 OA、飞机维修、数据报表、飞行员和空乘管理等几乎所有的核心业务，极大地提升了东航的工作效率。”东航移动项目负责人强调说，移动平台在整个移动信息化战略中起到主导作用。

由此可见，**无平台即无战略**，是目前央企和 500 强企业这种有实力的用户在规划移动战略中的共识。一个可执行的企业移动战略需要一个成熟高效的技术平台做支撑，用来系统性地解决企业移动信息化过程中面临的各种问题，如开发成本居高不下、管理难度超出预期、安全风险突出及对接企业固有 PC 端系统复杂等。

同时，企业需要一个统一、可行、规范化的移动标准平台做参照，避免分散式的移动应用部署，造成企业投入成本与资源上的浪费。可是，这样的标准由谁建立、如何建立，目前还众说纷纭，一个切实可行的标准化平台是需要众多实践案例来反复验证的，而东航移动应用平台是目前中国企业级移动应用市场上比较成功的示范案例。

3.5.2 移动信息化，平台先行——宝钢集团移动信息化之路

宝钢是国内最早开始信息化建设的企业之一，信息化系统已经相当成熟，随着移动互联网时代的到来，宝钢以“**移动信息化改变工作方式**”为入口，开始了新的移动信息化之路。

2012 年 12 月 13 日，在由中国信息协会主办、盛拓传媒 IT168 协办的 2012 年中国移动信息化高峰论坛上，上海宝信软件股份有限公司产品总监周明介绍，宝钢集团的移动信息化包括三大要素：平台、应用及服务。以平台为基础，通过移动应用平台最大化整体价值，企业集中资源，建设统一的移动应用平台，分阶段开发实施，逐步覆盖全业务层面的移动应用。

截至 2012 年年底，宝钢已经推出的移动平台应用包括：移动办公、

移动知识管理、移动生产监控、移动设备管理、移动 CRM、移动 SCM、移动贸易、移动金融及健康自助服务等。

宝钢的移动信息化之路说明，平台先行的策略是大中型企业最正确的选择。

在当今的移动互联网时代，传统的信息化建设策略已经很难奏效，必须调整和优化。企业的移动信息化应该采取不同的策略。对于大中型企业而言，移动信息化整体策略是统一平台、分步开发、应用优先、快速迭代、持续优化。

企业移动化，平台先行。那么，什么是移动平台呢？它是由哪些功能要素组合而成的呢？世界上主流的移动平台有哪些？未来移动平台的发展趋势又如何？下一章进行详细分析。

4

第4章 移动平台架构及主流移动平台

4.1 移动平台是传统企业 IT 架构的升华

新的移动互联网时代，企业的 IT 应用架构不再是一种简单的叠加，也不是一种革命，而是在目前业务系统的基础之上进行升华。

本书所说的移动平台均指企业级移动平台。

企业级移动平台是指为企业提供移动综合能力的平台，它可以覆盖和支撑企业移动应用的全生命周期，包括开发、集成、部署实施和运维监控管理等阶段。移动平台可以降低面对各种移动设备的开发复杂度，实现与后台各类业务系统的有效集成，降低开发成本，缩短项目上线周期，提高开发效率。同时能够提供统一、便捷的移动应用的运营功能，对于移动应用所涉及的用户、终端设备、业务应用，提供全面的监控和管理服务。

当然，企业级移动平台有时还包括仅提供一部分移动信息化功能的产品或厂家，比如：

- 以提供 IT 服务为核心、兼顾移动管理平台产品功能的综合解决方案厂商，典型代表如 Ctrix XenMobile、VMware AirWatch、东软等厂商；
- 以移动安全管理功能为核心产品的厂商，典型代表如瑞星、国信灵通、赛门铁克和三星等；
- 以移动设备和内容管理功能为核心产品的厂商，典型代表如广州携智、宝利明威、嘉赛等。
- 提供完整的移动信息化产品解决方案，包括移动全生命周期管理的厂商主要有天畅、正益无线、PhoneGap、SAP、IBM、烽火、LanDesk 等。

而这些提供完整移动信息化平台的众多厂家由于多种原因选择了不同的技术路径，据此可以把它们的产品分为“第一代移动平台”和“第二代移动平台”两大类，这给企业级移动平台市场带来了更多的选择[1]。

第二代移动平台通常为 Hybrid App 混合开发模式，以 HTML5 为主要应用开发语言，并兼容企业用户自定义的原生插件扩展；同时，为移动开发者提供一个公众的服务平台，让开发者和企业用户在线体验试用。因此，第二代移动平台主要面向开发者，提供一种成熟的、基于开放标准的技术或开放源码来让开发者学习体验。第二代移动平台的典型代表包括 AppMobi、AppCan、PhoneGap、Titanium 等。

第一代移动平台的厂商面临巨大的转型压力，其中的一些佼佼者已经初步完成转型，并借助原来众多的客户群向前追赶。

4.1.1　传统的应用架构与体系架构之变

在传统的企业架构下，企业在信息化建设的初期，通常开发一个一

[1] http://mobile.51cto.com/informatization-363653.htm

个独立的系统，整个 IT 体系架构包含五层：基础层、数据层、支撑层、服务层、表现层。这五层之外，还包含现有的标准规范体系和安全保障体系。

但是这几年企业的 IT 应用架构已经向更加细分的方向转变。举一个简单的例子，一些底层的技术平台、业务平台、交互平台都在进行整合。这与制造业很相似，最早是一个个小工厂、小作坊做应用，变成大企业和流水线生产以后，每个节点都是一个细分的体系，企业内部应用也以这种方式构建。

传统的企业级应用架构发展到今天，已经逐渐打破了业务系统功能架构之间的界限，向集中化、平台化、服务化、组件化演进，企业的应用构建最终都会集中到企业统一门户中，突破传统业务系统的边界。

4.1.2 移动优先的新架构更丰富、更广阔

随着移动设备、移动应用的蓬勃发展，企业管理者工作考量的范围相对于传统 IT 时代有了更大的基准，特别是在企业移动管理状态下，企业的 IT 应用目标和作用在发生改变。举个例子，原来在网络信息化过程中，通过电脑进行企业内部的信息交互，可能是 8 小时在线的状态；在移动信息化时代，员工需要 24 小时开机，保持 24 小时在线的状态。移动信息化最终的目标是信息的再平衡，将通过移动设备获得的各种信息送到后端，后端对各种信息处理以后再送到前端，实现信息之间的互通及平衡。

围绕上述目标去实现信息的构建，而移动平台是实现信息再平衡这个目标的基石，也是企业信息化和互联网信息化最根本的基础设施建设。

在移动平台建设中，对于云和端之间进行管理和控制，如 MEAP 应用开发管理，面向移动安全的管理，面向内容、用户和设备的管理，通过系统构建，最终实现企业移动优先的体系架构规划。在这个体系中，

开发支撑能力、整合服务能力、安全保障能力、全面管理能力是移动平台应具备的四大能力，每一项在不同的阶段需要有不同的扩充（见图 4.1）。

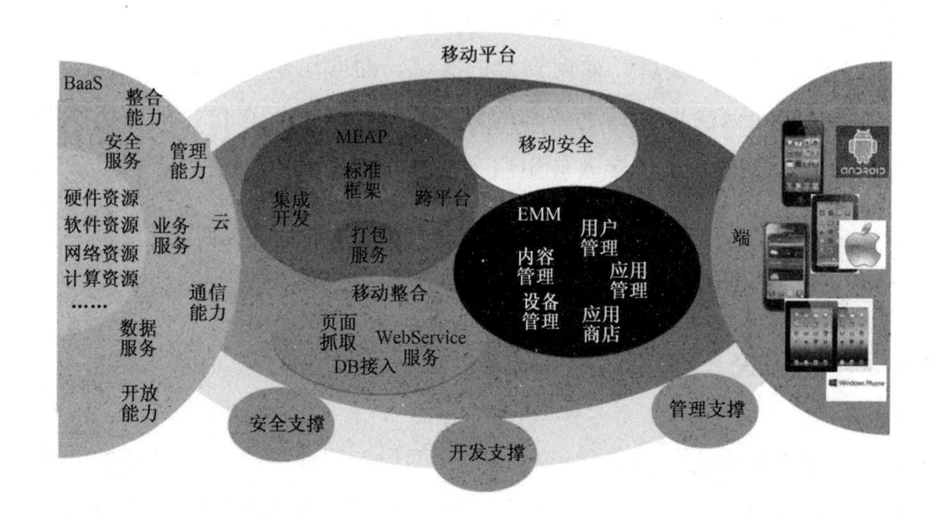

图 4.1　移动优先的新架构

4.1.3　移动平台是云和端的连接点、应用和业务的支撑点

移动平台是一个提供移动综合能力的平台，覆盖移动应用的全生命周期。其核心职能就是在所有终端上快速部署应用，与企业现有软件基础设施进行整合。

借助移动平台能高效便捷地进行移动开发，可以让企业在最短时间内实现最新的思想和思路，完善移动管理与运维，进行全面、深入的移动安全管控；同时还能够降低开发的门槛和成本，把企业的业务相关联，提供跟业务运行流程相关的聚合、开放、可控的移动整合能力。在新一代 IT 体系架构中，移动平台是云和端的连接点，是应用和业务的支撑点。

移动平台首先帮助企业构建标准和规范，企业只有有了自己的标准和规范，才能成为移动信息化最终的掌控者，才能实现客户的目标。这里说的规范有服务接入规范、数据封装规范、安全管理规范、数据保护规范等，通过这些规范来实现整个移动化的应用构建，最终面向应用的实现、面向管理的实现、面向安全的实现、面向运营的实现。

那么，如何向以移动为中心的体系架构转变呢？在传统的应用体系当中，用户访问入口是接入应用服务支撑，最后到基础服务支撑。移动化以后，通过云化的建设，有很多的数据支撑，把各种分散的支撑能力进行聚合，整合成应用服务、移动安全管控等。

4.1.4 基于统一的移动平台框架，快速实现企业移动化

在建设企业应用信息化过程当中，同时完成了企业移动网站的构建体系，项目成本至少能降低 50%。把网站前置、数据和网站进行分离，将真正的数据支撑层作为移动端，为网站端提供统一的数据支撑，集成 BI 的能力和第三方的各种能力，最终实现统一的移动平台框架，聚合前端能力，整合 App 与 Web 开发体系，聚合第三方前端 SDK、语音识别、文字识别的能力。这种体系构建可将企业移动化投资成本降到最低。

移动平台可让企业 CIO 和开发人员更专注于企业最核心业务的实现，结合移动平台前端的开发能力、管理能力，再加上移动平台的数据能力，让企业把最核心的资源投入企业最核心的业务系统中，这也是移动平台的优势所在。

4.2 移动应用全生命周期管理

通过移动平台提供快速迭代开发、集成、部署实施及运维监控管理

功能，为满足业务应用需求创新和提升用户体验起到关键的支撑作用，使移动平台最终成为企业移动生产力的基石。

移动应用平台支撑移动应用全生命周期管理，如图 4.2 所示。

图 4.2　移动应用全生命周期管理

1. 移动应用开发

移动平台可以提供跨平台的技术开发能力，通过封装 HTML5、JavaScript 等技术，提供移动开发框架，实现只需一次开发，就可兼容部署在 iOS、Android、Windows Phone 等平台之上，彻底屏蔽智能手机、平板电脑等移动设备的技术差异，降低对开发人员的技术要求，缩短应用开发周期。

2. 系统集成整合

移动应用需要与企业现有各类业务系统进行集成整合，移动平台可以整体构建统一的接口平台，通过 Web Service、SOAP、DB、LDAP 等各种协议整合后台各类服务接口，面向前端移动应用提供统一的接口服务，避免每类移动应用都单独访问后台业务系统的繁杂，同时所有接口调用都经过移动平台处理，可以实现移动应用使用行为的有效监督和管理。

3. 应用部署实施

移动平台既是技术开发平台，也是承载软件部署的支撑平台。移动平台可以采用单一部署或集群部署方式，以满足不同用户规模的使用需求。移动平台承接的是大量前端移动用户的接入访问需求，通过内部协议转换和业务流程处理，与后台业务系统进行对接，实现数据的交换和工作流程的处理。未来当移动应用用户到达一定规模之后，集群部署和负载均衡也是移动平台很重要的核心能力。

4．运维监控管理

移动应用上线后，还涉及大量的运维管理工作。移动应用通常采用迭代开发的模式，其版本更新非常快，需要不定期频繁发布新版本应用，这就对版本管理、发布管理、软件推送管理提出了较高要求。另外移动管理除了应用管理之外，还包括对用户、设备和移动内容的管理，需要较为完善的 EMM（Enterprise Mobility Management）方案。这些都是移动平台要承载的核心职能，最终通过基于日志记录的统计分析报表来监督和管理移动应用。

通过平台提供的各种监测数据及智能分析，快速发现移动应用潜在的不足，利用模拟和快速开发部署功能，实现应用的快速迭代，以满足业务需求的变化，使用户体验不断提升。

4.3 移动平台的架构及特征

4.3.1 移动平台在移动信息化系统中的位置

移动平台在整个移动信息化系统中的位置如图 4.3 所示，前向要支持部署在各类移动设备上的移动应用，通过各种通信网络接入访问；后端要与企业现有软件基础设施进行集成整合，实现移动平台的核心职能；除此之外，还要承担企业移动管理和移动安全保障的职能。

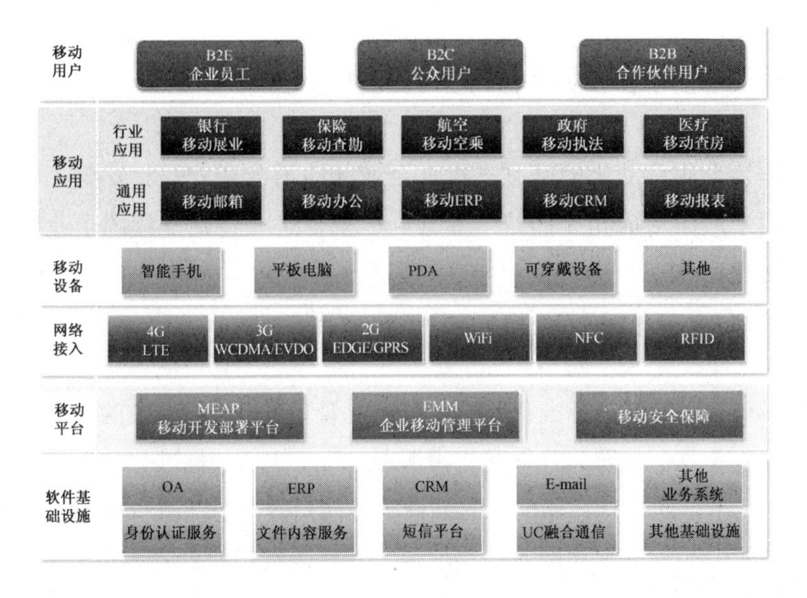

图 4.3　移动平台在移动信息化系统中的位置

4.3.2　企业移动平台的三大核心组成部分

企业移动平台包括三大核心组成部分：MEAP、EMM 和移动安全（见图 4.4）。

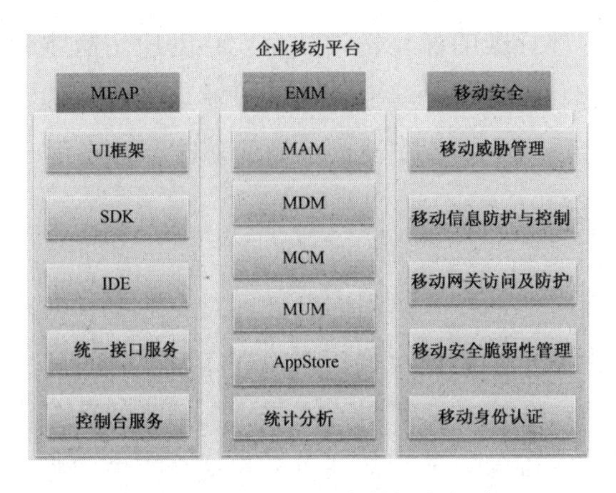

图 4.4　企业移动平台的组成部分

4.3.3 企业构建移动平台必备的四大特性

作为企业移动化的基础支撑，企业移动平台从开发、安全、管理和整合四个层面形成相应的统一标准，以规范企业特别是集团企业的移动信息化建设。

1. 统一的移动开发标准

移动应用开发的标准化是企业移动化管理的基础。企业的一个移动应用可能涉及多个系统的开发商支撑服务，因此统一的标准化移动应用开发语言、跨平台的支持、标准化的插件扩展接口等，势必减少企业在移动化实施过程中的各种沟通成本，实现跨平台代码复用和开发人员复用。

目前，App 开发模式有三种：Web App、Native App 和 Hybrid App。其中 Hybrid App 混合开发模式兼容 HTML5 技术，因兼具 Native App 良好的用户交互体验优势和 Web App 的跨平台开发优势，已经成为企业移动应用开发的首选模式。

2. 统一的移动管理标准

移动应用管理标准的建立，须从企业移动应用版本管理、应用运维控制、消息推送、报表统计等方面做到过程可控制、成本可量化，并且借助标准化还可以方便企业实现供应商的随时可替换性。

3. 严密的移动安全标准

移动设备随时随地接入访问的特性，对企业级移动应用提出了更高的信息安全标准要求，以便全面应对 BYOD 带来的安全风险。一个完整的标准化移动安全策略是在 MAM 平台与后端服务集成系统中形成整体的安全体系，在确保安全的前提下为移动端提供服务。具体地说，必须兼顾三个层面的标准：终端安全、传输安全和服务安全。

4. 开放的系统整合标准

信息化的迭代更新速度可以用一日千里来形容，从长远规划来看，一个标准化的移动平台提供的标准应该是开放的、通用的、全面的，而不是私有的、封闭的。它能够快速完成与各个系统提供商的业务整合，能够聚合不同厂商不同协议标准的服务，为移动信息化提供数据保障。

总体而言，一个灵活、创新的企业移动化战略需要移动应用开发商、标准平台提供商、管理系统提供商等多种角色共同支撑实现，它们不是对立的竞争关系，而是相辅相成的合作关系。移动应用开发商发挥移动领域的专业优势，为企业提供高体验、低成本的移动应用；管理系统提供商则发挥业务方面的专业优势，在需求、数据支撑方面发挥更大作用；而独立的第三方移动平台提供商负责为企业提供标准化的移动战略，帮助企业更好地控制和量化移动化成本，提高企业移动信息化的控制力度。

4.3.4 移动平台的适用范围

前面已经提到，并不是所有的企业一开始都需要选用企业级移动平台。企业级移动平台更适用于大中型企业、品牌厂商以及部分政府机构，这些客户的共同特点如下。

1. 组织结构较为复杂

大中型企业拥有很多分支机构和部门，政府机关也包括很多的下属单位，每个机构和单位都存在移动应用的建设诉求，如果每个单位或部门都单独建设移动应用项目，那么在项目建设上会存在极大浪费，并且后续的运维管理也面临很多的困难，所以这种体量较大的组织机构需要构建统一的移动平台，提供可复用的基础功能，使业务团队能够快速开发、部署移动应用，同时也便于后续的运维管理。

2. 移动用户规模较大，涉及大量管理需求

从用户规模上考虑，早期很多移动项目只有几十个用户，用定制化操作就可以实现。如今很多行业用户规模较大，如保险行业单一客户的容量就要达到20万或30万，在某些快消品行业用户数则过万，这需要平台化来支撑和管理。移动用户在使用过程中存在大量的技术支持和管理需求，当用户规模大了以后，如果还是由各个项目团队单独运维管理，不仅人力较为分散，而且不利于前端用户的集中管理。所以移动平台的企业移动管理方案适用于用户规模较大的客户群体，能够提供集中统一的配置和管理服务。

3. 未来需要长期建设移动应用，加强自主可控

如果企业客户在未来几年需要不断建设和运营移动应用，那么从节约建设成本和后续运维管理便捷性考虑，产品的技术思路和技术框架要具有延展性，企业要自己掌控力度，因此需要移动平台来制定统一的开发规范和建设标准，确保各个IT供应商在客户的整体控制范围之内建设迭代和发展移动应用，支撑企业移动化的需求，降低对外包厂商的依赖，加强自主可控性。

4. 已经具备平台化战略

部分企业在以往的IT建设过程中已经逐步摸索出一条平台化建设的思路，在传统的IT系统建设上已经率先采用平台先行的战略，降低开发成本，缩短交付周期，收敛技术路线，便于未来的统一管理，软件平台在银行、电信行业和部分央企已经得到推广使用。

所以在移动信息化建设过程中，这些企业在制定移动化战略时将继续施行平台战略，先搭平台，再建设相应的业务应用，不断完善、发展、演进，这样才能满足未来不断膨胀的业务需求。并且对平台产品有一套成熟的考量标准，能够与平台厂商共同打造一个适用的移动平台。

4.4　移动平台三大核心功能

4.4.1　MEAP

MEAP 即企业移动应用开发平台，主要承载两项核心职能，一是跨移动平台的应用开发能力，二是后台系统集成整合能力。其主要包括如下组成部分。

UI 框架：移动应用开发平台可以内置一些通用的移动客户端 UI 框架组件，针对一些经常使用的人机交互场景，设定一些基础的 UI 模板，供开发人员使用，可以实现快速开发应用的目标。

SDK：移动应用有很多额外的独特需求，需要移动平台预置一些常用的功能或第三方组件库资源，比如定位导航、拍照录音、加密压缩、文档解析等功能；SDK 需要厂商根据市场发展情况不断积累更新，并可开放给其他第三方机构共同完善移动平台产品特性。

IDE：这是移动应用集成开发环境，帮助开发人员基于 HTML、JavaScript 或其他语言开发 Web、Native、Hybrid 移动应用。其提供程序开发编码、模拟调试、bug 跟踪、编译打包等功能。IDE 最核心的功能就是跨移动平台开发移动应用，其中 HTML5 是最为流行的跨平台开发技术，各类移动应用开发平台均兼容 HTML5 标准。

统一接口服务：移动应用需要与企业现有的业务系统进行集成，实现用户身份验证、数据有效性验证、访问权限鉴权等功能。在复杂的无线网络通信条件下，移动应用需要通过各种访问协议来提供可靠的应用访问，如数据库同步、Web Service、Socket、SOAP、LDAP 等。移动平台能够有效降低后台业务系统与前端应用之间的集成复杂度，屏蔽接口访问方式的差异性，面向前端提供统一的集成访问服务。同时通过后台接口的多种组合策略，移动平台能够提供更为丰富的数据信息支撑服务，便于前端应用展现更为丰富多样的业务特性。

控制台服务：主要负责移动平台的安装部署和配置管理操作，移动平台在开发和部署阶段均需要各种不同的调整，需要借助管理控制台服务来设定相关参数和属性，以适应具体开发和应用场景的需求，包括开发管理、配置管理、发布管理、代码管理等方面。

依据上述内容可将企业移动应用开发平台划分为移动开发平台和移动整合平台。

1. 开发——标准化跨平台的移动开发能力

移动开发平台是基于快速开发目的的技术平台。参考计算机学中的技术平台定义，技术平台是一套完整、严密的服务于研制应用软件产品的软件产品及相关文件。真正的技术平台应该选择合适的技术体系和技术架构，充分发挥技术体系及技术架构的优势，大大提高应用软件开发速度，指导并规范应用软件分析、设计、编码、测试、部署各阶段工作，提炼用户真正需求，提高代码正确性、可读性、可维护性、可扩展性、伸缩性等。

移动开发技术随着设备环境的不同，有着很大的变化。早期，移动设备系统性能较差，能力有限，当时主要采用 C 语言进行开发。后来随着设备能力的提升及 Java 技术的发展，在这些低能力终端中逐渐出现了使用 Java 技术开发的小程序，借助 Java 的跨平台性，实现在不同环境下的运行，这是移动应用跨平台开发的雏形。但这时的应用体验一般，随着设备能力的极大提升和 iOS、Android 等新一代智能终端的出现，应用的体验要求产生了翻天覆地的变化。此时进入了高体验应用时代，即应用为王的时代。

新的平台采用新的开发技术，Android 采用 Java，iOS 采用 Object-C 语言进行开发，与 PC 不同，系统差异性造成了移动开发实施的低效和高成本。尤其面对企业客户，对于成本的敏感性限制了企业移动化的步伐。需求产生价值，跨平台开发技术是移动开发的必然产物。作为基于快速开发目的的技术平台，跨平台开发技术是移动开发平台的必然选择。但是由于 iOS 的封闭性（不支持 Java），人们无法使用 Java 作为默认的跨平台开发技术。iOS 和 Android 同时选择了 WebKit 引擎作为其浏览器核心引擎，而 HTML 技术与 Java 相比有更广泛的开发群体，同时 HTML 是天生的跨平台开发语言，这也使得 HTML 技术成为跨平台开发技术的首选方案。但 HTML 真能够承担起跨平台开发的重任吗？很快开发者们发现，单纯的 HTML5 技术在体验上无法达到原生技术的高水平，且由于 HTML5 规范的迟迟跳票，造成各系统各版本间的差异性，很难使用 HTML 技术完成移动应用开发的重任。

Hybrid 开发模式的出现，使 HTML 技术真正具有了作为移动开发平台核心开发技术的能力。通过采用原生技术进行分装，弥补了 HTML 技术的缺陷。Hybrid 模式把各种原生能力封装成一个个控件，以 HTML 为纽带，组合成与可原生应用体验相媲美的移动应用。Hybrid 模式真正发挥了 HTML 技术和原生技术的优势，极大地降低了开发成本，提高了开发效率，实现了跨平台开发的目标。既然选择 HTML 作为开发的核心技术，产生了新的开发模式，那么移动开发平台必然要为 HTML 开发者提供与原生开发不同的工具。普通的 HTML 开发人员是没有原生开发能力的，因此移动开发平台需要把所有与原生相关的能力进行封装，提供给网页开发人员无障碍的工具和组件，而应用开发中相关的就是原生功能和编译能力。

对于原生功能，移动开发平台根据企业的各种场景和移动应用体验的各种要求，封装成各种组件（提炼用户真正需求），这些组件可以被网页开发人员简单地调用，通过对应的调试工具，帮助网页开发人员完成网页与组件的联调测试。

对于编译能力，移动平台通过把编译服务脚本化和网站化，屏蔽一切原生编译配置，使网页开发人员不需要了解任何原生编译环境配置技巧。通过对原生功能和编译能力的封装，移动开发平台才能够真正实现“选择合适的技术体系和技术架构，充分发挥技术体系及技术架构的优势，大大提高应用软件开发速度”的目标。

移动开发的人力投入虽然比不上传统的大型项目开发，但依然需要开发人员间的协同，最直接的是原生能力插件开发人员和网页开发人员的协同，同时作为移动开发平台必要属性，指导并规范应用软件分析、设计、编码、测试、部署各阶段工作，因此移动开发平台既是开发技术平台也是开发管理平台，它能够有效地组织项目、组织开发人员、组织测试人员，将所有人都置于统一的管理体系之下。

综上所述，移动开发平台需要提供基于 Hybrid 模式的开发框架，需要提供基于框架的集成开发调试环境，并提供满足移动研发的最基本原生能力组件和自定义组件的开放性框架。需要提供基于服务的编译服务器来降低 HTML 开发人员的学习部署门槛，需要提供包括配置管理、代码管理、项目管理、人员管理、测试管理的综合管理服务来支撑协同开发和隔离开发。

2. 整合——开放标准的系统整合能力

传统网络信息化系统，讲究的是大系统，即单个系统覆盖企业众多需求、部门、人员，连接企业的各个环节。而移动需求的碎片化必然使移动应用无法像传统系统一样大而全，只能简而精。但移动应用的离散化并不意味着整个企业信息系统的离散化，而是更加需要企业系统的聚合化和服务化。根繁才能叶茂，移动应用就像树叶离不开扎实稳固的树干。移动整合平台的作用就是加固企业信息化根基，为传统网络信息化系统提供移动化支撑。移动整合平台需要提供以下几个功能。

（1）传统系统的移动化封装

传统的系统没有为移动接入提供服务能力，移动整合平台应该能够提供各种协议栈和工具帮助企业建立移动应用与业务系统之间的桥梁。封装企业系统能力为移动化后端服务组件，支撑移动前端业务实现。

（2）面向移动数据的服务支撑

移动设备带来了众多新的需求和数据，而传统业务系统并没有为这些特性提供数据支撑。因此移动整合平台应能够满足移动应用的数据处理需求，减少企业重复建设和系统改造成本。例如，面向移动的数据存储查询服务、文件资源处理、即时通信能力、推送能力等，通过这些能力与传统能力配合实现移动业务的创新。

（3）面向移动接入的安全访问控制

移动的 3A 化打破了企业传统网络架构的壁垒，面向移动的数据服务需要提供更加强大的安全接入能力。因此移动整合平台的另一个关键作用就是对移动应用的安全接入控制。通过多层级的安全体系，保证只有合法的应用才能够合理接入企业系统，获取其权限允许的数据。

4.4.2　EMM

移动应用上线部署后，针对用户、移动设备、移动应用等存在大量的管理需求，企业需要借助移动管理（EMM）平台来支撑运维管理工作。

移动管理平台主要面对的是复杂的移动运维管理需求。移动信息化系统与传统的网络信息化系统相比，更加复杂、更加零散，主要体现在如下几个方面。

1．应用精细化、零散化

传统的网络信息化系统偏重于重架构的实现，如 OA、ERP 等，每个系统会覆盖企业众多需求点和业务流程。而在移动信息化时代，由于移动设备能力、运算能力的极大扩展，这些能力与传统网络信息化中的功能点组合产生创新，如配合摄像头产生的现场数据采集，配合二维码产生的移动编码查询。就像一棵大树，网络信息化是枝干，移动信息化是枝干上的树叶，众多树叶组合在一起形成一个密不透风的大伞，使移动信息化的触手可以伸至企业的各个节点。每个树叶都是企业需求与移动结合的产物，更加简洁和精细。

2. 入口零散化

对于传统网络信息化系统，入口在大部分企业中已经简单归结为浏览器这一单一入口。企业员工统一通过浏览器访问企业不同的系统服务，最多是根据工作需要访问不同的网站，并且随着企业统一门户的建立，这些网站也逐渐变为由单一入口进入。而移动信息化场景下，不同员工可能通过其工作对应的应用或移动网站来完成任务。但随着移动应用的精细化，入口更加零散，不再像传统系统那样一个浏览器打天下。

3. 设备、系统零散化

设备的零散化更是显而易见。传统企业办公环境中，大部分人员工作使用的是安装了 Windows 系统的 PC 或笔记本电脑，这些设备一般会在固定的场所和固定的网络环境中使用，且绝大部分是由企业统一采购并维护的。而在移动信息化时代，BYOD 已经是主流的办公方式，这些设备不再或很少需要企业采购和维护。但是目前市面上的移动系统最常见的就有两种——Android 和 iOS，而基于这两个系统的设备类型更是举不胜举。与传统的基于 x86 架构的 Windows 系统不同，大部分厂家使用的是基于 ARM 架构的系统。由于 ARM 并没有独立的生产部门，只有通过厂家授权生产，而厂家往往根据自身体系需求进行定制调整，这就造成了手机厂商在操作系统层级也需要进行适配，这也导致移动设备的差异性相比于传统 PC 更加巨大。

4. 安全环境复杂化

与传统办公使用固定设备不同，员工会使用移动设备在任何地点、任何时间处理任何事情，也就是常说的 3A（Anywhere、Anytime、Anything）。这就需要以前封闭的网络系统对外开放各种访问权限，无法再像以前一样通过工作环境的物理隔离配合员工身份验证来保障数据安全。人们需要在更加开放的环境下构建安全体系。

综上所述，移动管理平台必然是覆盖了应用、设备、人员的综合管理体系（见图 4.5）。它不仅要对各个关键节点进行管理，还需要构建节点间的管理链条才能够束缚住移动信息化这头怪兽。

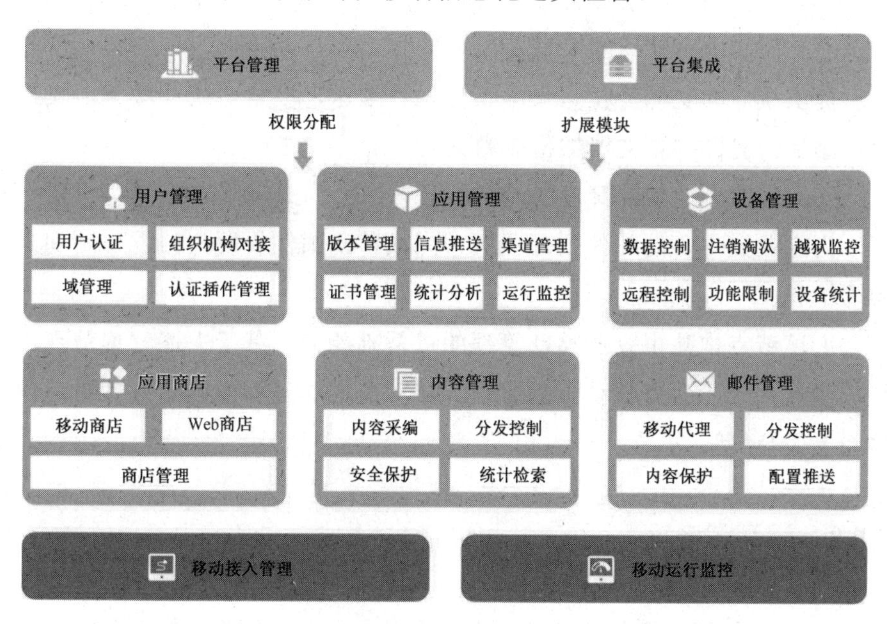

图 4.5　移动管理平台

移动管理平台包括如下关键节点。

（1）面向用户入口的移动门户管理（EAS）

提供基于用户身份的移动应用统一分发服务，支持应用分类、推荐、上下架、评价和广告位管理。

（2）面向人员认证体系的综合管理（MUM）

为移动应用提供标准的注册、认证、登出等统一接入能力，为移动业务提供账号关联、单点登录支撑。

（3）面向应用管理的移动应用管理（MAM）

提供移动应用的版本升级、消息推送、运行配置、终端绑定、权限管理、统计分析等服务，支持黑、白名单策略。

（4）面向设备管理的移动设备管理（MDM）

提供一体化的设备注册、激活、注销、丢失、淘汰和越狱控制能力，提供设备授权和资产统计管理能力。

（5）面向内容管理的 MCM

提供统一的文档分栏、采编、分发、推送、检索与统计服务，支持远程删除，提供终端文档加密能力。

（6）面向企业邮件管理的 MEM

为企业提供移动邮件代理服务，完成移动邮件收发、分发控制和内容保护。

上述节点构建了企业移动管理的最基础能力。基于上述管理节点，根据企业需求还会有移动接入管理、移动监控管理和面向企业即时通信体系的 MIM 等。

4.4.3 移动安全

移动安全是企业客户在建设移动应用项目中最为关注的要素，如果没有完善的安全保障措施，移动应用难以大规模推广部署。企业级移动安全软件产品分为以下几类。

- 移动威胁管理（Mobile Threat Management，MTM）：包括针对移动设备的防恶意软件（包含防病毒和防间谍软件）、防垃圾信息、入侵防护及防火墙。

- 移动信息防护与控制（Mobile Information Protection and Control，MIPC）：MIPC 提供数据保护解决方案，包括针对移动设备的文件、磁盘、应用程序加密，以及非加密技术的数据防泄露技术。此外还包括虚拟数据区分。
- 移动网关访问及防护（Mobile Gateway Access and Protection，MGAP）：MGAP 在网关层提供设备控制及策略执行，包括移动 VPN 客户端。
- 移动安全脆弱性管理（Mobile Security and Vulnerability Management，MSVM）：此类产品提供移动终端设备数据擦除、锁定、密码管理、安全策略及合规管理。
- 移动身份认证及访问管理（Mobile Identity and Access Management，MIAM）：MIAM 在移动设备会话过程中提供身份认证及授权技术（如 PKI 证书、SSL 证书及密码管理），支持移动设备网络访问及单点登录。

综上所述，一个完整的移动平台需要由端（移动开发平台）、管（移动管理平台）、云（移动整合平台）三部分组成。它把企业移动信息化过程中的各种周边问题进行标准化、统一化的封装，构建企业移动信息化基石，保证企业移动战略实施聚焦于企业的核心需求。

4.5　国内外主流移动平台简介

无论是移动中间件还是 MEAP，这些产品在企业的 CIO 眼里尚属新生事物，他们不清楚这样的平台到底能为企业带来哪些好处，因此出现了目前在市场上企业移动规划混乱的状况。

MEAP 主要是为企业提供跨平台开发工具的平台。下面介绍国内市场上目前主流的 MEAP。

4.5.1 PhoneGap 开源的移动应用开发框架

PhoneGap 是一个基于 HTML、CSS 和 JavaScript，创建跨平台移动应用程序的快速开发平台。它使开发者能够利用 iPhone、Android、Palm、Symbian、WP7、WP8、Bada 和 Blackberry 智能手机的核心功能——包括地理定位、加速器、联系人、声音和振动等，此外 PhoneGap 拥有丰富的插件供开发者调用。

第一段 PhoneGap 代码是在 2008 年 8 月的 iPhoneDevCamp 上写成的。PhoneGap 是一款开源的开发框架，旨在让开发者使用 HTML、JavaScript、CSS 等 Web API 开发跨平台的移动应用程序。它原本由 Nitobi 公司开发，现在归 Adobe 所有。

它需要特定平台提供的附加软件，如 iPhone SDK、Android SDK 等，也可以和 DW 5.5 及以上版本配套开发。使用 PhoneGap 只比为每个平台分别建立应用程序稍好一点，因为虽然基本代码是一样的，但是仍然需要为每个平台分别编译应用程序。

作为全球最大的跨平台开源开发框架，PhoneGap 发展较早，但由于多种原因其在国内的使用者并不多。

4.5.2 IBM Worklight

IBM Worklight 提供了一个面向智能手机和平板电脑的开放、全面和先进的移动应用平台。App 用 HTML5、CSS 和 JavaScript 写成，之后被扩展成桌面（Windows、Mac、Linux）、互联网（Facebook 等）、本地移动设备（iOS、Android、RIM 和 Windows Phone）上的应用程序。IBM Worklight 支持创建丰富的跨平台应用程序，无须使用代码翻译、专用解释程序或不流行的脚本语言，同时可加快产品上市速度，降低成本和开发的复杂度，并跨各种移动设备支持更好的用户体验。

IBM Worklight 包括 4 个主要组件：Worklight Studio 、IBM Worklight Server、IBM Worklight Device Runtime Components 和 Worklight Console。

- Worklight Studio——一个基于 Eclipse 的 IDE，使开发人员能够执行开发一个全面的应用程序所需的全部编码和集成任务。
- IBM Worklight Server——这个基于 Java 的 Server 是应用程序、外部服务和企业后端基础架构之间的一个可扩展网关。该 Server 中包含安全特性，支持连接、多源数据的提取和操纵、身份验证、Web 和混合应用程序的直接更新、分析和运营管理功能。
- IBM Worklight Device Runtime Components——该 SDK 包括运行时客户端 API——这些基本库通过公开预定义接口来访问原生设备的功能并可利用 PhoneGap 框架，从而实现对服务器的补充。
- Worklight Console——一个基于 Web 的用户界面，专用于持续地监视和管理 Worklight Server 及其已部署的应用程序、适配器和推送通知。

4.5.3 SAP SUP

SUP（Sybase Unwired Platform）是 SAP 收购 Sybase 后整合的产品，Sybase Unwired Platform 是 Sybase 新一代支持企业实现应用程序移动化的体系架构。它提供一系列全面的服务，帮助企业将适当的数据和业务流程转移到任何移动设备上。

SUP 的主要特点如下。

- 简化开发和部署过程——它包含一个 4GL 工具环境，极大地简化了移动应用程序的开发。它与主流开发环境 Eclipse 集成，从而使开发者能够充分利用现有的工具和专业知识。它还为一系列的移动设备类型、型号和操作系统[包括 Windows Mobile、Windows32（笔记本/平板电脑）和 RIM Blackberry]提供了“一次设计、随处部署”的功能。

- 简化后端集成——它为不同的企业应用提供了“开箱即得”的集成功能，包括 SAP 和 Remedy，以及其他利用数据库或面向服务架构 （SOA）的应用。
- 简化管理和安全性——它与 Sybase 业界领先的设备管理和安全性解决方案完全整合，其提供单一的管理控制台，以便集中管理、保护和部署移动数据、应用程序与设备。

SUP 提供业内领先的移动设备管理解决方案——Afaria，覆盖从部署（工具）、配置、管理到更新整个应用软件的生命周期。其适用于开发人员和 IT 经理的扩展性新功能包括以下几个。

- 混合 Web 容器提供与自定义 Web 应用程序开发相关的所有优势，以及丰富的本机应用程序功能；同时通过支持业内标准开发环境，如 HTML5、JavaScript 和 CSS，引领行业潮流。
- 用于本机应用程序开发的 SDK，包括用户界面（UI）框架、连接性、设备集成和移动业务对象库。
- 跨平台支持，实现关键移动平台之间的一致性，包括对 iOS、Blackberry、Windows Mobile、Android 的支持。
- 通过经 SAP 认证的连接器、开放的标准连接器（如 JDBC 和 RESTful Web 服务），以及数据缓冲的能力，实现与后端系统的集成。
- 业内领先的安全性，包括用于 SAP 后端系统的单点登录、加密的 HTML5 Web 存储和加密的数据传输。

4.5.4 Oracle ADF Mobile

2012 年年底甲骨文公司推出了 ADF（Application Development Framework）移动应用开发框架——ADF Mobile。ADF Mobile 是一个基于 HTML5 和 Java 的框架，可以帮助开发者在一套代码库基础上构建应用程序，并部署到 iOS 和 Android 设备中。该框架提供了许多目前移动应用所需的功能，允许开发者使用现有的技能和资源为 iOS 和 Android 设备开发应用程序，比如可以利用开放标准（HTML5）实现跨平台，利用 Java 实现应用逻辑等。

利用 ADF Mobile 构建的新一代应用，可以提供跨平台、丰富的设备级移动功能，其具有紧密的设备服务集成和移动优化的用户界面。

该框架的主要亮点如下。

- Java：甲骨文带来了一个嵌入式 JVM，开发者可以使用与平台无关、自己擅长的语言来开发所有的业务逻辑，甚至是 iOS 应用。
- JDBC：提供了 JDBC 以及 SQLite 驱动、引擎，此外还支持加密功能。
- 多平台：一次开发，多处部署，支持 iOS、Android 手机和平板电脑。
- 灵活：开发者可以决定如何实现 UI，比如可以使用内置的 HTML5 组件或 JSF、jQuery 框架等。
- 使用设备功能：开发者可以使用 Java 或 JavaScript 调用设备功能，如摄像头、GPS、电子邮件、短信、联系人等。
- 安全：无论使用远程 URL 还是本地 HTML 或 AMX，都可以确保使用统一的登录页面来访问所有功能。
- 快速：开发者可以使用现有的 Java 开发技术，无须学习其他语言，即可快速创建移动应用。

4.5.5 因特睿“燕风”Web 系统 API 封装支撑平台

“燕风”Web 系统 API 封装支撑平台由北京因特睿软件有限公司研发，可帮助企业快速将已有 Web 系统转换成移动应用。它采用非侵入式架构，与企业既有 IT 架构 100%兼容，可为企业移动化需求提供完整的端到端的解决方案。“燕风”Web 系统 API 封装支撑平台可以在几天内生成现有网站移动化版本的原生应用，并自动部署到企业应用商店，终端用户可直接扫描二维码下载安装。其具体功能如下。

1. 基于 API 自动生成的创新技术

“燕风”自动适配 JSP、ASP、PHP、Python、Ruby 等多种后台技术所开发出的信息系统，智能地将系统中的业务数据转换为 API，以高效、实时地提供结构化、语义化的业务数据，为广大 App、微信开发者、IT 系统集成商、数据分析师提供高质量的数据 API 生命周期管理和运营服务。

2. 提供“一站式”移动应用云服务

“燕风”提供移动应用的云服务，企业不用再为移动应用单独购买硬件、软件，以 1%的成本实现企业移动应用的高效发布，彻底改变传统的开发、测试、上线、维护等问题，“一站式”服务可让企业获得绝佳的移动应用云服务。

3. 整合云端资源

“燕风”支持云端融合资源管理，可实现计算任务从云到端迁移、人机界面自动分屏与缓存。“燕风”通过 Web 应用、Web 服务和本地应用的 Web 构件化，实现终端上的轻量级 ESB，以及社会化服务组装和推荐。

4.5.6　正益无线 AppCan 移动平台

正益无线（北京）科技有限公司成立于 2010 年，总部坐落于北京中关村，在上海、广州、深圳、杭州、重庆、武汉、西安、南京等地均设有分公司和办事处。正益无线旗下拥有国内最大的移动应用开发平台 AppCan，在移动技术与移动互联网应用方面有着深厚的技术底蕴和丰富的项目实施经验，是专注于为软件开发者和企事业单位提供最前沿的移动应用技术与企业移动信息化整体解决方案的国家高新技术企业。

AppCan 作为国内 Hybrid 混合应用开发的倡导者和领导者，采用“免费+开放”的互联网思维模式服务广大开发者，App 开发门槛低、难度小、周期短，应用效果可与原生体验相媲美。目前，AppCan.cn 已拥有超过 70 万人次的注册开发者，创建了 30 万个应用，手机安装用户数超过 1 亿，成为行业内最大的移动开发交流社区。

与此同时，借助互联网社区模式不断锤炼自身产品和技术，正益无线打造出了成熟的、一体化的 AppCan 行业应用解决方案、AppCan MEAP 移动开发平台和 AppCan EMM 移动管理平台，为企业提供全面的移动应用开发和管理控制服务，实现对移动应用全生命周期（Full Life Cycle）的支持和管理，从而帮助企业从移动应用战略上整体规划布局，引领企业移动管理走向未来。

AppCan MEAP 移动开发平台采用混合开发模式，有效地融合了 Web 开发和原生语言开发的优势，实现了一次开发多系统、多平台适配，采用国际标准语言 HTML5+JS+CSS3 进行开发，规范了移动应用开发和接入，避免了企业技术传承的技术孤岛的形成。通过企业资源库的方式统一为开发者提供多种页面模板、UI 控件、系统插件及第三方通用能力，以应对企业业务快速变化。

AppCan EMM 移动管理平台结合了云计算、大数据等先进技术，提供了从开发、测试、发布、运营到最终下线的移动应用全生命周期管理能力，对移动应用的用户、移动应用、移动设备、移动内容进行全方位的管控，真正做到了移动应用的可管、可控、可查，让企业移动信息化形成一种“独立开发、集中发布、分散运营、集中管控”的健康发展路线。其主要亮点如下。

1．一体化解决方案

提供从开发、测试、发布到上线后的运营、管理、数据分析的一体化整体解决方案，完全实现了移动应用的全生命周期管理。

2．混合开发模式快捷方便

采用混合开发模式，一次开发多平台适配，通过移动应用插件库、应用模板、UI 框架等资源库的支撑，真正实现了移动应用快速开发、快速上线的目的；前端采用 HTML5+CSS+JS 国际标准语言，规范了移动应用开发技术，设定了移动应用接入标准。

3．多插件、多模板支撑

为适应行业业务快速变化的需求，移动应用开发工具提供了丰富的插件和移动应用模板。移动应用插件可以分为系统插件、设备能力插件、第三方能力插件，将地图、拍照、支付、多媒体、即时通信等常用的功能进行封装，通过资源库的方式统一为用户服务。

4．同步生成微信、微网站

随着移动互联网的快速发展，入口之争愈演愈烈。从大趋势看，App、Web、微信成为最火热的三大入口。这给移动开发者和移动创业者带来了新的考验，需要考虑多个入口下的开发与管理。

为顺应这种趋势，AppCan 全新升级 IDE 系统，为开发者提供全入口开发支持，即一次开发、多平台、多入口、全适配。基于 AppCan 新版 IDE，开发者可一键生成 App、Web/微信 App 两种形式，轻松应对市场需求，在竞争中更胜一筹。

5．根据用户行为分析自动推送产品

通过移动终端的数据上报技术，移动应用管理平台可以收集移动设备信息及用户对移动应用的使用习惯等信息，企业可通过对不同人群、不同设备、不同应用的数据统计分析，形成对移动信息化的大数据统计，可分析得出用户的消费水平、风险承受能力并主动推送符合用户身份的产品。例如，微信会通过微信支付对用户消费水平进行分析，将用户划分为不同等级并主动推送不同的广告信息。

6．灰度发布及 A/B 测试解决方案

移动应用平台为 B2C 类应用的升级发布提供了灰度发布和 A/B 测试解决方案，可针对不同的用户人群、地域、终端设备进行灰度发布，避免了应用升级带来的重大故障，升级后的用户通过反向代理自动引流到单独的服务器中进行接入处理，保证整体系统高可靠性运行。

4.6　企业级移动平台的未来发展趋势展望

移动平台建设是一个不断完善的过程，随着业务需求的变化、设备终端的更新换代、管理模式的创新，移动平台需要不断改造升级，移动平台未来将会呈现如下发展趋势。

1．新特性层出不穷，产品不断升级更新

未来移动应用将融入更多的业务场景中，会不断出现新的需求，除

了应用自身之外，移动平台在开发部署、管理运维和安全保障方面也要不断完善，产品的发版速度将会越来越快。例如，每年有大量的带有新特性的移动设备终端上市，移动平台需要跟踪这些产品的特点，针对屏幕尺寸、分辨率、外设扩展、位置服务等各项属性进行优化调整。

2. 打造个人移动门户

移动应用早期从用户功能开始切入，主要侧重于现有业务应用的移动扩展实现；发展中期则侧重于业务流程移动化，打通流程断点，确保用户在移动设备上也能处理各种业务流程；未来每个用户在移动端所承担的职能将更加多样，且各个用户所需功能也各不相同，所以未来的移动应用应该从用户角色来设定。当移动应用多了之后，不可能在移动设备桌面上放置若干个应用图标，这样用户找起来很麻烦，所以需要打造一个个人移动门户，提供统一的入口，进行身份认证，并快速适配企业需要的各种功能。个人移动门户包括企业应用商店和用户适配的移动应用桌面。个人移动门户目前正在向信息门户和社交门户发展，未来个人移动门户将会进化为应用门户、信息门户、社交门户的聚合门户。

3. 实现后台业务系统接口的聚合

未来可实现移动应用接口的聚合，将各类后台业务系统的接口集中整合到移动平台，通过这些接口的组合策略，可以产生新的创新业务，原来是一个接口对应一个应用，以后可以把多个接口组合起来，实现数据信息的全面交换互通。把基础数据组合成业务逻辑，加以利用，形成创新移动应用。

构建接口聚合平台需要各个业务系统提供更多的元数据或基础数据，而不是带有业务属性的数据信息，这样才能组合出更多的特性接口。除了数据的汇总交互之外，接口平台还可提供预警、统计分析、负载均衡、接口协议转换等功能。

随着移动应用的碎片化需求快速爆发，后台系统将会成为移动开发的瓶颈，BaaS 技术将会成为企业移动平台的必选项，可以有效降低移动应用对现有系统的改造工作量和依赖性。

4. 延伸成为支持和连接 IOT 的技术平台

可穿戴设备、物联网、智能家居、工业 4.0 和工业互联网等正大步迈入人们的生产和生活中。移动平台的功能有望被延伸，并成为支持和连接 IOT 的技术支撑平台，这需要移动平台对更广泛的智能设备的支持、整合和连接，帮助打通智能硬件设备和移动应用，成为软硬一体的移动应用开发、发布、监控、管理平台，为开发者和企业提供更广阔、更自由的移动支撑平台。

随着移动应用的逐渐普及，移动平台将是中大型企业未来移动信息化的重要方向，移动平台是企业执行移动战略的基石，具备一定规模的大中型企业已开始预研或试点移动平台，整合移动应用建设基础支撑能力，便于未来大规模移动应用建设的发展。MEAP、EMM 和移动安全是移动平台的三个重要组成部分，未来随着业务需求的不断变化，三类产品将逐步融合并不断完善新特性。移动平台建设不是一蹴而就的，而是一个逐步完善的渐进过程。移动平台能够通过统一的建设标准和管理规范来指导移动应用实践，在开发过程中能够有效降低开发成本，缩短项目交付周期；在管理运维阶段，能实现对用户、设备和移动应用的集中统一管理。

4.7　无开源，不靠谱——移动云平台变身移动众创空间

移动应用跨平台开发技术是从开源和 2D 开始的。其鼻祖当然是 PhoneGap，目前还有不少国内外企业都在使用 PhoneGap/Apache Cordova

框架[2]，其产品封闭性强，发现 bug 慢，迭代自然慢。在这个移动互连的时代，慢是死，快才是活。

2014 年 12 月 22 日，AppCan 对外宣布其移动应用引擎开源，包括全部开放基础引擎、底层框架，加上 11 月的插件开源，AppCan 成为迄今为止国内首个彻底开源的移动应用开发平台。为配合大众创业、万众创新的大环境，AppCan 4.0 将升级为移动众创平台，通过移动引擎的开源运作，可以进一步扩大 AppCan 的影响力和生态圈，既向移动开发者社区贡献力量，也从社区中吸收能量，能够更好地改进商业版本，更高质量地服务大中型企业的移动平台应用。同时，移动众创空间也为开发者提供了两个创业方向： 第一，有好的创业思路，走精英路线；第二，国内中小城镇对移动化的需求非常迫切，预计总体规模在 200 亿元以上，开发者可以下沉到三线城市，承接小型的移动化项目。AppCan 可帮助开发者在这两个方向创业，一是帮助高投入的开发者创造新的市场，降低开发成本；二是帮助二三线城市开发者解决就业问题，一起分享移动互联网红利。

4.7.1 “免费+开放+开源”，让传统企业快速实现移动化

互联网的价值在于互连、共享和互动，它最大的贡献是以免费、无壁垒、无差别的方式消灭信息鸿沟。

“免费”早已是互联网业的常识，自从《连线》杂志总编克里斯·安德森《免费：商业的未来》一书面世后，人人都觉得免费就是数字网络时代的商业成功定律。当然，世界上没有免费的午餐。盈利是企业的主要目标，免费只是一种业务模式。

也正是基于这样的背景，AppCan 成为国内第一个采用“免费+开放+开源”的互联网思维模式运营的移动应用开发平台，迅速在互联网上吸

[2] http://www.csdn.net/article/2012-03-29/313707

引了 70 万人次的注册开发者，开发出近 30 万个移动应用，被媒体评为最具互联网精神的移动开发云平台。

“免费”为 AppCan 抢占了市场先机，也为随之而来的企业级移动市场奠定了扎实的技术积累和良好的口碑。据统计，在 AppCan 开发者用户群体当中，有一半以上是来自各大企事业单位的技术研发人员，他们在企业移动信息化实践的过程中，为 AppCan 的产品优化升级反馈了难能可贵的意见，这是其他厂商所不具备的条件，这也让 AppCan 技术实施与服务团队能够更及时地响应客户的需求，以更高水准服务各大企业客户。

为移动而生的互联网思维让正益无线在没有传统软件企业思想包袱的状态下，能够更好地将 IT 与移动互联网相融合，为企业移动化提供更切实可行、更具前瞻性的建设意见。这或许也是东方航空、国家电网、新华社、华泰证券等众多国内知名企业选择正益无线和 AppCan 的原因。

在云计算、大数据、移动互联网席卷整个 IT 行业甚至全社会的大背景下，软件开源开放的力量被提升到前所未有的高度，不同背景、不同国籍、不同年龄的技术人员可以基于同一技术、同一平台爆发式地生产新的智慧，通过代码符号展现人类的力量，共同推动科技的发展。

而开源开放也需要有社会使命感、有技术沉淀、有科技抱负的企业或组织承载。只有当某一种技术、工具拥有一定规模的用户时，开源开放才有价值。从利益角度分析，开源开放本身不能带来收益，但是开源的思维会让企业获得间接收益，比如提升品牌美誉度、获得行业话语权、为扩张铺路，最终形成集聚效应，构建新的行业生态圈。

在国内耕耘多年的移动应用开发品牌 AppCan，深谙开源开放之道，自创立之初，就采用“免费+开放+开源”的互联网思维模式服务广大开发者，在企业的基因中打下了开源的烙印。随着人们对移动信息化、Hybrid 混合应用开发模式的了解，AppCan.cn 的注册用户量持续攀升，总数量已达 70 万人次。在快速的发展过程中，AppCan 对开源开放的理解也更加深入，软件技术的开源是修炼内功，而外在的服务开源是锦上添花，内外兼修才能融会贯通。

4.7.2 扎实练内功：插件源码全开源

众所周知，标榜开源的软件不在少数，但多数企业只开放粗糙的基础版本，高举免费开源的大旗“绑架”开发者，致使代码部署成本高、复用性低。在国内的厂商中，AppCan是少有的将插件源码全部开放的企业，此举也得到了广大开发者的认同。据悉，多位开发者也在第一时间将自己的插件无私分享，插件总数量已接近100个，如图4.6所示（AppCan插件中心，http://plugin.appcan.cn/scode.html）。插件源码包括fenxiang（分享）、uexActionSheet（菜单功能）、uexAliPay（支付宝插件）、uexAudio（音频功能）、uexBaiduMap（百度地图插件）、uexBrokenLine（折线图功能）、uexButton（按钮功能）、uexCall（电话功能）、uexCamera（拍照功能）等，全部是开发者最需要、最常用的精华插件。

AppCan官方开放插件				
uexActionAheet（菜单功能）	uexAlipay（支付宝插件）	uexAudio（音频功能）	uexBaiduMap（百度地图插件）	uexBrokenUne（拆线图功能）
uexButton（按钮功能）	uexCall（电话功能）	uexCamera（拍照功能）	uexClipboard（剪切板功能）	uexContact（联系人功能）
uexControl（控制器功能）	uexCoverFlow2（旋转木马功能）	uexCreditCardRec（使用卡识别）	uexDevice（设备信息功能）	uexZip（压缩功能）
uexQQLogin（QQ登录功能）	uexEditDialog（编辑框功能）	uexEmail（发送邮件）	uexFileMgr（立方管理功能）	uexHexagonal（立方体旋转功能）
uexPie（饼状图功能）	uexPay（支付功能）	uexLog（日志功能）	uexScanner（扫描功能）	uexSensor（传感器功能）
uexSMS（短信控件功能）	uexWeiXin（微信功能）	uexVideo（视频功能）	uexWeiXin（微信功能）	……
APPCan开发者分享的插件				
fenxiang（分享）	uexBaiduPlayer（百度媒体云视频插件）	uexBluetoothPrint（蓝牙打印插件）	uexJPush（极光推送）	uexJumi（聚米广告插件）
uexPhotocrop（图片裁剪）	uexUmeng（友盟数据统计）	uexUnionpay（银行支付优化版本）	uexWeiXin（微信登录）	……

图4.6 AppCan插件中心

4.7.3　产品求突破：看图选功能，源码直接用

2014 年，AppCan 为开发者设计了全新的可极速体验 AppCan 开发能力的 Hi AppCan，该应用内置了丰富的窗口交互、UI 控件库、原生插件库等体验模块，为开发者提供了离线效果演示及文档参考手册。Hi AppCan 中有三款插件（uexWeiXin、uexSina、uexTent），涉及官方在开放平台注册的 AppKey 等相关资料，因此做了加密处理，除此之外的所有代码均为开源。例如，在窗口交互模块中，包含窗口动画、切换页面、抽屉特效、网站嵌入与 AJAX 通信等功能；在 UI 控件模块中，包含按钮、下拉框、消息框、图片轮播、ListView 列表组件、选项卡组件等。开发者可将 Hi AppCan 的安装包下载至本地，改后缀为 zip 并解压，查看所有模块、特效的源代码，一键适配到自己的 App 中（见图 4.7）。

图 4.7　Hi AppCan

另外，AppCan样例源码库已经完成测试，该产品不仅融合了AppCan多年的技术积累，更创新地提出新型富客户端解决方案，可有效简化开发调试流程、降低部署成本，让开发者用极少的时间辨别功能、源代码的适用性。

4.7.4 服务求创新：打造一站式移动开发服务平台

开源的精神不能局限于技术，而应该融入所有产品和服务中，让开发者、用户最大化地享受开源开放的利益。面对移动开发领域的挑战和开发者的实际需求，AppCan又一次在业界做出了创新之举，即整合已有资源，对移动开发平台进行升级，打造一站式移动开发服务平台。从移动应用的全生命周期规划，涵盖开发工具、App创新、技术培训、运营推广等开发者接触的所有环节，提供一站式服务。

具体说来，开发者在接触一项技术时，会先考量可行性、易用性、实用性，开始浅显地学习，在对工具满意后，会从项目实施的层面希望快速深入掌握。AppCan在不断迭代优化开发工具的同时，为开发者提供免费的技术培训，并陆续在北京、上海、广州、深圳、西安、重庆等城市创建培训基地，接下来还会下沉到二三线城市，让更多的开发者低成本、高效率地加入移动开发的热潮中。在学会技术后，开发者一般有两种选择，即自主创业或求职就业。AppCan充分整合企业级市场积累的资源，将开源开放的精神发挥到极致，将项目经验、人脉资源、技术经验无偿地分享给开发者，帮助其创业、就业。

“开源开放是大势所趋。目前，AppCan拥有70万开发者用户、6000家企业客户，这些数字还在快速递增。如果我们还用旧思维，守着专利技术，就很难继续走在市场前面。开源之后，用户和客户可以自由地使用AppCan开发平台，自主创新，量身定制。我们鼓励开发者把应用源码、技术经验分享出来，利用滚雪球的模式，资源和数据会成倍增长。

而由此产生的聚集效益将带领 AppCan 更健康、快速地发展，最终对整个产业产生正面影响。”

对于移动开发的厂商来说，开源开放是获得开发者青睐的基础，也是品牌发展壮大的基石。无开源则无未来，相信 AppCan 的开源开放精神会推动国内移动开发领域、移动互连行业更好发展。

5

第5章 移动平台选型

在做企业信息化的人群中，一直流传着这样一个说法：七分选型、三分软件。的确，在过去20～30年的信息化进程中，有太多由于选型失败导致信息系统实施失败的案例。而在当今的移动互连和大数据时代，移动化已经是企业必然的选择。然而，移动是变化的，移动终端和移动操作系统也是复杂多样的，企业移动信息化建设不能盲目开展或只看眼前需求。那么，移动信息化时代该怎么做才能适应企业移动需求和终端的快速变化呢？下面两点最为重要：移动战略规划和移动平台选型。

最近2～3年以来，作者应邀参加过多家大中型企业移动应用的招标评审，经常会遇到一些类似的问题。

38岁的张军是作者认识多年的朋友，他发现近几年来移动互联网在个人应用端早已经风生水起，而成功的企业级应用却不多，他敏锐地发现了公司内部的移动需求。经过公司内部几轮的商讨和调研，张军决定将使用频率比较高的OA系统搬迁到移动端，为了保险起见，在供应商的选择上，张军选择了对OA系统更熟悉的原供应商。经过两个月的对接与整合，OA移动化的项目顺利上线，移动OA的上线破解了企业管理者在时间和地点上的约束，实现信息的及时传递，有效地利用了资源，减少了沟通障碍，提高了办公效率并降低了管理成本。

种种迹象似乎都表明这是一场成功的信息化革命，他让公司所有员工都感受到了信息无处不在的便利，但是随之而来的扩展规划却不得不让张军重新审视当初的决定。原来，张军服务的公司是一家快速消费品连锁公司，其营销部提出能否将公司基于位置服务的销售管理系统与当前移动办公进行融合，将销售人员的每天行程位置、与客户的沟通情况、销售订单等信息采集并上报到移动管理系统中，方便管理者与销售人员实时有效的交互沟通，使得移动办公的价值最大化。

但是公司的移动 OA 是原生开发的，实现多业务系统的对接困难重重，不仅需要重新开发一套对接平台，还要求其他的基于位置服务的软件提供商提供对接接口，在两家软件公司的技术壁垒面前公司陷入了两难的境地。要么将原来的移动 OA 抛弃，将两套系统重新整合后再开发新的客户端；要么新开发一套基于 GPS 的销售管理系统，使公司员工手机安装两个客户端，但是两套系统之间数据依然不连通。无论是哪种选择对于张军而言都是资源的浪费，原本让价值最大化的移动业务，如今却成为烫手的山芋。

显然，张军遇到了移动战略规划和移动平台选型这两大问题。

本章着重介绍企业如何进行移动平台的选型。移动信息化选型与传统的信息化选型同样重要，企业不能为了眼前利益而放弃长远的规划，要充分考虑企业日后的扩展和异构数据整合的需要，如果重移动而轻规划，企业必然会陷入重复开发、多重维护、多数据来源、众多业务系统无法交互整合的困境。而移动平台则有效解决了移动开发和应用过程中面临的各种难题，使企业和软件开发商无须花费巨额资金组建开发团队，也无须投入大量精力进行维护工作，只需要利用现成的平台开发技术，根据业务系统提供开放的数据接口进行二次开发，所有开发都在统一的移动平台上进行，不影响原先的业务系统，不需要对原系统做改动，即可实现开发的唯一性和维护的唯一性，并确保运行长久及满足扩展的需求。

5.1 移动信息化的特征

什么是企业级移动信息化呢？ 这里给出如下定义：企业用户在面向内外部服务对象的过程管控中，基于现代移动通信技术、移动互联网技术构成的综合通信平台，通过移动智能终端与其他终端，如 PC、服务器等多平台的信息交互沟通，实现管理、业务及服务的移动化、信息化、电子化和网络化，向企业内外部提供高效优质、规范透明、适时可得、电子互动的全方位管理与服务的方式。

正如前面已经给出的，我们对移动平台的简单定义是：为企业提供移动应用综合管理支撑服务能力的软件平台。

随着 3G 的普及、4G 的到来以及智能手机的流行，App 商店如雨后春笋般涌现，整个社会正在朝着移动智能终端的方向快速发展。

伴随众多移动应用的出现及快速递增，面对外部复杂多变的环境，企业的 IT 开始了移动信息化之路，那么移动信息化和传统的信息化有什么不同呢？它自身又有什么特点呢？

移动信息化的特点如下。

- 需求变化快：移动时代需求的变化比 PC 时代快得多。
- 用户众多且分散：移动用户遍布全球，没有固定地点，有各种各样的终端和操作系统。
- 移动应用不断增加：每周甚至每天都会产生新的应用。
- 移动应用常要与后台信息系统集成：现在很多移动应用都是原有传统应用的延伸，要实现企业整体移动应用，绝大多数还要与后台信息系统实现有效集成。

由于多种多样的原因，绝大多数大中型企业都已应用了众多的应用系统或软件，但这些应用系统或软件常常都是封闭的，在被部署在不同的 IT 系统中以后，在其 IT 系统中就形成了一个个信息孤岛。正是这些信息孤岛的广泛存在，使用户在各个应用软件系统中的数据信息等无法共享，更无法实现对市场变化的快速响应。企业新的移动应用常常需要与这些已建设的封闭的应用软件进行数据或应用集成，同时必须未雨绸缪，及时做好移动战略规划和移动平台选型与构建，已成为大中型企业在移动互联网时代 IT 系统建设中的当务之急和重中之重。

- 移动性、位置及拍照等其他需求。
- 多终端、多平台、多应用共存：这是 PC 时代所没有的，也是移动时代开发复杂的地方；不同的用户群体、不同的移动设备、不同的版本、不同的操作系统、不同的厂家，打破了企业的边界。
- 安全性要求更高。

这些特点要求企业移动信息化做到下面六点：跨平台开发、统一技术架构平台、高度集成、快速迭代、集中管控、安全保障。而要同时做到这六点，移动平台的选择尤其重要，也面临诸多的挑战。

5.2　移动平台选型的挑战

1．移动战略缺失

不少企业的移动信息化之路都是这样开始的，即随便找一个厂商（常选择原来的 IT 系统厂商）或自己组织开发，需求可能是内部一些各自独立的需求，基本上是想到一个应用做一个应用，这些完全不同的应用根本没有统一的架构和规划，多个应用之间不能实现互连互通，容易出现 PC 信息化的多数据、数据孤岛等问题。移动战略的缺失归根结底就是移动平台选型的问题。

2. 需求快速变化

作为企业信息化规划建设运营的负责人，国内的CIO常常面临组织架构、业务需求和内外部环境的快速变化。需求的快速变化需要企业IT架构足够灵活，并能快速迭代应用以满足需求，这为大中型企业的移动应用软件的选型带来极大的挑战。这就要求大中型企业移动应用软件的平台与架构必须适应整个企业需求的变化。

3. 缺少有效的IT治理机制

经过20～30年的信息化建设，国内不少大中型企业逐步进入了发展的成熟期，但IT治理机制并没有有效地建立起来或运行。特别是战略层面的IT治理问题较多，常表现为企业信息化的决策流程非常复杂，涉及的利益相关方众多，既要考虑总部的诉求，又要顾及分（子）公司的利益，甚至要考虑不同的职能部门或个人等。这些不同的利益、不同的要求在选型时往往难以平衡。这就要求大中型企业信息化系统的选型过程做到科学、公开和高效，确保整个过程经得起推敲，能应对任何人的质疑，这里有效的IT治理机制是良方。

4. 选型标准或评估体系欠缺

国内的企业信息化项目失败率很高，其中因软件选型导致失败的比例达到35%。90%的原因是选型标准和评估体系不清晰，比如很多企业的移动开发还处在比较低的.NET开发阶段或原生开发，还没有达到平台或框架性的理论层面。

除了上面提到的战略层面的IT治理决策机制之外，还需要一些战术层面的东西给予支持，比如大中型企业的信息化项目，包括移动平台，还需要一套科学的软件选型方法论及评估体系。

5.3 移动平台选型要求

通常企业应该从移动平台的技术特性和厂商的综合服务能力两个层面来综合衡量移动平台。总体来看，企业对移动平台选型通常有如下要求。

1. 技术先进性

移动平台的技术架构和技术理念要符合主流的技术方向，兼容通用技术标准，如支持 HTML5，JavaScript 以及 Hybrid 开发模式。移动平台的基础架构决定了其未来的成长性，通过开放的标准，能够不断完善平台特性，满足不同类型用户的需求。

2. 平台完备性

移动应用开发需要具备很多的基础能力，要能够满足大多数客户的共性需求，如跨平台开发、消息推送、接口整合、统计分析等常规功能；除此之外还需要内置一些常用的功能，如支持文档加密压缩处理、电子签名等。

3. 数据连通性

移动应用需要在复杂的网络通信环境下进行数据交互，包括 WiFi、3G、4G、NFC 等，移动平台必须保障数据的可靠传输，包括离线数据缓存、数据压缩加密、数据传输效率等方面。

4. 移动安全性

移动平台要具备较为完善的安全保障措施，包括数据传输安全、移动设备安全、本地数据安全和用户身份安全等多方面。移动安全性是企业最为关注的平台特性，只有在保障安全的前提下大中型企业客户和政府客户才会选择通过建设移动平台来支持未来移动应用建设。

5．部署简单易用

移动平台由于承载太多职能，其部署往往较为复杂，需要安装各种环境和组件，最终用户希望能够降低部署的复杂度，简化安装操作步骤。

6．定制服务能力

除了移动平台的产品技术特性之外，企业在选型过程中更为关注厂商的服务能力。一方面，移动平台要根据企业的个性化业务需求进行升级改造，成为符合企业预期的适用平台，缩短产品更新周期；另一方面，企业在使用移动平台时还存在大量的技术支持和培训服务需求，厂商必须及时响应，提供必要的支持服务，帮助企业更好地使用移动平台。

另外，企业在选择移动平台时还应考虑市场上熟悉该平台的合格开发者的数量。

7．成功案例

成功案例是所有企业都会提出的一个共性要求，以验证移动平台产品的成熟度和实际使用效果，尤其是大中型企业客户需要参照同等体量和规模的企业来考察目标厂商移动平台产品的特性。

8．商务模式

移动平台的定价模式需要符合企业未来长期发展的要求，企业更多地希望采用产品买断的定价模式，而不是按用户数量或移动应用数量来收费。

5.4　移动平台选型方法

移动平台选型过程通常会持续 2～4 个月，包括厂商综合实力考核遴选、平台产品测评、POC 原型验证、产品试用等重要阶段。

参考多家企业移动平台实际招标过程，这里提出“七步成诗法”来帮助企业完成移动平台的选型。该方法适用于大中型企业或预算较高的项目，其他情况建议参考即可。

（1）移动战略规划及顶层设计

企业做好移动战略规划，需要实现定期更新或将移动战略规划整合到企业信息化战略中，进行滚动更新，用于整个信息化建设的长期指导、方向性指导和原则性把控。

大中型企业在移动平台选型中，首先要依据企业发展战略、信息化规划和移动战略。没有清晰且适宜的移动战略，企业移动应用及移动平台的选择则如无纲之网。

影响并决定大中型企业信息化战略规划成败的要素包括战略意图、企业架构、投资组合、行动计划和治理机制等，移动战略规划也是如此。

同时，企业级移动信息化建设顶层设计还应该符合下面几个基本原则。

① 统一规划、分步实施。

统一规划、分步实施是移动信息化平台建设的前瞻性、科学性、系统性的基础工作，也是重点工作，可有效预防重复建设、无序建设和信息孤岛等浪费资源的现象发生，是实现功能完善、标准统一、互连互通、资源共享的前提保障。

② 整合资源、统一服务。

通过各种技术手段，有效整合现有各类资源，充分发挥现有各类资源的作用，按照常态与非常态相结合的要求，立足平时应用，着眼统一服务。

③ 统一接口、规范标准。

结合工作现实和发展的要求，通过各种技术接口分析对比，提出符合与各平台无缝衔接的统一接口技术标准和相关技术规范。

④ 技术先进、安全可靠。

充分借鉴国内外建设先进经验，兼顾系统的可靠性、实用性和先进性，充分考虑技术的成熟性、先进性和可扩展性，采用适合移动工作的各种技术手段。

⑤ 立足现实、着眼长远。

移动信息化平台建设是随着科学进步而不断完善的长期的系统化工程，不仅要满足现实需要，还必须考虑到未来发展的需求，响应方必须立足现实、着眼长远，提出科学规划和建设计划。

坚持上述企业移动信息化顶层设计的基本原则，加强移动信息化管理，提高移动信息化管理工作科技含量，规范各企事业单位和下属单位移动信息化平台的建设，才能确保移动平台主要技术系统符合相关规定，实现移动信息化平台互连互通。

（2）成立选型小组

在企业确定移动战略之后，根据企业架构总体设计，需要保证移动优先，而平台先行是绝大多数大中型企业的不二选择。

企业移动平台的选择绝不是企业的IT部门或者计算机人员几个人的事，需要根据适宜的IT治理机制来组建移动平台的选型小组。选型小组通常由代表技术和业务发起方的高层负责人组成，有时还包括代表终端用户的人员；另外，根据选型需要，企业可以聘请外部专家。这关系到移动用户、移动设备、各种各样的系统以及部署安全管控等问题。成立选型小组，对目前国内主流的移动平台进行深入体验与考察，去除糟粕，找到最好的工具及技术，满足企业当前和未来一段时间的需求，使可视化、可持续发展、节约成本的企业移动战略成为可能。

（3）收集与评估需求

这一步包括收集和整理需求，以及收集和评估厂家情况。

移动平台需要支撑企业未来几年的发展，企业希望能够找一家具备一定实力的产品厂商长期合作，除了上述技术评测之外，还需要考察厂商的综合实力，如成立时间、人员规模、成功案例、业界口碑，以及技术服务能力和深度合作意愿等。

选型小组的第一项工作就是对移动平台选型需求进行收集和评估，这其中最重要的一环是根据企业移动战略和企业架构的输出，细化相关的业务需求和技术需求或路线图。

这里的业务需求是指企业提供的移动应用的内外用户对相关业务功能、使用场景和用户体验等方面的需求。而技术需求则主要是指为了支持和满足移动业务需求，对移动应用相关的技术要求，包括平台环境、操作系统、设备能力、云端、应用类型、跨平台开发需求等多个方面。

企业移动信息化的全生命周期包括战略、设计、开发、部署、运维及迭代优化几个阶段。企业在不同阶段的需求是不同的，移动平台应该在企业移动信息化的全生命周期的不同阶段提供对应的解决方案。

对于移动平台的需求评估，依据企业的自身实际情况，最好采用企业自主评估的方式，如果自身能力不够，可以引入外部专家或第三方评估机构。

（4）筛选并考察移动平台厂商

首先，根据自身的行业性、业务和技术需求，从市场上筛选重点考察的移动平台厂商；其次，根据移动平台厂商选型指标体系进行评分和定位，重点考察候选厂商的综合实力及平台的完备性，即进行理论测评或厂商评分；最后，确定 3 家或 4 家合格的移动平台厂商。

（5）准备实施招标

对上一步遴选出来的移动平台厂商进行实际考察测试， 主要完成

POC原型验证及移动平台产品选型指标打分（见表5.1）。

表5.1 移动平台招标评分指标体系

一级指标	权重	二级指标	权重	指标描述
综合实力	25%	企业资质	10%	公司年限、规模，以及移动平台拥有独立知识产权
		相关案例	30%	公告发布之日前两年内签订合同并完成的相关案例，按以下条款打分： ①有2个案例，得50% ②有2个或2个以上同行业，得100% ③没有或未提供证明文件者，不得分
		诚信档案	10%	根据政府采购诚信管理相关规定，对投标人诚信档案进行评审。具体指标：资信齐全和资信良好
		投标文件质量	5%	①纸质投标文件完整、易读：1分 ②电子投标文件完整、易读：0.5分 ③点对点应答翔实：1分 ④装订、印刷工整：0.5分
		服务能力	25%	具有体系化的技术保障手段，拥有专业、稳定、规模化的服务机构，能够提供总部和多个分支机构的本地化、稳定的服务支持，市场上熟悉该平台的合格开发者的数量
		技术支持或运维服务方案	15%	根据技术支持或运维服务的丰富和完善程度进行评分
		培训方案	5%	根据培训服务的丰富和完善程度进行评分
技术方案	50%	核心需求满足度	30%	根据解决方案、测试或试运行状况，确定产品是否满足本企业或标书所列的需求，根据满足的程度进行评分
		二次开发方案	10%	根据二次开发工作量的多少和开发的难易程度进行评分
		部署方案	10%	根据方案的科学性、易实施性和成本等进行评分
		扩展方案	10%	根据扩展方案的科学性、易实施性和成本等进行评分
		项目管理方法	10%	根据项目实施管理方法及服务的丰富和完善程度进行评分

续表

一级指标	权重	二级指标	权重	指标描述
技术方案	50%	项目经理	20%	项目经理工作年限 30 分，带项目数量 30 分，带同类型项目数量 40 分
		项目小组	10%	根据项目小组成员的专业能力和稳定性进行评分
价格	20%	价格	80%	根据市场均价，虚高虚低直接为 0 分。合理范围内，投标报价得分按以下公式进行计算：投标报价得分=（评标基准价/投标报价）×15。注：评标基准价为满足招标文件要求的最高报价与最低报价的平均值
		付款方式	20%	根据情况设定
讲解	5%			可以设定优 100 分，良 85 分，中 70 分，差 55 分
合计	100%			

POC 原型验证：企业选择几家厂商共同参与 POC 测试，要求在固定周期内，进行一项或多项功能原型的验证工作，考核移动平台基础技术特性以及厂商的企业服务能力。

POC 原型验证是较为重要的一个阶段，一方面能够检验平台是否符合企业的实际业务需要，考核其平台产品的支撑能力；另一方面能检验厂商的技术服务能力与响应速度，为以后的长期合作打下基础。

（6）竞争性谈判

企业进行招标评估后，需要邀请两家移动平台供应商就采购事宜进行竞争性谈判。竞争性谈判主要围绕价格和后期的服务保障进行，把自己的风险降到最低。

为慎重起见，企业还可以对移动平台厂商采用产品试用的商务策略，通过一定周期的使用，检验产品实际使用效果，确保符合企业预期。

（7）签署采购与服务合同

经过竞争性谈判，选定一家条件最适宜的公司进行合作。企业执行完上面六步之后，需要通过企业内部或者第三方的商务和法务机构签署合同。之后，双方便可以在移动平台部署和业务应用开发等方面进行长期深度合作。

5.5 移动平台选型评估指标

5.5.1 移动平台厂商选型指标

随着移动信息化的发展，移动平台厂商也越来越多，怎么从上百家厂商中选出合适的供应商呢？

首先评估厂商综合能力。企业先根据自身需求确定 5 家或 6 家大厂商，如 IBM、Oracle、SAP、AppCan、PhoneGap 等，再进行综合能力评估。移动厂商没有一定的技术优势和行业地位，将无力快速响应瞬息万变的移动市场。

其次评估产品能力。产品能力主要有两个方面：一是厂商移动平台产品的成熟度能否满足企业需求，以考察平台的完备性；二是核心产品及核心功能是否具有一定的价值，如位置功能、拍照功能、安全要求等，以考察技术的先进性、数据的连通性和移动的安全性。此外还要考虑厂商是否有同行业成功案例。

再次评估专业服务能力，包括现场服务、远程服务、服务的内容和方式、响应速度和项目管理经验。

最后还要考虑价格因素，包括总的投入产出和总的拥有成本（包括平台采购价格、实施服务费、后期维护费等），以及付款方式等指标。

根据表 5.2 中列出的指标进行评分，筛选出 3～5 家厂商进入招标阶段。在招标阶段，要重点关注企业需要的具体移动平台产品。

表 5.2　移动平台厂商选型指标

一级指标	权重	二级指标	权重	指标描述
综合	30%	行业地位	50%	根据国内市场占有率、同类型客户数量、技术服务人员数量及市场上熟悉平台工具的开发者数量等打分 排名第一得 100 分，按名次递减 10 分
		领先性	50%	根据平台产品的版本级别及产品技术的领先性打分 排名第一得 100 分，按名次递减 10 分
产品	30%	平台成熟度	50%	拥有自主平台产品线给 60 分，根据平台的成熟度和完备性给予加分
		行业解决方案	50%	数量：权重 40%。覆盖 5 个行业得 80 分，每增加 1 个加 10 分，直至满分为止。覆盖行业低于 5 个，得分比例对应数量比 质量：权重 60%。 包括行业术语（30%）和定制功能（70%） 行业术语：有体系即给满分 定制功能： 1 个 40 分，2 个 60 分，3 个 100 分
服务	20%	服务能力	35%	根据服务人员覆盖面和专业性打分 排名第一得 100 分，按名次递减 10 分
		服务方法论	25%	根据服务体系与组织架构、服务流程、专业服务的水平打分 有，给 60 分；完善，给 80 分；非常完善，给 100 分
		服务内容	25%	包括实施服务、售后维护服务、升级服务、培训服务和咨询规划服务。结合有无服务内容，以及服务内容的深入程度给分。有，给 60 分；内容比较丰富，给 80 分；非常丰富，给 100 分
		服务方式	15%	根据是否提供上门服务、电话服务和网络服务及频次等打分 有，给 60 分；服务及时、内容丰富，给 100 分
价格	20%	TCO	85%	根据平台产品许可费、实施服务费、系统维护费打分 价格最高，给 60 分；居中，给 80 分；价格最低，给 100 分
		付款方式	15%	根据付款方式打分 排名第一得 100 分，按名次递减

5.5.2 移动平台产品选型指标

移动平台产品选型指标是针对移动平台产品的核心功能制定的。

移动平台产品选型指标包括业务能力、平台架构、用户体验和安全保障四个一级指标，并根据每个一级指标的实际情况设置了二级指标及权重分配，分别从平台产品自身功能、支撑平台架构、客户体验和安全保障等角度对平台产品进行综合测评（见表 5.3）。

表 5.3 移动平台产品选型指标

一级指标	权重	二级指标	权重	三级指标	权重	指标描述
业务能力	15%	方案对标书或需求的响应性	50%			对业务变化的快速响应能力，通过多项指标如插件资源、模板资源、第三方通用功能集成的资源，从移动应用业务的开发到管理运营整体解决方案考量
		行业解决方案	50%			平台的成熟度，在市场上行业内部的解决方案是否成熟，是否适应行业移动信息化发展的需要，对行业移动信息化提供整体解决方案
平台架构	55%	跨平台部署	30%	集成开发环境	50%	采用混合开发模式、集成移动应用开发环境、移动应用测试环境，并提供多种移动应用开发过程中所需的资源，为移动应用快速开发提供便利的条件
				移动应用代码、插件资源、开发人员权限统一管理，可控制版本分支	30%	移动应用代码的集中管理，采用版本分支的理念控制版本打包，并提供插件统一资源，为所有移动应用进行集中服务，提供移动应用底层引擎管理和项目人员管理
				本地和云端打包	20%	提供多种打包方式，包含本地打包和云端打包，本地打包可以为测试人员提供便利的测试条件，云端打包可保证正式版本的唯一性和正确性

续表

一级指标	权重	二级指标	权重	三级指标	权重	指标描述
平台架构	55%	与后端系统集成平台	30%	多协议转换、接口封装	40%	提供业界常用的各种协议栈的封装，如 REST、SQL、SOAP、LDAP、REDIS、DOM 等，并支持 XML、JSON 协议的解析、封装和传输
				访问权限控制	30%	对移动应用的接入进行控制，对每个应用可以访问的接口、次数以及最大并发数量进行控制，保证后端业务系统的正常稳定运行
				服务端数据缓存	30%	对移动端常用的数据、图片、文档进行缓存，并可以设置不同的缓存策略，降低业务后端的访问压力
		集中统一管控平台	40%	用户管理	10%	对移动端的移动用户进行管理，可通过业务域组织架构对接等多种方式实现与企业原业务系统和权限管理系统的对接，支持企业内部移动门户的单点登录，支持域插件的用户自动同步
				应用管理	10%	对移动应用的版本、移动应用的使用用户的权限进行划分，对使用该移动应用的设备进行集中管理
				设备管理	10%	对移动终端设备进行管理，可将移动终端按照个人、企业设备进行分组并设置不同的安全策略，在终端丢失后可进行数据擦除、远程失效等操作
				内容发布	10%	对移动终端显示的内容进行管理，如新闻类页面、阅读的文章和内容以及附件等，可通过后台设置不同用户显示和阅读的权限，文档是下载还是在线阅读等
				邮件管理	10%	统一邮件的标准客户端并与企业邮箱进行集成，实现对移动邮件安全接入的管理
				运营监控	10%	对移动应用、设备情况以及接口调用情况进行监控，并记录错误日志，可通过曲线图实时观察应用的使用情况和接口调用情况

续表

一级指标	权重	二级指标	权重	三级指标	权重	指标描述
平台架构	55%	集中统一管控平台	40%	应用接入	10%	对移动应用接入进行管理，通过控制接口访问的方式控制移动应用的接入，有权限的应用能在指定的时间内接入系统
				应用商店	10%	提供企业内部移动应用商店功能即移动门户功能，并实现移动门户的单点登录，移动应用商店可实现移动用户对应用的统一发布、统一下载、集中安装，并通过使用反馈提交商店及应用的使用情况
				消息推送	10%	提供消息推送功能，可通过后台或者API的方式对移动应用进行消息推送
				数据分析	10%	提供移动应用的报表统计分析，包含移动应用的设备情况、用户情况、应用的下载使用情况等
用户体验	10%	界面友好性	25%			移动应用管理平台提供可视化的操作页面，界面温和友好
		操作复杂度	25%			移动应用管理后台各大功能模块和功能点清晰明了，通过一、二级菜单以及功能导航，可方便地找到所需的功能
		易学性	25%			功能简单易用，提供相关操作文档和操作流程文档
		操作容错性	25%			对关键功能和删除操作提供确认功能，在操作失误时可进行提示和恢复
安全保障	20%	应用安全	20%			保障移动应用的代码安全，提供移动应用代码加密打包和反编译功能，防止黑客通过代码反编译获取核心数据和业务逻辑。提供移动应用证书认证方式，安装有企业颁发的证书的应用才可以接入系统
		用户安全	20%			对移动应用的用户提供多种认证方式，如用户名与密码认证、手势认证、二维码认证、短信认证、消息推送认证等方式

续表

一级指标	权重	二级指标	权重	三级指标	权重	指标描述
安全保障	20%	设备安全	20%			对移动终端设备进行控制，将用户、应用与设备进行绑定，形成三位一体的认证方式，用户只能通过该用户名在绑定的设备上登录相应的应用，在设备丢失后可通过远程数据擦除、远程失效等方式确保数据安全
		数据安全	30%	本地数据安全	50%	保障移动应用本地缓存数据的安全，为缓存的数据提供加密支持，并控制本地数据的访问权限
				数据传输安全	50%	支持应用证书进行 HTTPS 访问，保证客户端和服务器间的通信数据是被加密的，提供多种引擎内置对称加密库，可以在应用层采用对称加密算法使用用户密码对数据进行加密，在服务器端使用对应用户密码进行解密，保证数据的安全
		服务端安全	10%			提供多种服务端部署策略，提供高安全性、高可靠性部署方案，提供防攻击与防穷举解决方案

① 业务能力：根据企业的移动信息化需求考察业务能力，包括方案的响应性和行业解决方案。

② 平台架构：考察平台架构是否能支撑企业移动战略和定位，这是产品选型指标的重点。平台架构包括跨平台部署、与后端系统集成平台、集中统一管控平台三个二级指标。

③ 用户体验：包括界面友好性、操作复杂度、易学性、操作容错性四个二级指标。

④ 安全保障：移动应用的安全保障可以从五个方面来考虑，即应用安全、用户安全，设备安全、数据安全及服务端安全。传统 PC 时代除

火灾、地震、山洪等不可抗力因素外，基本不太需要考虑设备的安全因素；而移动信息化时代，人们几乎每时每刻都要用到移动设备，设备以及部署在设备上的应用、数据、服务器端、数据传输通道等的安全性就显得尤其重要。

移动平台的成熟度和开放性是大中型企业管理软件功能实现的关键。所以在大中型企业管理软件产品选型指标中把平台架构作为重要的一环，并占有较大的比重。这一环节通常需要特别注意以下三个方面。

- 跨平台开发和开放部署系统：支持混合开发模式，兼具原生 App 良好的用户交互体验和 Web App 跨平台开发的优势是评估的重点。同时，还包括移动应用统一发布管理和本地及云端打包等。
- 强调与后台系统的集成：企业移动信息化时代不仅需要将 PC 时代的信息化系统延伸到移动端，还需要将新的移动应用与后端的应用系统高效集成，包括业务系统、数据库，以及多个移动应用之间的通信，因此移动平台的集成能力就显得尤为重要。与后端系统的集成平台应该包括多协议转换和接口封装、访问权限控制、服务端数据缓存等功能点。
- 集中管控：企业的每个应用系统都需要独立的用户账号、设备管理、应用管理，这在管控方面是不可想象的一件事。集中的用户管理、移动应用管理、设备管理、内容发布管理、运营监控管理、应用接入管控、应用商店、消息推送、统一数据分析挖掘等功能从信息化战略维度来看都是评估的重点。

企业 CIO 应具备一双火眼金睛，把脉企业移动信息化战略规划，不要为了移动而移动，使企业陷入移动信息化建设选型“怪圈”。近两年来众多大中型企业 CIO 在移动信息化上的实战经验表明，只有在企业移动战略规划的指导下，选择一流的移动平台，才难避免过去 30 年在企业信息化过程中走过的弯路，帮助企业实现移动优先战略的落地，驱动和引领企业业务创新。

作为企业移动生产力的基石，移动平台的选择是企业移动信息化的需求热点和难点。借助本章提出的移动平台选型方法及选型指标体系，企业能够更科学、更方便、更快捷地找到适合自身实际情况的移动平台软件产品和平台提供商。

需要强调的是，除了跨平台开发能力等技术特性之外，还要关注厂商的技术服务能力，行业客户对移动平台的需求各不相同，需要厂商配合企业进行平台改造升级，所以对厂商的定制开发能力和快速响应能力要尤为关注。本土厂商在这方面有更多的优势，它们能够投入人力积极配合企业的改造需求；外资厂商受限于固有的产品研发周期和高昂的人力成本，对企业的支持力度有限。

另外在平台实施过程中，需要兼容企业已有移动应用，通过迁移和改造把它们纳入整个移动平台管理范畴之内；还要充分听取业务团队的意见，完善平台特性，便于以后在企业内部顺利推广实施。

5.6　企业移动平台实施过程中的注意事项

移动平台在实施过程中会面临各种问题或挑战，企业在部署之前要充分考虑好各方面的诉求，保障平台的顺利上线使用。

1. 兼容现有移动应用

在建设移动平台之前，企业可能已经建设了部分移动项目，实施过程中需要考虑好如何兼容现有移动项目，在用户身份验证、接口整合和统计分析方面保持统一，把它们纳入移动平台的支撑和管理体系之内，要针对现有系统，制定改造规范，让原厂商按照规范接入移动平台，避免推倒重新开发，造成重复建设，浪费资源。

2．听取业务部门的诉求和建议

平台建设要考虑业务部门的诉求和建议，尤其是一线团队的意见。由于移动平台未来要支撑和管理所有业务部门的移动项目，涉及 IT 控制权的转移或回收，因此移动平台在内部推广可能会遇到一定阻力。除了公司从行政层面发文要求之外，IT 团队需要多与一线业务团队沟通，充分吸纳他们的诉求和意见，通过良好的应用体验和技术服务来吸引业务人员使用。

3．构建数据接口统计功能

移动应用需要现有各类业务系统提供数据接口，这就给其他 IT 团队和厂商带来了额外的工作量，导致其他团队消极配合移动平台建设，跨部门或业务体系的协作会存在一些困难。所以需要通过技术手段有效评估各类接口的使用情况，通过系统日志记录方式评测各类业务系统接口的使用效率，如接口调用耗时、失去响应频度等，通过事实比对，可有效协调相关 IT 团队和外部厂商配合解决，避免因为后台接口问题，影响前端用户使用体验。

4．迭代开发、灰度发布

移动应用的需求变化非常快，不断有新功能上线，传统瀑布式软件开发模式不适于移动项目，迭代开发是最优选择，另外选择灰度发布模式可以及早获得用户的意见反馈，完善产品功能，提升产品质量，并缩小产品升级所影响的用户范围，灰度发布可以从业务、功能、性能、用户体验等方面提升产品品质，并保障系统平滑上线。

5.7　案例分析——师大移动信息化平台规划及选型要求

1．背景基础

（1）师大自然情况

师大是一所以师范教育、人文科学、社会科学、管理科学为主，兼有信息科学、环境科学等理工科的综合性重点大学。

学校目前已形成以本科教育为重点，兼顾研究生教育，辅以成人高等教育、网络教育的全方位、多层次的办学格局，在师范教育、人文科学、社会科学、管理科学等领域具有突出的整体优势。

2013 年，在校学生近 2 万人，教职员工近 8 千人。师大师资力量雄厚，作为我国人文社会科学研究和师范教育的重要基地，师大积极面向现代化建设主战场研究重大政治、经济、教育、文化和社会问题，充分发挥高校“思想库”和“智囊团”的作用，为国家经济建设提供了强大的理论保证和有力的智力支持。

在“十一五”期间，校领导根据教育部决定，结合当前高等教育的发展趋势，对师大提出了建设“人文化和数字化”校园，创建世界一流大学的要求。为此，学校加大对信息化建设的投入，进行师大数字化校园——“智慧师大”的建设。

（2）校园网络

师大校园网建设始于 1998 年，经过 2001 年 11 月和 2008 年 12 月的两次大规模升级，初步建成了万兆核心、千兆到楼、结构合理、管理细化的校园网络。无线网络在 2011 年已基本覆盖了全校的教学区和办公区，成为国内无线网络覆盖面最大的高校之一。

（3）“智慧师大”应用建设与现状

“智慧师大”的电子校务系统是师大“十一五”期间公共服务体系建设的重要内容之一，为全校教学、科研、管理和校园生活提供全面支持和服务，是智慧校园的重要组成部分。依据“一个标准、一个数据库、一个平台、一个应用、一个门户”的“五个一”技术路线，建立了软硬件平台、统一数据库平台和应用平台三大平台及“智慧师大”统一门户，目前已基本涵盖了学校的主要业务工作。自 2011 年上线以来，推广运行良好，积累了很多业务经验和珍贵数据，师生员工有了很强的信息化意识。

（4）外部环境

师大在信息化和国际化方面已经迈开大步，在 PC 互联网时代，基于 PC 的数字化校园建设已经取得了巨大成果。但移动互连时代的智能终端与传统 PC 有着很大的差别，要使校园信息化进一步适应时代要求，进行移动化，需要在系统架构上提出更高要求。

2. 移动平台选型和建设原则

基于校园信息移动化的统筹考虑，需要使用移动平台作为基础平台，并遵循以下原则来构建整个移动信息系统。

- 易用性原则：需要充分考虑不同用户的移动终端特性、操作习惯和工作生活习惯的各种细节，保证用户体验，让用户真正喜欢使用。
- 集成性原则：系统目标之一是搭建师大移动应用平台，要求为原有后台系统的移动化提供接入/集成条件，平台本身需要具备高扩展性、稳定性和强大的生命力。
- 扩展性原则：PC 应用的移动化改造将是一项持续进行的工作，因此系统必须在持续改造的指导原则下进行规划、技术储备、规范制度的建立，保证平台能够逐步接入不同运营商和不同终端操作系统、不同品牌的移动终端，保证能随移动化改造的深入便捷地接入业务应用系统，保证在大用户量、大并发量、众多应用部署的情况下用户体验良好。

- 安全性原则：须在师大总体安全规范要求下，实现用户身份验证，保证访问的合法性。
- 跨平台原则：初期即要求跨平台实现系统功能，要求平台能够涵盖 Apple iOS、Google Android 和微信三大操作系统或平台的智能手机和平板电脑。
- 可维护性和可用性原则：移动应用平台作为众多应用系统移动的门户，需要长时间稳定地为移动终端提供接入应用系统的服务。因此可维护性和可用性是必须具备的，要保证硬件扩充、软件升级和组件更换时平台的高可用性。

3. 移动开发和管理平台功能要求

- 应遵循已颁布的国际标准、国家标准、行业标准和师大教育信息化标准，并在建设过程中根据具体情况和实际需求，完善师大相应的标准和规范。
- 可以与学校的统一身份认证平台和“智慧师大”信息平台进行有效集成。
- 具备多应用发布功能，用户在移动智能终端可以自由选择所需要的移动应用。
- 必须支持基于移动平台进行系统移动应用的二次开发，支持以 HTML5+JavaScript 为基础的开发语言，所开发的应用只需要编写一次，即可以覆盖 iOS、Android、微信和直达号等操作系统或平台，同时支持移动终端和 PC 通过 Web/WAP 浏览器访问所开发的应用。

- 移动平台具备设计器和二次开发环境，同时具备模拟终端以及模拟服务监控功能，可以监控模拟终端与平台后台之间的数据交互以及详细数据包信息。设计器所设计的移动应用可以通过模拟终端进行预览。
- 可以通过多种接口与后台系统进行数据交互，包括数据库接口、网页抓取、静态数据、Plugin 插件等方式。对数据库的接口至少支持 SQL Server、Oracle、SQLite、MySQL、ODBC、OLEDB 等。对于网页抓取，至少支持 get 和 post 方式，可以对返回结果自动进行 utf-8/gb2312/gbk/ iso8859-1 编码，可以对返回结果进行正则表达式匹配。同一个移动应用可以无缝地与多个不同接口的后台系统同时交互，实现多系统的应用数据聚合功能。
- 支持远端数据库表结构自动导入智能终端本地数据库。支持智能终端本地数据库与系统平台数据的同步功能，同步触发机制包括等待终端用户事件触发、初始化时触发、应用启动时触发及定期触发等，写入方式包括直接插入或覆盖、先清空表内容再插入数据、仅插入新增数据等。可以配置用于增量检查的字段。
- 可以方便导入远端和终端资源，比如图片、JS 文件、HTML 文件等。可以在应用源代码中方便插入所导入的资源。
- 移动应用页面的开发中支持多种页面与数据绑定的方式，包括静态页面、动态页面、远端数据+动态页面、终端数据+动态页面等。
- 在 HTML 页面中支持对终端远端服务、终端资源、终端远端数据集的直接操作，包括逻辑判断和循环操作等。
- 平台具备操作日志以及错误日志功能。
- 平台不得使用没有商业授权的第三方开源软件。
- 整个平台共包含基础平台、学生平台、教师平台、公众平台和扩展开发平台五部分，共分为三个周期。

4. 一期系统移动应用功能要求

一期系统主要业务功能包括中间件基础平台和教师平台中的新闻快报、公文审批、校情展示、通讯录、校园地图、日程安排六大功能模块。具体包括功能描述、数据接口和参考界面等内容。

5. 二期系统移动应用功能要求

二期系统在一期系统的基础上，侧重于学生模块的建设，包括课程表、图书馆系统、校园活动、学生通讯录、生活便利店和移动课堂等功能模块。

6. 三期系统移动应用功能要求

三期系统在一期和二期系统的基础上，侧重于公众模块和扩展开发平台两部分。具体包括校园活动、招生公告、公开课堂，以及可供教师或学生在搭建好的环境中进行二次开发，为高校移动终端软件开发及研究提供实践的扩展开发平台。

在接下来的几章中，将介绍移动端技术、移动管理平台技术、移动云平台技术和移动安全。

6

第 6 章 移动端技术

近三四十年来，以电子技术、通信技术和软件技术为代表的技术革命一浪高过一浪，它们彻底地改变了人们的工作方式和生活方式。三十年前，计算机很贵，它是身份和地位的象征；二十年前，计算机开始进入寻常百姓家；十年前，基本家家都有一台计算机。二十年前，互联网开始出现；十年前，它开始普及应用；现在，它成了人们生活中最重要的一部分。二十年前，手机很贵，它是身份和地位的象征；十年前，手机开始进入寻常百姓家；现在，高性能智能手机基本人手一台。

技术的发展给人们带来了计算机、手机、互联网及移动互联网，基于计算机、手机、互联网及移动互联网的应用的发展使人们的生活产生了翻天覆地的变化。而应用的发展有赖于软件平台及开发技术的发展，如 Microsoft Windows 操作系统及浏览器技术的发展推动了 PC 软件和互联网的发展。这几年在 3G 和高体验智能手机的推动下，移动互联网真正进入了爆发式发展阶段，移动应用已经由简单的短信、WAP 等通道进入了高体验时代。移动用户对手机移动应用的需求也越来越多，各种创意层出不穷，各种新技术不断出现。世界历史上从没有哪种设备像移动设备一样与我们的生活如此紧密。然而在移动互联网爆发式发展的光环下，作为移动互联网重要发展动力的移动应用，也面临着新的瓶颈和挑战。与 PC 互联网行业 Windows 一统天下不同的是移动操作系统三足鼎立，即 Apple 的 iOS、Google 的 Android、Microsoft 的 Windows Phone，可预期的是今后还会出现更多操作系统；同时手机作为消费类电子产品，它的个性化非常严重，不同型号手机屏幕大小可能不一样，输入方式可能不一样，功能可能不一样，各手机的操作系统版本、UI 风格也可能不一样。移动应用开发正面临着开发人员门槛高、开发成本高、运营维护难的问题。它使众多普通创业者无法进入这一领域，无法分享移动互联网发展带来的红利。

挑战即机遇，为了解决这些问题，众多厂家给出了众多解决方案。有基于 Java 的跨平台方案，有基于 C#的跨平台方案，有基于 Lua 语言的方案，还有基于 HTML5 的跨平台解决方案。这些方案都希望通过采用一种更容易被普通开发者接受和掌握的技术来规避移动系统的差异性问题，提高开发效率，降低开发成本。其中 HTML5 跨平台混合开发技术借助 HTML5 的强大能力，备受移动互联网企业和广大开发者关注。本章希望通过对 HTML5 混合开发技术的介绍，帮助开发者进入移动开发领域，一起分享移动互联网红利。

应用是具有 UI 和数据交互能力的独立界面通过业务逻辑进行有机组合而成的软件包。而各种开发技术都是为了实现上述目标而提供的开发体系。

6.1 移动原生开发技术

原生开发（Native Development）技术基于智能手机本地操作系统如 iOS、Android、WP 官方推荐语言编写运行第三方应用程序。应用程序最终会被编译成二进制包，供安装使用。

基于原生技术开发的应用最终运行于系统平台之上，作为独立应用安装使用。Native App 因为位于平台层上方，支持对系统提供能力的完全访问。通过对系统能力的各种封装形成了目前移动市场中千变万化的移动应用海洋。但是由于移动平台厂商众多，设备碎片化，对于同一个功能，开发人员需要使用不同平台的不同语言重复开发，如 Android 的 Java、iOS 的 Object-C 等，这造成了 App 开发相比于 PC 时代的单一版本开发复杂且成本高很多，同时维持多个版本的更新升级比较麻烦。

原生开发技术面向的开发人群至少需要掌握一种平台开发语言，要对嵌入式开发有一定的技术基础。一个熟练的原生开发人员最少需要学习半年，才可能承担项目中的主要工作。国内移动信息化需求旺盛，尤其是随着企业信息化需求的爆发，对人员的需求更加迫切。目前国内的原生开发人员从数量和质量上完全不能满足需求，且今后几年这一趋势依然会保持。

优势：

- 可充分发挥系统 API 能力；
- 针对不同平台提供不同体验；
- 有官方的开发调试工具，便于调试；
- 可访问本地资源；
- 与第三方 SDK 对接简单。

劣势：

- 移植到不同平台上比较麻烦；
- 维持多个版本的成本比较高；
- 对开发人员技能要求较高；
- 项目周期较长；

- 源码知识转移周期较长。

6.2 移动 Web App 开发

Web App 概念的兴起，源于 HTML5 标准的逐渐成熟和大型互联网公司的推动。这其中包括百度的框计算、Google 运行于 Chrome 上的 Web App Store，以及 Facebook 的 HTML5 项目“斯巴达”（Project Spartan）。前两个项目当前主要侧重于 PC 端，而 Facebook 的 Spartan 可以说主要瞄准了移动端的用户市场。目前国内用户最常接触的微网站就是 Web App 的典型代表。

究竟什么是 Web App？很多人从字面上理解，认为它是运行在网页上的应用。可普通用户认为：应用就是 App，网页就是 Web，两个不同的东西怎么结合？另外，综合当前的软件和硬件环境来看，显然不是所有的应用都能在网页上运行。还有，应用要有应用的“样子”，Web App 和普通的网页从 UI 和 UE 的层面来看也有比较大的差别。这种种区别和不解造成的疑惑让很多人认为 Web App 更像应用的 WAP。

标准的 Web App 一般具有如下特点。

- Web App 也是 App，是为用户完成一个或多个功能而设计的程序。
- 使用 HTML5 技术开发。
- 应用代码部署在服务器端。
- 使用 HTML5 离线缓存技术进行代码缓存。
- 应用运行于浏览器容器中。
- 广泛采用 AJAX 技术进行数据同步。
- 交互体验方式接近于 Native App。

但由于 HTML5 离线缓存技术在各大移动系统上实现并不成熟，因此有时也将没有采用离线缓存技术的类应用网站称为 Web App。

移动端 Web App 和 WAP 有什么不同？最直接的区别就是功能层面。WAP 侧重于使用网页技术在移动端做展示，包括文字、媒体文件等。而 Web App 侧重于“功能”，是使用网页技术实现的 App。总的来说，Web App 就是运行于网络和标准浏览器上，基于网页技术开发实现特定功能的应用。

1. Web App 的优点

第一，使用 W3C 标准的 HTML 开发，能够轻松实现跨平台，移动应用开发者不再需要考虑复杂的底层适配和跨平台开发语言的问题。与此同时，使用 HTML 开发的 Web App 在投入上会大大低于传统的 Native App（见表 6.1）。

表 6.1　Web App 与 Native App 的对比

对比	Web App	Native App			
平台	跨平台	iOS	Android	Windows Phone	
开发语言	HTML、JavaScript 等	Object-C	Java	C#	

第二，基于当下逐渐流行的 HTML5，Web App 可以实现很多原本只有 Native App 才可以实现的功能，比如 LBS 的功能、本地文件和数据存储、音视频播放的功能，甚至还有调用照相机和结合 GPU 的硬件加速功能。

第三，移动应用的迭代周期平均不到 1 个月，用户需要不停地重新下载与升级。而 Web App 则无须用户下载，并且和传统网站一样可以动态升级。

第四，Web App 有 App 的特性，更有 Web 的特性。每一个 Native App 在当前的用户使用场景下是相对孤立的，而 Web App 则可以像传统互联网网页那样相互链接，从一个 Web App 直接跳转到另外一个 Web App

（见图 6.1）。这无论是从用户的使用体验层面还是从应用之间的数据传输来看，都是非常不错的选择。

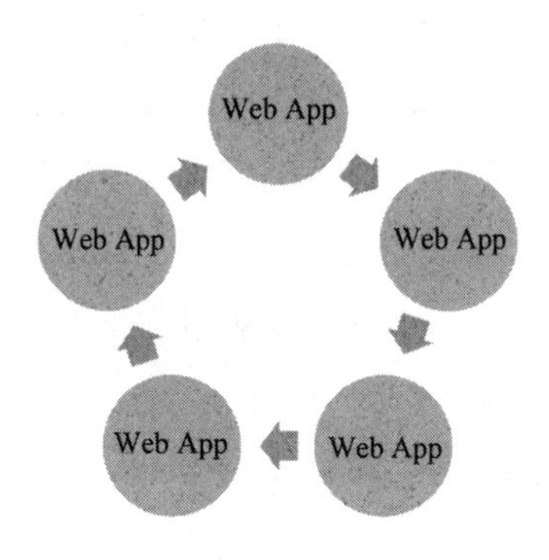

图 6.1　Web App的链接

2. Web App 的缺点

首先，标准规范刚刚定案，具体实现尚未普及。Web App 的实现需要多个层面的标准配套，如 WAC 标准、Device API 标准以及 HTML5 标准。在这些标准完善和普及之前，Web App 还无法实现 Native App 的常用功能。且由于存量设备原因，即使规范完善后，也无法完成向前兼容适配。

其次，移动设备浏览器的性能还不能支持与 Native App 体验相媲美的 Web App。Web App 受限于浏览器规范和实现，无法像 Native App 一样自由地展现各种效果。同时由于浏览器是在原生体系上又构建了一层，造成 Web App 的运行效率低于原生应用，体验不流畅和响应速度慢是 Web App 当前面临的两个最大的硬伤。

6.3　基于混合模式的移动应用开发

基于 Natvie App 和 Web App 各自的优势和劣势， 2010 年，Hybrid

App 的概念被提出来。这种兼具 Native App 和 Web App 的优势又能将彼此的缺陷最小化的移动应用开发模式成了一种全新的选择。国内外知名的 Hybrid App 开发框架有 PhoneGap、AppMobi 及 AppCan 等。从 2011 年年底开始这些移动应用开发框架逐渐进入移动应用开发者的视野。

到 2013 年，混合开发模式逐步成为企业移动应用开发的主流，从投入、用户体验、维护成本等方面综合考虑，Hybrid App 已经被众多企业所认可。甚至在企业移动信息化平台整体解决方案商提供的方案中，几乎全部都以 Hybrid App 为首选的移动应用开发模式，包括 IBM Worklight、AppCan MEAP、SAP SUP、用友 UAP Mobile、南京烽火、数字天堂、天畅信息等。

基于混合模式开发的典型案例有工商银行、百度搜索、街旁、东方航空等。

1. 什么是 Hybrid App

汽车有混合动力，移动应用同样也有混合模式。Hybrid App（混合模式移动应用）兼具“Native App 良好用户交互体验的优势”和“Web App 跨平台开发的优势”。市场上一些主流移动应用都是用混合模式开发的，比如国外的 Facebook、国内的百度搜索等。

Hybrid App 是同时使用网页语言与原生程序语言开发，通过应用商店区分移动操作系统分发，用户需要安装使用的移动应用。其总体特性更接近 Native App，但是和 Web App 区别较大。只是因为使用了网页语言编码，所以开发成本和难度比 Native App 要小很多。因此，Hybrid App 既有 Native App 的所有优势，也有 Web App 使用 HTML5 跨平台开发低成本的优势。

2. Hybid App 为什么会兴起

Hybrid App 的兴起看似偶然，但却是技术发展的必然。移动互联网的热潮掀起后，众多公司前赴后继地进入，但是很快发现移动应用的开发人员太少，所以导致疯狂的人才争夺。市场机制下移动应用开发人才的待遇扶摇直上，最终变成众多企业无法负担一个具备跨平台开发能力的专业移动应用开发团队。而 HTML5 的出现让 Web App 露出曙光，HTML5 跨平台开发移动应用和廉价开发成本的优势让众多想进入移动互联网领域的公司开始心动。可是当下基于 HTML5 的 Web App 如同雾里看花，在用户入口习惯、分发渠道和应用体验这三个核心问题没解决之前，Web App 也很难得以爆发。正是在这样的机缘巧合下，既有 HTML5 低成本、跨平台开发优势又有 Native App 特质的 Hybrid App 技术杀入混战，并且很快吸引了众人的目光。可大幅降低移动应用的开发成本，可以通过现有应用商店模式发行，可在用户桌面形成独立入口等，让 Hybrid App 成为解决移动应用开发困境不错的选择，也成为普通开发者进入移动市场的最有力武器。随着技术的不断成熟和完善，Hybrid App 将会占领更多的移动 App 开发市场。

3. Hybrid App 如何实现网页语言与程序语言的混合

Hybrid App 依然是一个 App，只是在编程过程中采用了 HTML5 或其他脚本技术。先看看一个普通的应用是如何构成的。如图 6.2 所示，一个应用是由众多界面根据功能逻辑进行组织的产物。使用任何开发技术都是为了完成界面、逻辑和组织的研发。

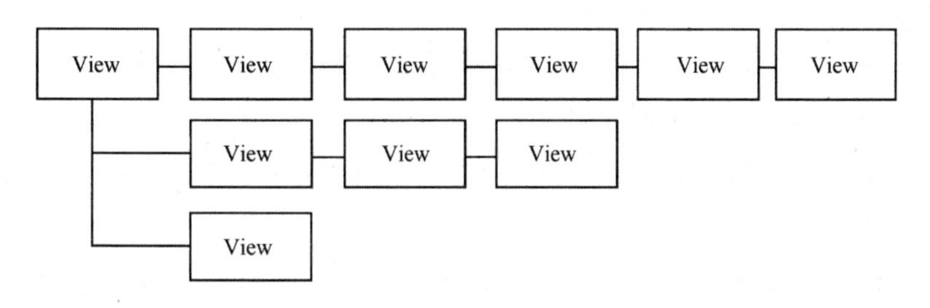

图 6.2　应用的构成

以原生应用为例，如图 6.3 所示。

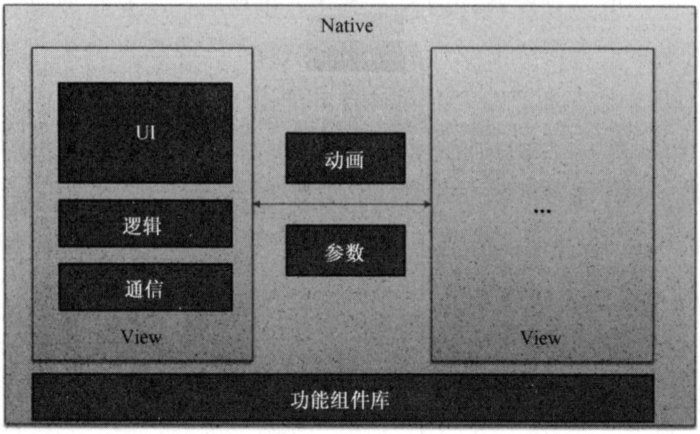

图 6.3　原生应用

- 使用原生技术实现 UI、通信、内部逻辑等。
- 实现界面的动画效果和参数传递。
- 处理界面的生存周期和逻辑。
- 封装整合基础库供开发调用。
- 配置开发环境、工程、编译参数并最终完成应用的编译发布。

上述这些工作都由原生开发人员完成，且在不同平台上都要完成一次。Hybrid 开发技术希望引入 HTML5 或脚本技术来达到减少甚至忽略原生开发人员工作量的目标。

目前国外比较知名的混合模式开发技术为 PhoneGap。PhoneGap 的应用开发模型如图 6.4 所示。

目前利用 PhoneGap 进行开发大多采用 All in One Page 模式。开发人员的工作有以下几项。

- 使用网页技术在 DIV 内实现独立界面的功能，完成 UI、通信和内部逻辑。

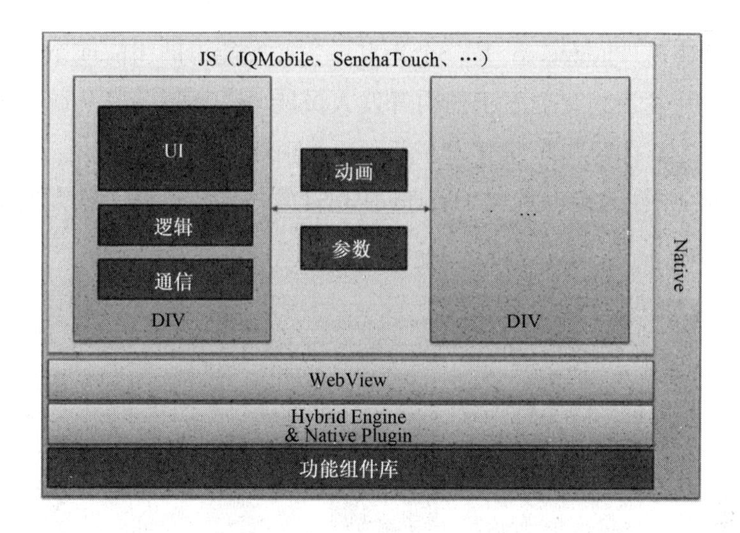

图 6.4 PhoneGap的应用开发模型

- 使用 JQMobile、SenchaTouch 等 JS 框架完成 DIV 界面间的切换和参数传递。
- 使用 JQMobile、SenchaTouch 处理界面的生存周期和逻辑。
- PhoneGap 封装系统设备能力基础库供开发调用，原生人员可以开发新插件扩展 PhoneGap 能力。
- 需要依赖各平台独立 SDK，因此需要配置开发环境、工程、编译参数并最终完成应用的编译发布。

上述模型为移动应用开发者提供了新的开发途径，但是也带来了以下一些问题。

- 依然需要依赖各平台 SDK。
- 依然要求开发人员配置开发环境等才能完成应用的最终编译。
- 依赖第三方 JS 框架完成窗口管理和动画，受限于系统能力，体验较差。
- 采用 ALL in One Page 模式，所有界面都在同一页面内，开发调试复杂，不利于团队协同开发。

可以认为 PhoneGap 是一个为有原生开发能力的团队或个人提供的混合应用开发工具，受限于国内开发人员能力、环境等，从国内使用情况反馈看，其体验和开发方式并没有获得预期的好评。

AppCan 作为国内首家 Hybrid 应用开发技术提供商，其开发模型如图 6.5 所示。

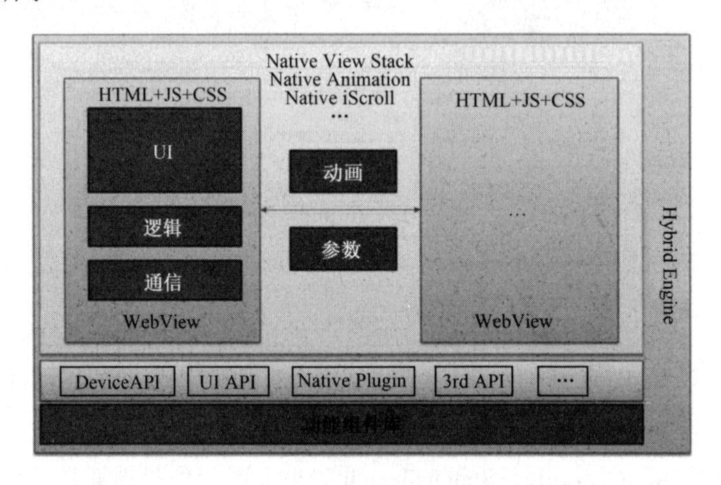

图 6.5　AppCan开发模型

目前利用 AppCan 进行开发大多采用 One Feature One Page 模式。开发人员的工作如下。

- 使用网页技术在独立页面内实现各独立界面的功能，完成 UI、通信和内部逻辑。
- 使用原生引擎提供的接口完成窗口管理和动画处理。
- 使用原生引擎提供的窗口栈管理窗口生存期和逻辑。
- 封装系统设备能力基础库、系统能力库、高级功能库、第三方对接库、高体验 UI 扩展库供 HTML5 开发调用，原生人员可以开发新插件扩展 AppCan 能力。
- 不需要依赖各平台独立 SDK，不需要配置开发环境、工程、编译参数。

从上述开发模型中可以看到，AppCan 技术是以 HTML5 开发人员作为开发主体，辅以原生开发人员的开发体系。HTML 开发人员聚焦于独立界面逻辑、交互的开发。AppCan 通过插件引擎在体验、能力、效率、安全各方面提供支撑。

- 不再需要依赖各平台 SDK。
- 不再要求开发人员配置开发环境等才能完成应用的最终编译。
- 使用原生技术完成窗口管理和动画。
- 采用 One Feature One Page 模式，所有界面可独立开发，便于调试，有利于团队协同开发。

6.4　AppCan Hybrid 开发技术

6.4.1　AppCan Hybrid 核心架构

AppCan 是正益无线为移动应用开发者提供的面向 HTML5 技术的跨平台开发技术品牌。AppCan 的目标是让移动应用开发不再受限于开发复杂度、平台差异性，甚至不再依赖于平台。AppCan 努力为开发人员找到一条更加便捷高效且具有良好体验的应用开发之路，使更多的开发人员投入移动浪潮中，一起推动移动互联网发展，一起分享移动互联网红利。AppCan 得到了广大开发者和众多大企业的认可。目前作为企业移动战略的重要组成部分，其已经应用于东方航空、国家电网、泰康人寿等近百家企业。同时众多中小企业、开发团队和个人开发者也在使用 AppCan 技术提供移动开发和支撑服务。

1．AppCan Hybrid 开发技术的特点

AppCan Hybrid 开发技术具有以下几个特点。

（1）开放

AppCan.cn 作为 AppCan 品牌的官方网站，为开发者免费提供了全部文档、教程、代码管理、应用编译发布等开发服务。同时，AppCan 也开放了 JSSDK 和全部插件的源代码，以及插件开发 SDK，后期还会逐步开放核心引擎，供开发人员学习和使用。正益无线希望通过这一开放平台，与广大开发者一起打造一个标准化、开放式的移动应用开发生态系统。

（2）低门槛

AppCan 的目标是降低移动开发技术门槛，使普通人也可以开发应用，在开发技术、开发环境等各个环节中都围绕这一目标进行设计构建。AppCan 建立的移动开发体系模型，现在已经成为 Hybrid 应用开发技术的基本参照，成为其他公司参考的榜样。目前使用 AppCan 的移动开发者有资深的研发人员，有没有任何原生开发经验的学生和创业者，也有大企业的项目团队。随着技术的发展，AppCan 也在不断进步与完善，移动开发门槛进一步降低。

（3）高体验

在高体验应用时代，体验是应用开发的重要组成部分。AppCan 一直遵循着低门槛与高体验并重的设计理念，通过对应用开发中体验能力的原生优化封装，可以让 HTML5 开发的移动应用体验与原生应用相媲美，打破了 Hybrid 应用体验不佳的魔咒。

2. AppCan Hybrid 应用体系架构

AppCan Hybrid 应用体系架构如图 6.6 所示。

从图 6.6 可以看出，AppCan Hybrid 应用分为 3 层，从上到下分别是应用代码层、框架层、引擎插件层。AppCan Hybrid 应用与原生应用都是直接运行于操作系统之上的独立应用。

（1）应用代码层

应用代码层是开发人员使用 HTML5 / CSS / JavaScript 技术编写的

应用 UI、逻辑等程序，如登录界面等。

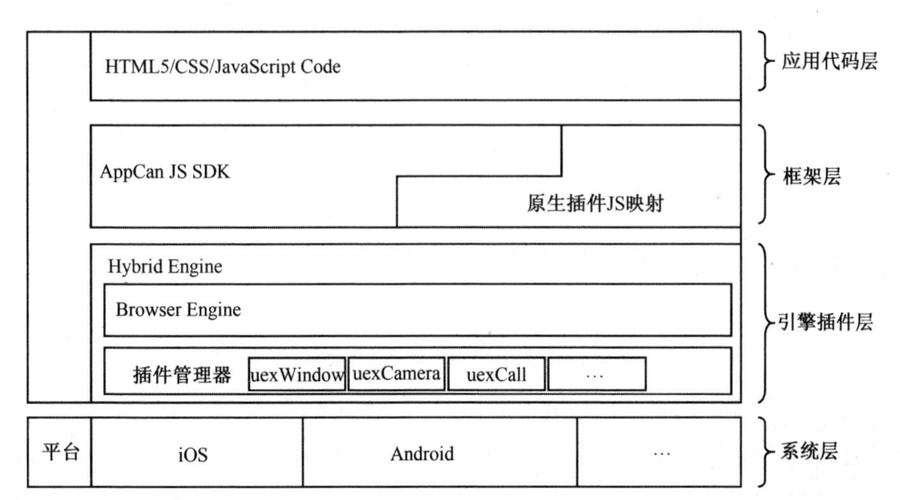

图 6.6　AppCan Hybrid应用体系架构

（2）框架层

框架层是 AppCan 为了降低开发复杂度、提高体验效果而封装的 JS 开发框架和原生插件的 JS 对象映射，供应用代码层调用。它包含 DOM 对象操作、MVC、事件、通信、列表、按钮、电话、短信、二维码等 JS 组件和原生插件 JS 映射。

（3）引擎插件层

引擎插件层是 AppCan 在系统浏览器内核上扩展的高体验应用引擎和为提高用户体验而封装的各种插件的引入、管理服务。它包含窗口管理、电话、短信、二维码等的原生实现。

3. AppCan 移动开发平台

AppCan Hybrid 技术并不仅仅是为了解决 AppCan 公司自己的移动开发问题，而是为了解决移动应用开发难的问题，更是为了解决 HTML 开发人员进入移动开发领域的问题。因此一个基本的引擎仅仅解决了技术问题，还需要解决使 HTML 开发人员进入移动领域的开发支撑问题。只有从学习、开发、编译、发布各个环节建立完善的体系，才能够真正达到这一目标。

AppCan 移动开发平台就是专为 HTML 开发人员提供的综合开发支撑平台，包含开发工具、开发框架、云编译环境、移动应用管理等多个方面。

6.4.2 AppCan Hybrid 开发环境搭建

以 HTML5 技术为移动应用开发主体技术的开发模式，需要专门的开发环境支持。AppCan Hybrid 开发环境 AppCan IDE 就是这样一种集成开发环境。它可以让开发人员脱离复杂的原生开发环境安装、配置、调试，帮助开发人员快速完成代码编写、调试、试运行、最终发布的全部开发工作。

AppCan IDE 基于 Eclipse 进行重新定制，支持 Windows XP 及以上版本。AppCan IDE 的安装非常简单，分如下几步。

访问 AppCan 官网（http://appcan.cn）的文档中心（见图 6.7）。

图 6.7　访问文档中心

在文档中心首页，单击下载图标，进入 AppCan IDE 下载界面（见图 6.8）。

图 6.8　下载界面

在下载界面中，下载安装包，支持迅雷等第三方下载工具（见图 6.9）。

图 6.9　下载安装包

下载完成之后，双击下载的 IDE 安装包，进入欢迎界面（见图 6.10）。

单击“下一步”，可点击或手动更改安装目录。默认安装在 C:\AppCan\AppCanStudioPersonal 目录下（见图 6.11）。

图 6.10 欢迎界面

图 6.11 设置安装目录

单击“下一步”，确定安装（见图 6.12）。

单击“安装”，等待程序安装（见图 6.13）。

图 6.12 确定安装

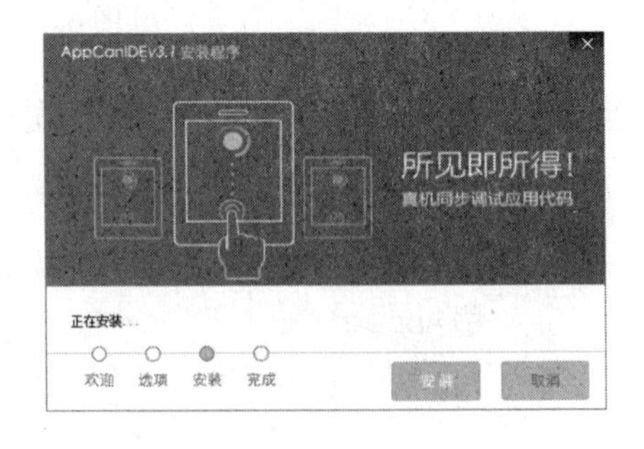

图 6.13 等待安装

因为 IDE 中内置了很多插件、界面模板资源，因此安装需要一段时间。安装完成后，单击“完成”关闭安装程序（见图 6.14）。

接下来单击 AppCan IDE 的启动图标。启动 IDE 时，如果是初次安装使用，会弹出登录界面（见图 6.15）。如果用户没有 AppCan 的开发账号，可以立即注册，成为 AppCan 的开发者。

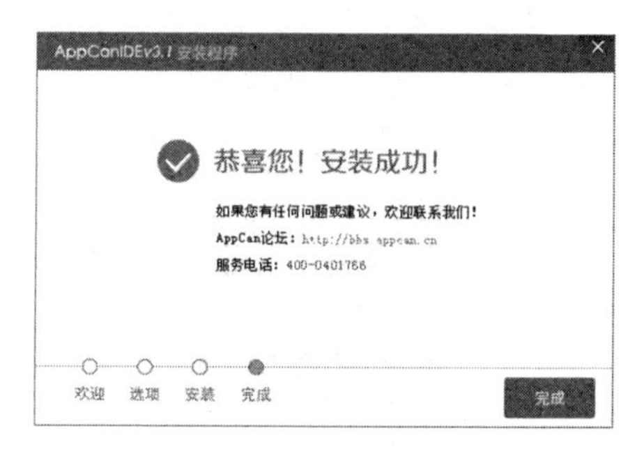

图 6.14　安装完成

图 6.15　登录界面

输入 AppCan 账号和密码，单击“登录”按钮，即可进入开发环境。如不想登录，可单击“跳过登录”，直接进入开发环境。只有登录之后，AppCan IDE 才可以完成服务器和本地代码的同步，便于用户完成最终的应用编译、发布和升级管理。

如果用户连接互联网需要经过代理服务器，则可以进行相关设置，如图 6.16 所示，支持浏览器代理和 http 代理。

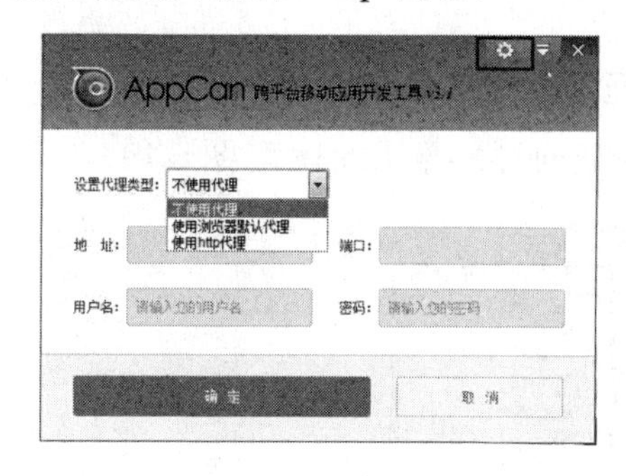

图 6.16　设置代理

登录成功后，进入 AppCan Hybrid 集成开发环境（见图 6.17）。

界面上部是菜单栏、工具栏；左侧是项目代码管理器；右侧是代码调试区域；下部是状态栏，显示开发人员的工作账号。

至此就完成了 AppCan Hybrid 集成开发环境的安装。AppCan IDE 的使用非常简单，下面创建一个小应用来体验一下。

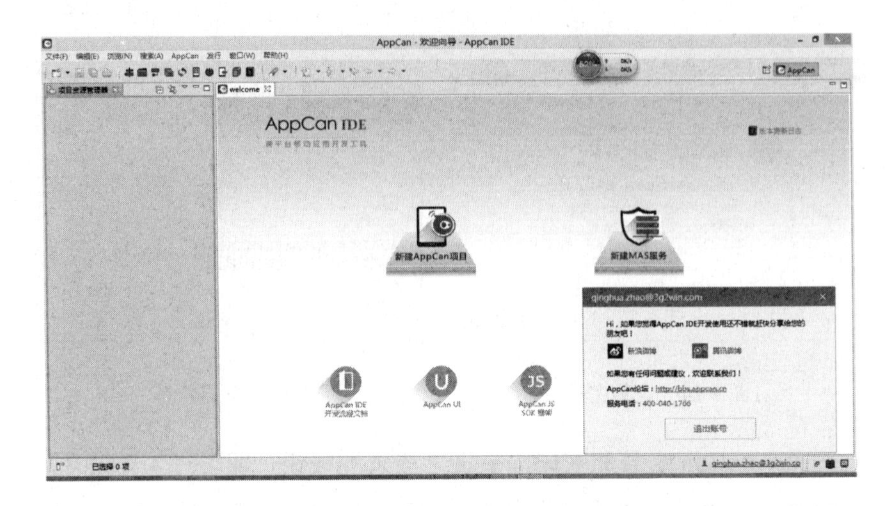

图 6.17　进入集成开发环境

6.4.3　开发一个移动应用

1. 创建应用

单击 IDE 界面左上角的新建按钮，在弹出的菜单中选择“AppCan 项目”，进入应用创建向导（见图 6.18 和图 6.19）。

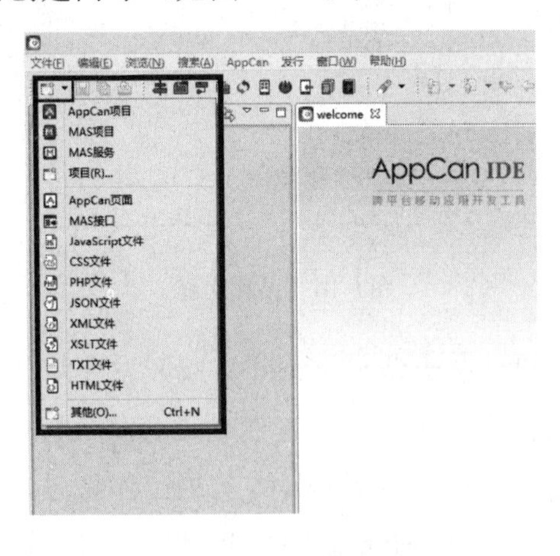

图 6.18　单击新建按钮

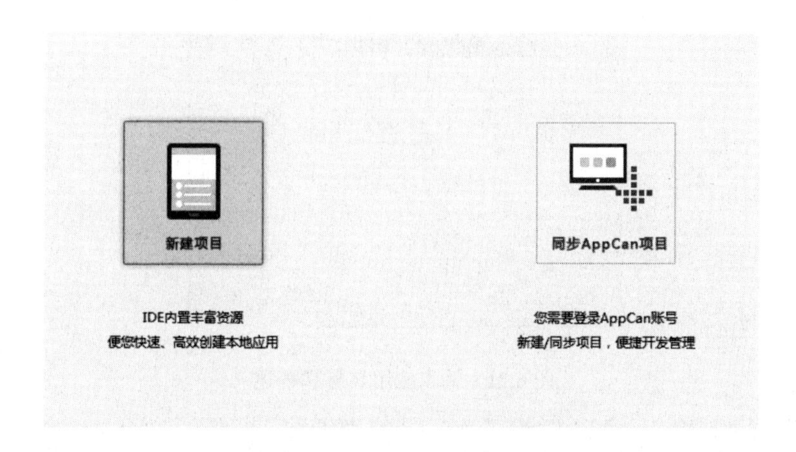

图 6.19　应用创建向导

在应用创建向导中选择“新建项目”会在本地创建一个调试项目进行开发，一般用于临时测试或直接使用已有应用信息创建应用。选择“同步 AppCan 项目”会自动同步用户在 AppCan.cn 服务器上建立的项目和代码。这里选择“同步 AppCan 项目”，之后向导中会列出用户已经在 AppCan.cn 中创建的项目，单击“新建项目”，如图 6.20 所示。

图 6.20　新建项目

输入应用名称和描述，如图 6.21 所示。

单击“创建”，即完成了一个 AppCan 在线项目的创建。在 IDE 中会建立一个名为 HiAppCan 的工程，生成默认的初始源代码，并展示应用基础配置信息（见图 6.22）。

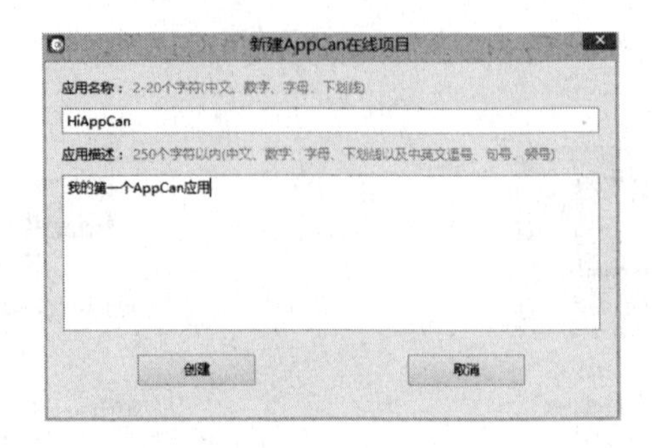

图 6.21　输入应用名称和描述

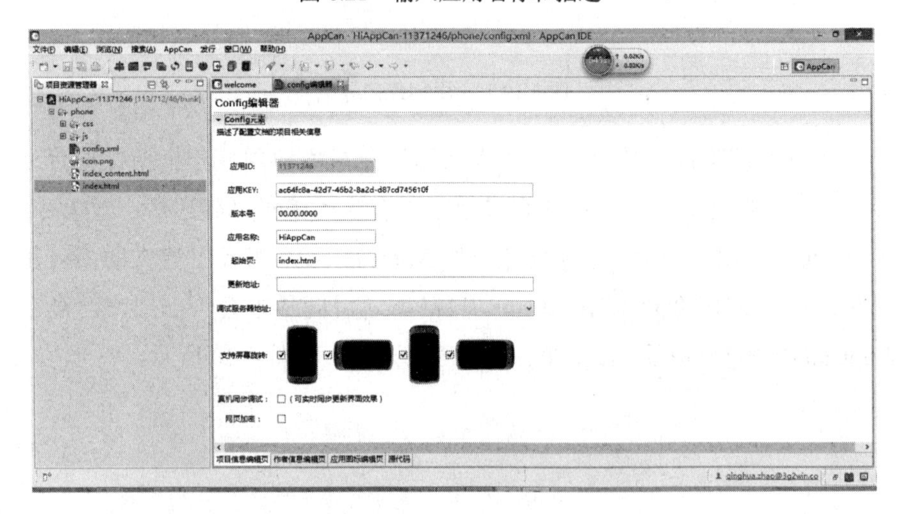

图 6.22　项目信息

2. 模拟器调试

下面使用模拟器查看应用界面的展示效果。在 index.html 文件上单击鼠标右键，在菜单中选择“预览”，如图 6.23 所示。

系统自动打开模拟器显示界面效果，如图 6.24 所示。

可以通过“分辨率选择”按钮选取合适的设备分辨率来展示界面，如图 6.25 所示。

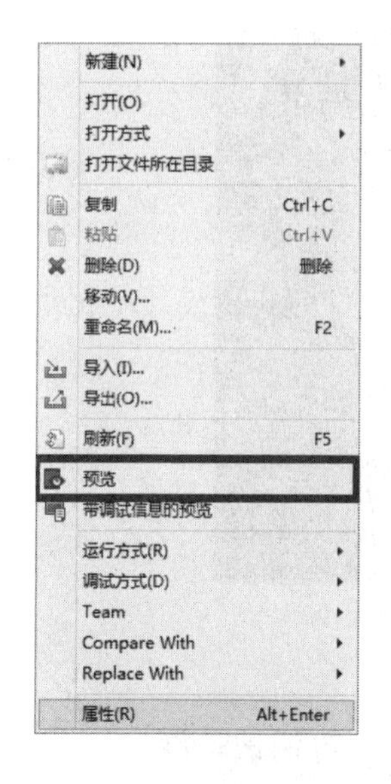

图 6.23　选择“预览”

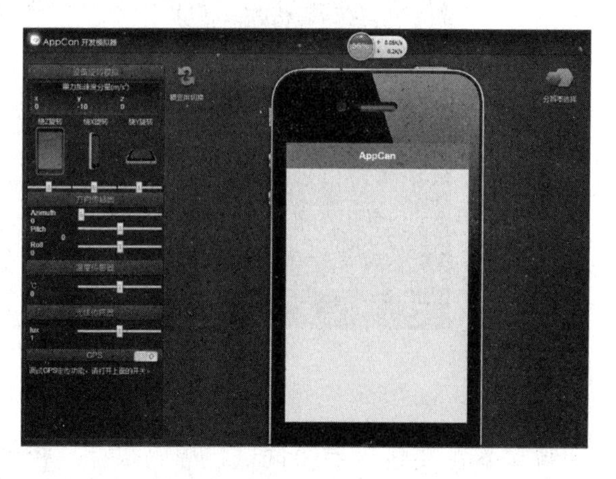

图 6.24　模拟器

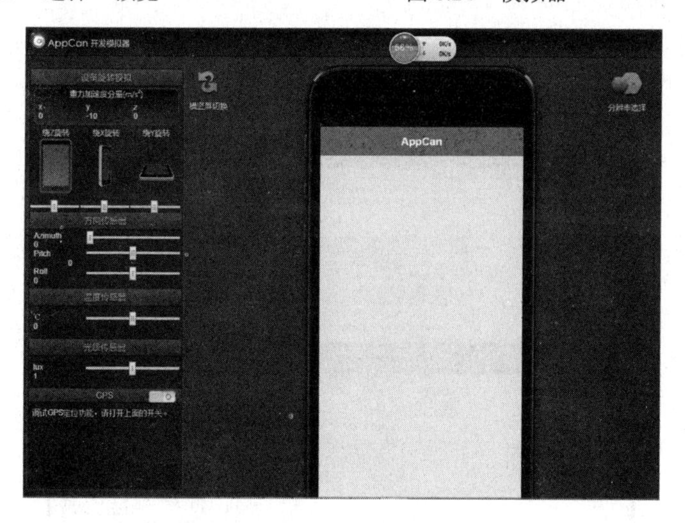

图 6.25　选择分辨率

模拟器基于 Chrome 内核开发，默认携带 HTML 调试器。按 F12 键可打开调试器，或者单击鼠标右键，在菜单中选择“审查元素”来打开调试器（见图 6.26）。

图 6.26　右键菜单

调试器主要包含界面调试、源码跟踪、控制台等调试功能。

（1）界面样式调试

在模拟器中应用蓝色标题部分单击鼠标右键，选择“审查元素”，打开调试器（见图 6.27）。

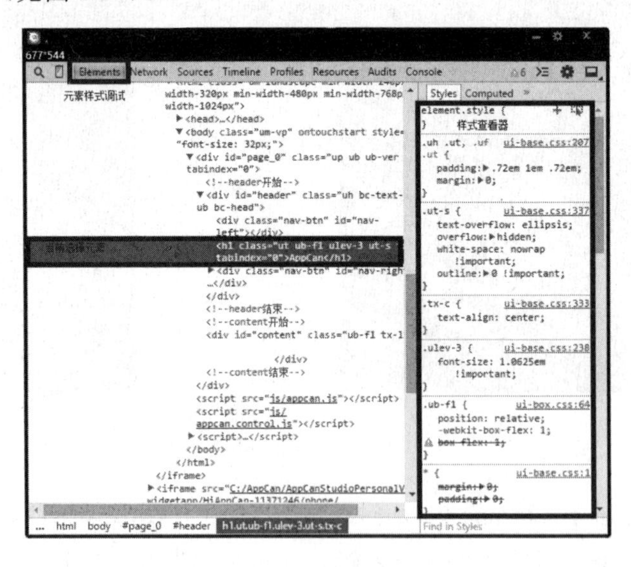

图 6.27　调试器

可以看到调试器目前处在元素模式调试状态。蓝色焦点位置为鼠标所指向元素的 HTML 代码，右侧区域为元素的样式和 CSS 类。可以直接在左侧代码区和右侧 CSS 样式区修改代码，所做的修改会直接反馈到模拟器手机界面上。

（2）JS 断点调试

单击调试器的“Sources”标签，进入 JS 调试状态（见图 6.28）。

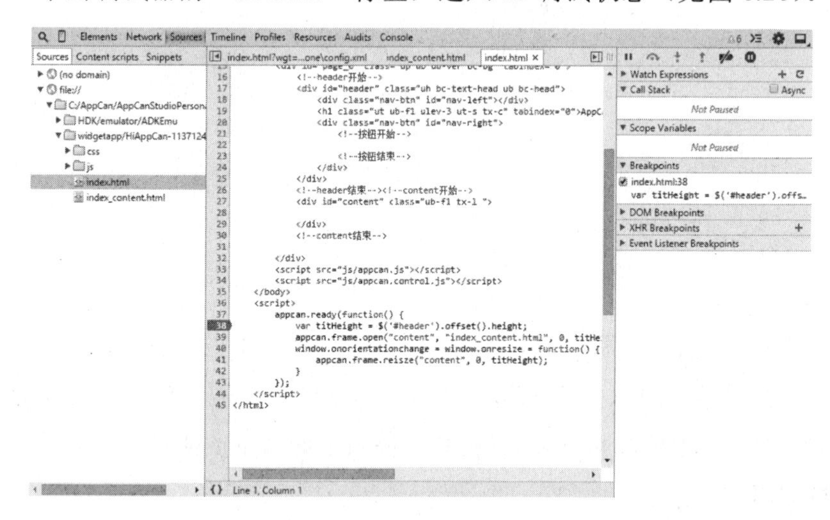

图 6.28　JS调试

左侧为文件管理区，管理加载的各个页面、JS、CSS 文件。中间为调试区，可以对 JS 代码设定断点进行跟踪。右侧为信息区，主要有变量监听、调用栈、变量、断点等。在左侧区域选择 index.html，在 JS 调试区 appcan.ready 下一行加入断点，然后按 F5 键重新加载页面。页面加载时执行到断点行，会停止运行，如图 6.29 所示。

在窗口右侧可以看到 Call Stack（调用栈）、Scope Variables（变量）。按 F10 键可实现单步执行，即执行一行代码，右侧 Call Stack 和 Scope Variables 会根据运行结果产生即时变化。在实际开发时，可以通过调试器即时跟踪程序运行情况，分析问题原因。

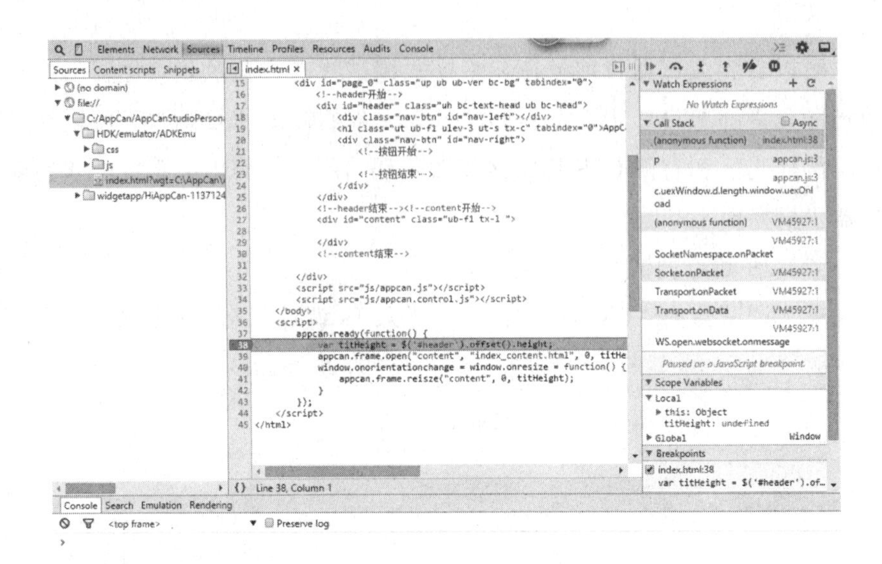

图 6.29　设定断点行

（3）调试中心

在模拟器中可以完成大部分调试开发工作，但需要调用设备能力如二维码时，还需要真机支持。AppCan 提供了调试中心服务，专用于快速测试应用代码。

首先需要通过 IDE 生成调试中心应用。在“AppCan”菜单中选择“生成 AppCan 调试中心”。如图 6.30 所示。

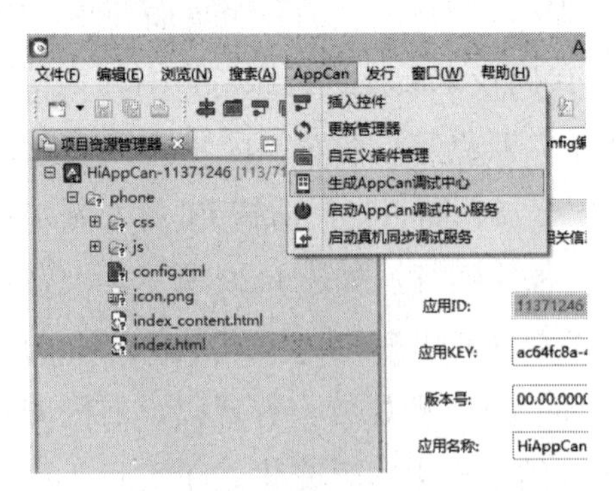

图 6.30　选择菜单项

在打开的窗口中进行相应设置，如图 6.31 所示。

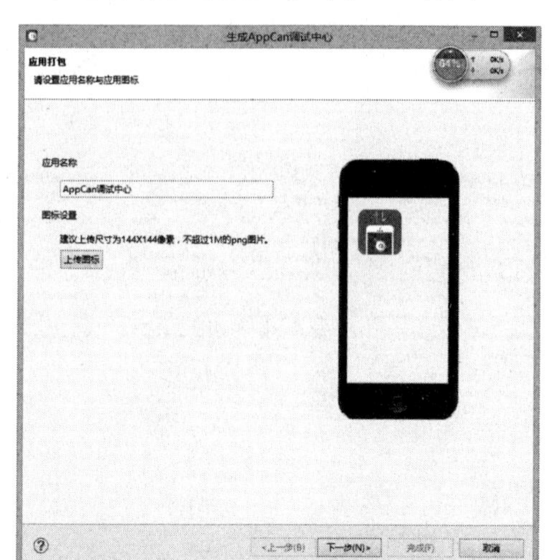

图 6.31　进行相应设置

选择生成平台，如图 6.32 所示。

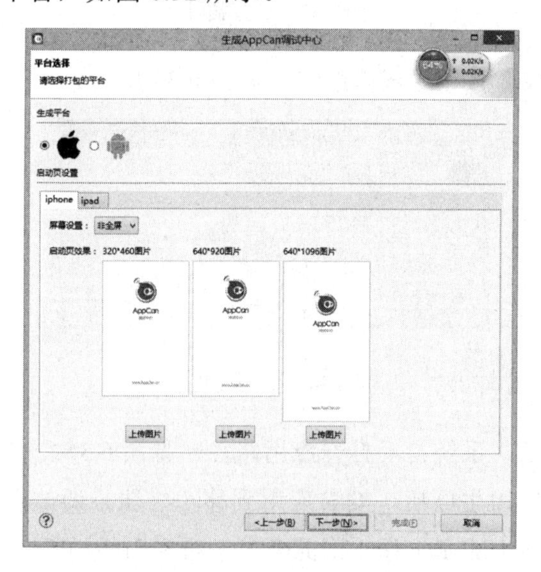

图 6.32　选择生成平台

选择调试中心默认包含的原生插件，如图 6.33 所示。

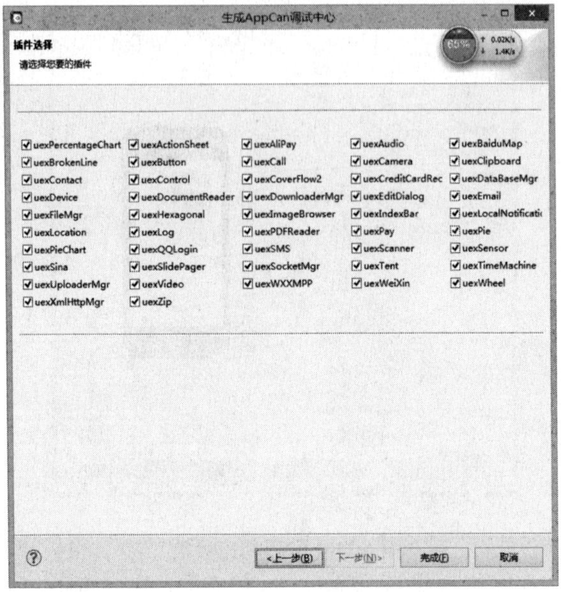

图 6.33　选择插件

单击“完成”按钮生成安装包，如图 6.34 所示。

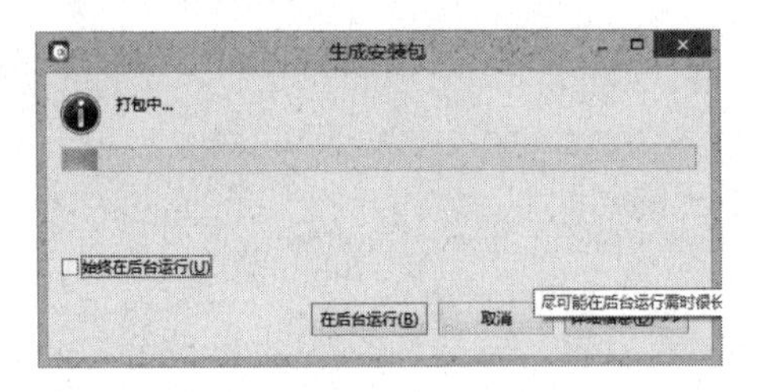

图 6.34　生成安装包

生成完成后，系统自动打开应用路径（见图 6.35）。

调试中心应用生成后，安装应用到移动终端。调试中心通过网络与 IDE 完成代码同步测试工作，因此要求手机和 IDE 在同一个网段中。一般情况下，只需要保证手机和 IDE 在同一个 WiFi 环境里即可。

名称	修改日期	类型	大小
AppCan调试中心.apk	2014/11/19 16:27	APK 文件	14,055 KB
AppCan调试中心.ipa	2014/11/26 14:39	iOS App	71,603 KB

图 6.35　应用路径

在 IDE 中启动调试中心服务，使调试中心应用可以同 IDE 建立联系，同步代码（见图 6.36）。

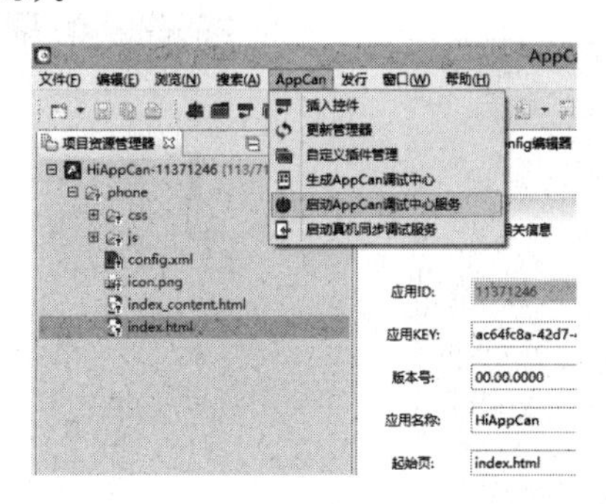

图 6.36　启动调试中心服务

至此就完成了调试前的准备工作。下面打开手机中的调试中心。

启动 AppCan 调试中心，进入应用首页（见图 6.37）。

通过“扫描”按钮，直接在局域网内扫描所有可以连接的 IDE（见图 6.38）。

图 6.37　启动调试中心

图 6.38　扫描IDE

选择找到的 IDE 服务器，即可完成连接。有些网络中由于防火墙限制，无法完成 IDE 广播搜索，这时可以直接在 IP 地址栏中输入需要调试的应用所在 IDE 的 PC 的 IP（见图 6.39）。

进入调试中心首页，调试中心会同 IDE 同步项目信息，并在界面中展示所有 IDE 中正在开发调试的项目（见图 6.40）。

图 6.39　输入IP

图 6.40　展示相关项目

单击项目图标即可打开应用（见图 6.41）。

图 6.41　打开应用

单击界面中的灰色小球，即可回到调试中心首页。

在 IDE 中调整了代码后，只需要重新在调试中心中打开应用，即可看到调整后的效果。

AppCan 调试中心支持远程调试。在 IDE 中选择“启动真机同步调试服务”，如图 6.42 所示。

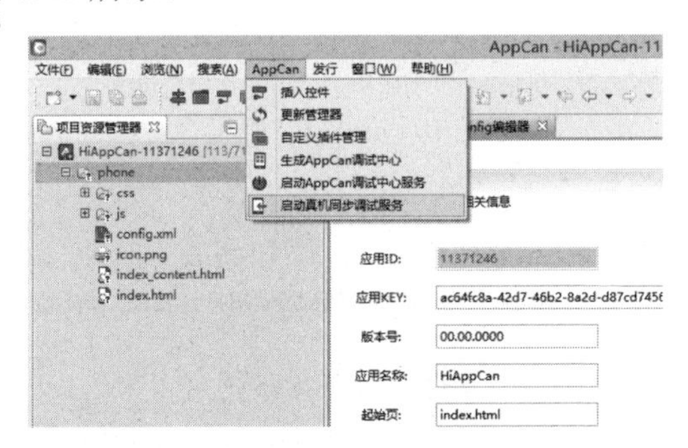

图 6.42　选择菜单项

IDE 会打开真机调试器。如图 6.43 所示。

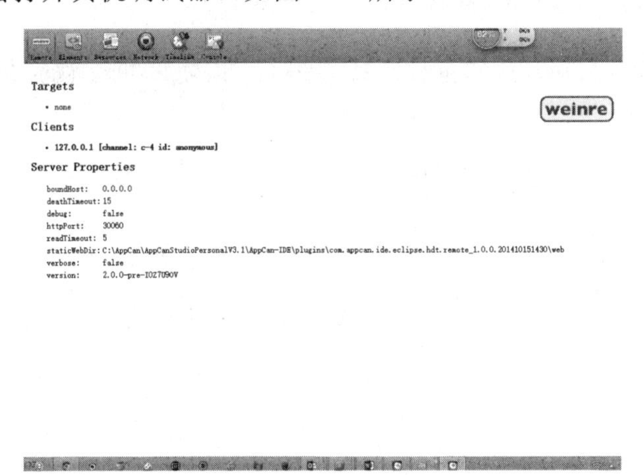

图 6.43　真机调试器

此时在调试中心中打开 HiAppCan，就会在真机调试器中看到如图 6.44 所示的内容。

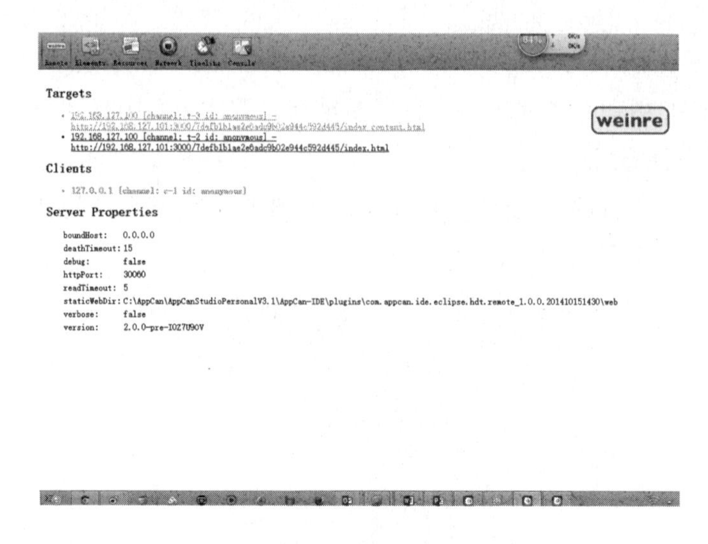

图 6.44　显示内容

其中 index.html 和 index_content.htm 是 HiAppCan 应用的两个页面。选择 index.html，然后选择 Elements，就可以直接看到手机中 index.html 页面的当前代码和 CSS 样式信息（见图 6.45）。

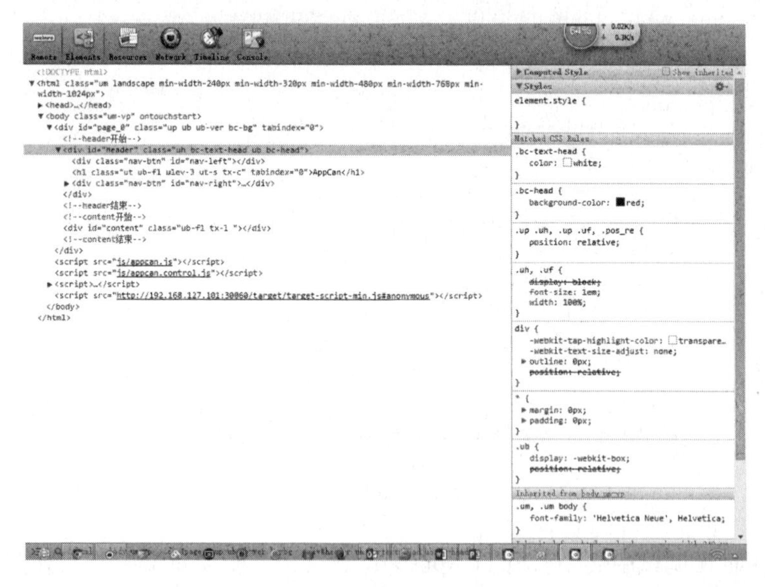

图 6.45　页面的相关信息

当鼠标指针滑过代码时，可以看到手机中相应元素被选中（见图 6.46）。

可以直接在真机调试器中修改手机界面的 CSS 样式。例如，修改右侧.bc-head 中的 background-color，从蓝色变为红色，则可以看到手机中的界面立刻变为红色（见图 6.47）。

图 6.46　相应元素被选中

图 6.47　修改界面颜色

通过真机调试器，可以很方便地调整代码，查找错误原因。

3. 本地打包

当代码基本调试完成后，还需要真正生成安装包，检查应用运行是否正常。为此 AppCan IDE 提供了本地打包服务，帮助用户快速生成验证安装包，而不需要任何原生环境支持，这就是 AppCan 的强大之处。

在工程目录 phone 上单击鼠标右键，从菜单中选择“生成安装包”（见图 6.48）。

然后可以设定正式的应用图标和修改应用名称（见图 6.49）。

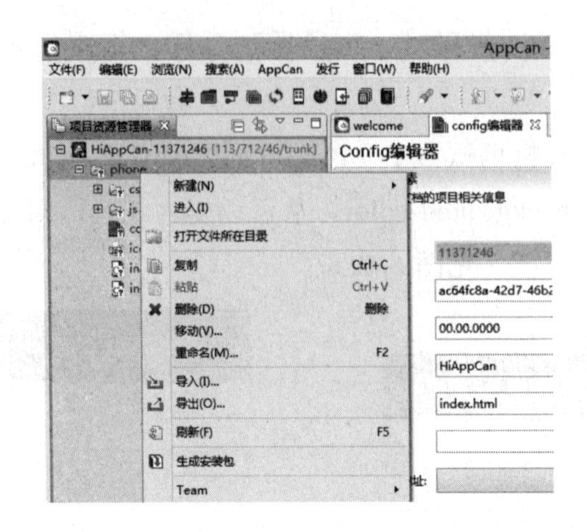

图 6.48　右键菜单

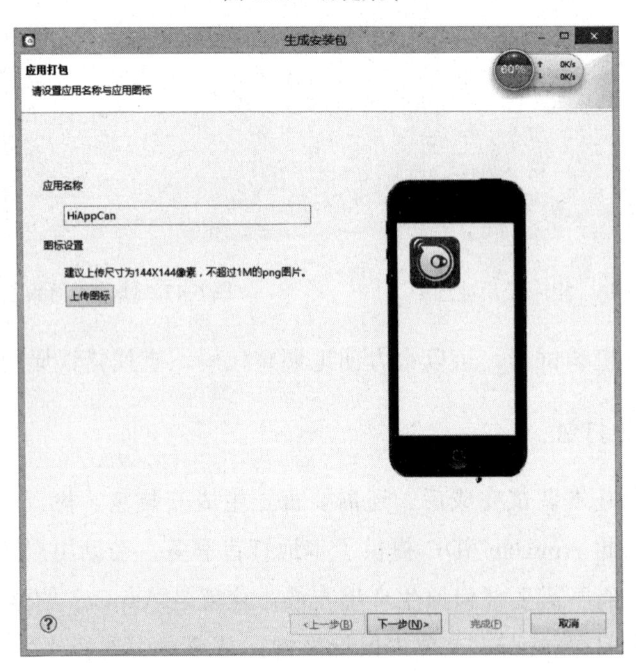

图 6.49　设置应用名称和图标

接下来可以设置正式的应用启动页（见图 6.50）。

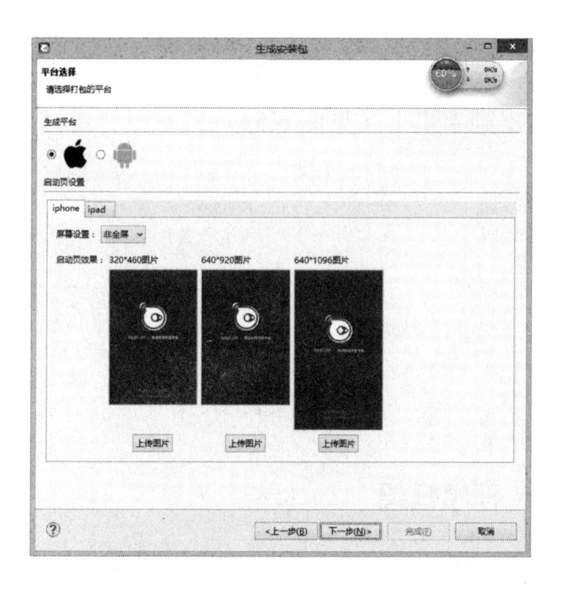

图 6.50　设置启动页

通过“自动选择插件”按钮，选择代码中用到的插件（见图 6.51）。

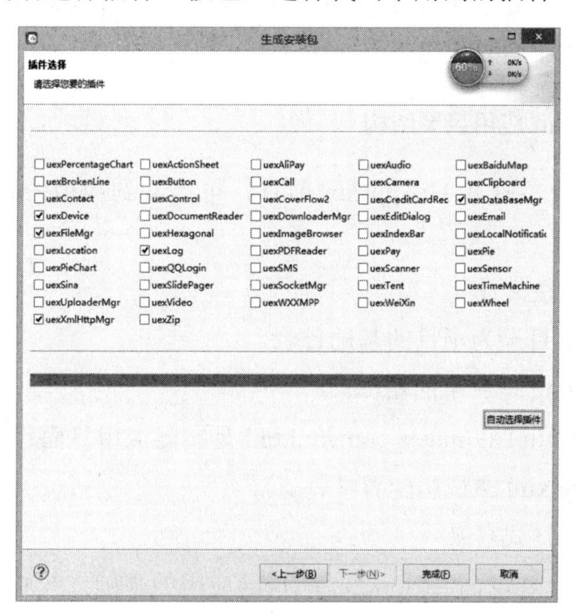

图 6.51　选择插件

单击“完成”按钮开始打包。完成时，系统会自动打开安装包路径，可以直接安装应用到手机中（见图 6.52）。

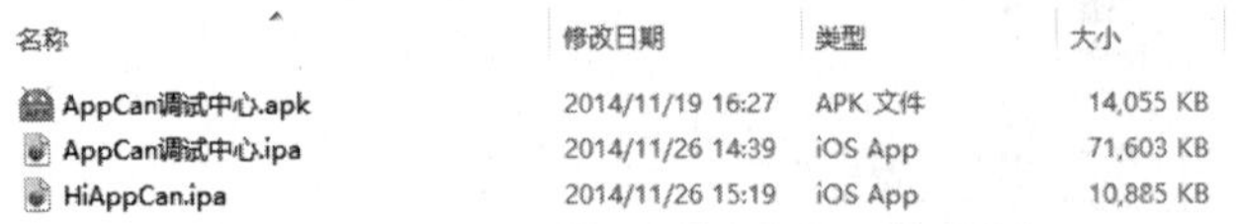

名称	修改日期	类型	大小
AppCan调试中心.apk	2014/11/19 16:27	APK 文件	14,055 KB
AppCan调试中心.ipa	2014/11/26 14:39	iOS App	71,603 KB
HiAppCan.ipa	2014/11/26 15:19	iOS App	10,885 KB

图 6.52　安装包路径

6.4.4　AppCan 程序框架

上节中建立了 HiAppCan 项目，完成了一个应用从建立到最终发布的全周期开发。但应用的代码是由 AppCan IDE 自动生成的，并没有真正编码。这一节将结合 HiAppCan 的代码对一个 AppCan Hybrid 应用的目录结构、文件类型及其功能进行分析。

1. AppCan 应用目录结构

在 IDE 中，打开 HiAppCan 项目，可以看到应用的目录非常简单（见图 6.53）。

（1）根路径文件

- phone 目录为项目的基础目录。
- icon.png 是应用的图标。
- index.html 和 index_content.html 是实际应用界面代码。
- config.xml 是应用配置文件。

（2）CSS 样式目录

- CSS 目录包含了 AppCan Hybrid 应用的基础依赖 CSS 文件。
- ui-base.css 是通用 CSS 类，主要定义常用的 CSS 样式。

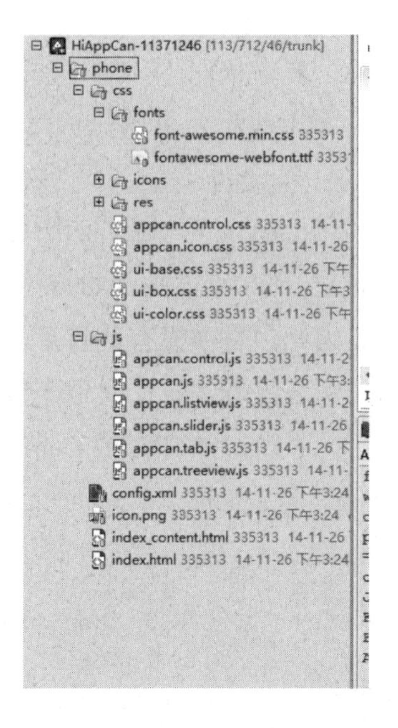

图 6.53　应用目录

- ui-box.css 是 AppCan Hybrid 应用的布局 CSS 类。
- ui-color.css 是应用的配色方案文件。
- appcan.control.css 是在 UI 基础类之上定义的 AppCan 基础控件，如按钮、列表等。
- appcan.icon.css 是 AppCan 提供的默认图标。
- js 目录下包含了 AppCan JS SDK 的 JS 库文件。
- Fonts 目录下是 AppCan 引用的 font-awesome 字体图标库文件，内置了丰富的图标。

（3）JavaScript 脚本目录

- appcan.js 是 AppCan JS SDK 的核心文件，用于封装 DOM 对象处理、窗口操作、通信服务等基础操作。
- appcan.control.js 是 AppCan JS 基础控件，如按钮、开关等。
- appcan.listview.js 是 listview 控件的 JS 对象实现。

- appcan.slider.js 是图片滑块的 JS 对象实现。
- appcan.treeview.js 是 treeview 对象的实现。

（4）资源目录

wgtRes 目录为应用资源路径，可以在应用中放置资源图片为原生控件提供资源，在应用中通过 res://格式传递给原生控件。由于 HiAppCan 应用本身没有用到资源，因此项目中没有此目录。此目录可以手工建立。

config.xml 是应用的项目配置文件，类似于 Android 应用开发中的 AndroidManifest.xml 文件。可以通过 IDE 的 Config 编辑器对其进行编辑管理（见图 6.54）。

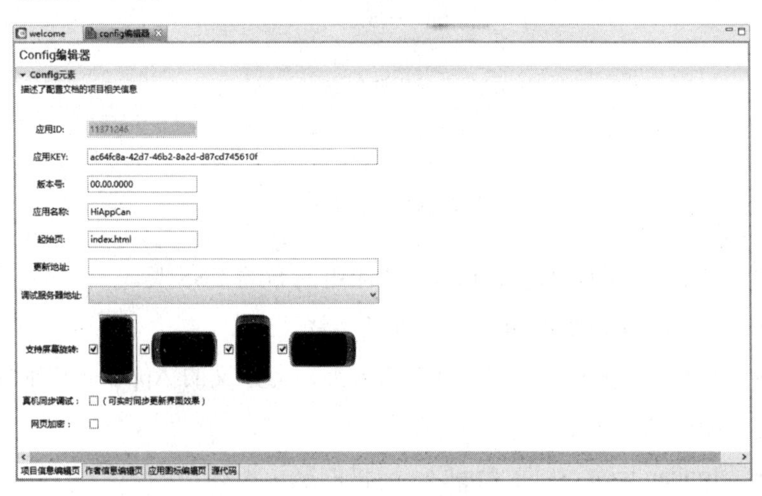

图 6.54　Config编辑器

- “应用 ID”和“应用 KEY”是应用的唯一标识，一般在 AppCan 项目创建时生成，也可在创建本地项目时自行设定。
- “起始页”是应用启动时默认加载的第一个页面。可以认为它是应用的直接入口。在 HiAppCan 应用中 index.html 即为其入口文件。
- “调试服务器地址”是应用的 Log 输出地址和真机调试地址。可以在对应 IP 的 IDE 中查看 Log 输出和真机同步调试。

- 选中“真机同步调试”，才可以使用真机调试服务远程调试安装在手机中的应用界面。
- 当上传代码到 AppCan 服务器后，选中“网页加密”，则所有页面会自动加密。此时编译的安装包的网页源码不再可见，可保护用户的私密数据和配置。启用此功能时，开发人员的代码不需要进行任何调整。

2. AppCan 应用解析

AppCan 应用的核心代码在 HTML 页面中。AppCan 的应用界面一般由主框架页面和内容区域页面组合而成。例如 HiAppCan 应用中的 index.html 即为框架页面，称为 Window；index_content.html 为内容区域页面，称为 Frame。通过框架窗口和 Frame 叠加显示构造界面。当然也可不使用 Frame，只使用 Window，如常见的登录界面等内容区不需要滚动的场景。

由一组 Frame 和 Window 构成一个界面，这样的多个界面根据逻辑拼装在一起就构成了应用。例如，一个 Window 处理登录，一个 Window 处理注册，一个 Window 加上 frame 显示公司通讯录，一个 Window 处理信息编辑和发送。

通过代码根据用户交互逻辑控制应用从一个界面进入另一个界面。当新的 Window 打开时，之前的 Window 会进入休眠状态并保存在 AppCan Hybrid Engine Window 栈中；若关闭当前窗口，则会销毁它。

这套窗口管理体系与原生应用窗口架构非常类似，开发人员更容易理解和操作。

6.4.5 AppCan UI 组装器

AppCan 在 IDE 中提供了很多已经编写好的 Window 框架和 Frame

窗口。通过 IDE 的界面向导，可以很方便地根据项目要求配置生成对应的界面。

打开 IDE，在 phone 目录上单击鼠标右键，在菜单中选择“新建”→“AppCan 页面”，进入页面构建向导（见图 6.55）。

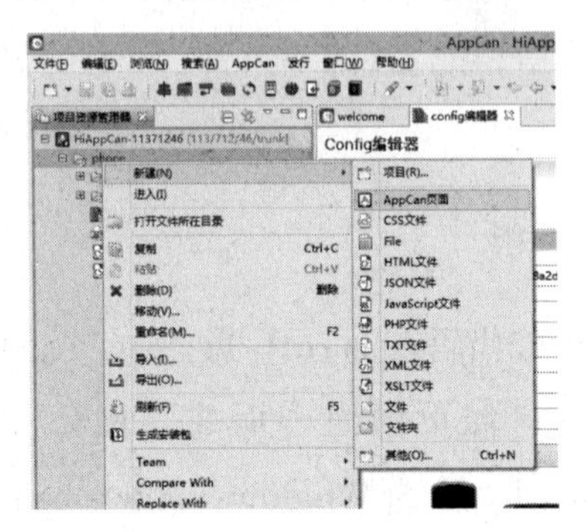

图 6.55　右键菜单

设定新界面名称为 login，如图 6.56 所示。

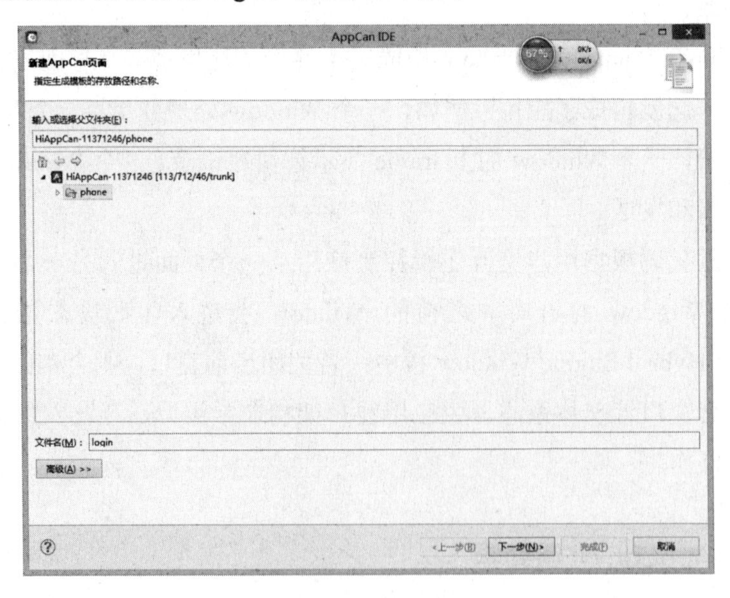

图 6.56　设定页面名称

然后从 IDE 内置的布局中选择页面结构布局，并选择内容展示模板。窗口右侧为预览效果。设置完成后，单击“完成”按钮生成最终代码（见图 6.57）。

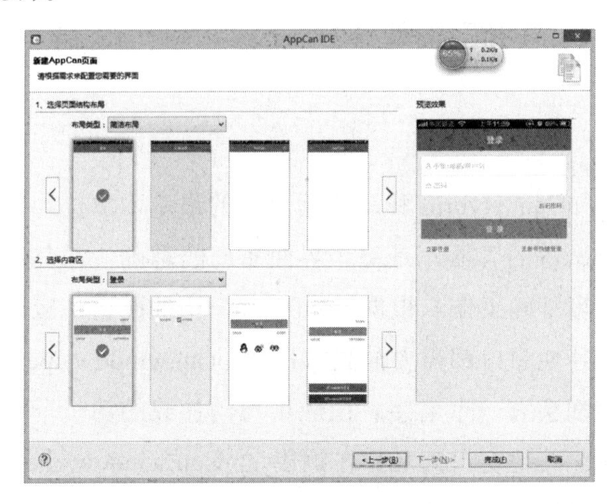

图 6.57　进行相关设置

可以看到工程目录下自动创建了 login.html 和 login_content.html 两个页面。可以通过模拟器检查（见图 6.58）。

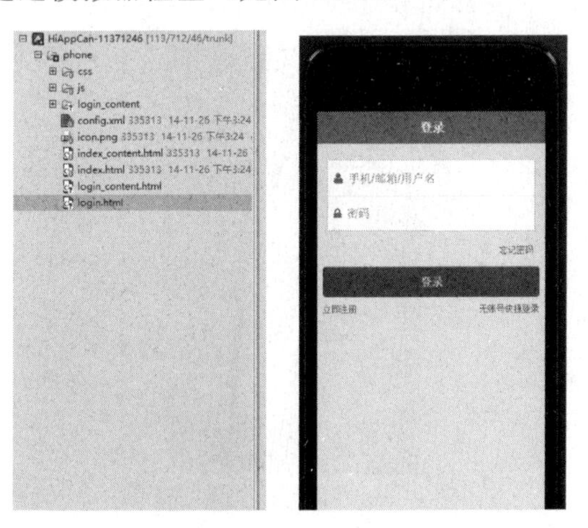

图 6.58　创建完成

AppCan 应用界面模板库是支持网络更新的，并且会不断发布新的界面模板，开发人员可以根据需要选用。

6.4.6 AppCan 多窗口模型

1. 窗口

窗口是 AppCan Hybrid 移动应用界面的最基本单位。窗口是所有原生控件、Frame 等的容器，是每个界面布局的基础，它负责处理界面间的逻辑、动画等基础工作。根据 config.xml 中的配置，应用会自动创建第一个窗口。其他窗口都需要显式调用 appcan.window.open 接口进行创建。每个窗口都会有一个名字。由应用自动加载的第一个窗口，名称自动设定为 root。其他窗口的名称在调用 appcan.window.open 时需要开发者显式指定，名称支持中文。

HiAppCan 中的 index.html 即为一个标准的窗口，下面对其进行分析。

index.html 的布局框架如图 6.59 所示。

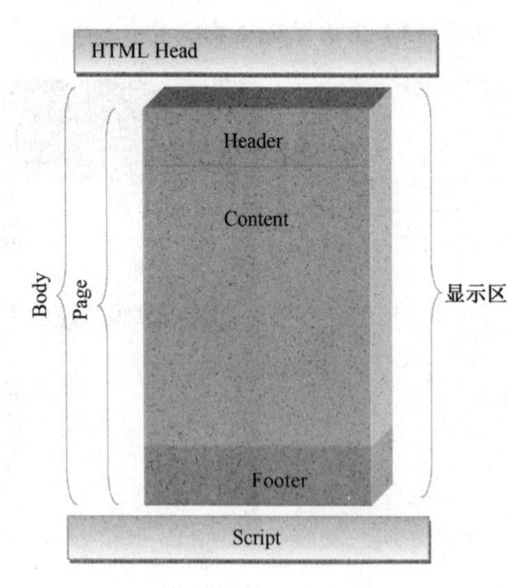

图 6.59　index.html的布局框架

其中包括 Head、Body 和 Script 三大部分。

Head 部分为标准 HTML 页面的资源引入和配置区域。

```
<head>
<title></title>
<meta charset="utf-8">
<meta name="viewport" content="target-densitydpi=device-dpi, width=device-width, initial-scale=1, user-scalable=no, minimum-scale=1.0, maximum-scale=1.0">
<link rel="stylesheet" href="css/fonts/font-awesome.min.css">
<link rel="stylesheet" href="css/ui-box.css">
<link rel="stylesheet" href="css/ui-base.css">
<link rel="stylesheet" href="css/ui-color.css">
<link rel="stylesheet" href="css/appcan.icon.css">
<link rel="stylesheet" href="css/appcan.control.css">
</head>
```

其中，<meta name="viewport" content="target-densitydpi=device-dpi, width=device-width, initial-scale=1, user-scalable=no, minimum-scale=1.0, maximum-scale=1.0">定义了网页采用设备精度和屏幕宽度，不缩放。这种配置可以充分发挥手机屏幕的显示能力，使用户界面更加美观精致。

```
<link rel="stylesheet" href="css/fonts/font-awesome.min.css">
<link rel="stylesheet" href="css/ui-box.css">
<link rel="stylesheet" href="css/ui-base.css">
<link rel="stylesheet" href="css/ui-color.css">
<link rel="stylesheet" href="css/appcan.icon.css">
<link rel="stylesheet" href="css/appcan.control.css">
```

这一部分默认引入了 AppCan 屏幕自适配方案的基础 CSS 文件、图标字库 font-awesome 样式文件和控件样式文件。开发人员可以添加其他第三方 CSS 样式或自定义样式的引用，如 JQMobile、SenchaTouch 等。

Body 部分是应用界面布局和展示的主体部分。Body 部分一般由一个或者多个 Page 组成。

```
<div id="page_0" class="up ub ub-ver bc-bg" tabindex="0">
```

需要为每个页面起名字，多个 Page 一般在使用 HTML 技术实现多页面处理时采用。多个 Page 中，只能有一个处于显示状态，其他 Page 需要使用 uhide 类进行隐藏。

```
<div id="page_1" class="up ub ub-ver bc-bg uhide" tabindex="0">
```

为了提高体验和降低开发复杂度，一般只在一些简单内容展示切换时使用多个页面。绝大部分场景中都使用一个页面。

页面一般由三个部分组成：Header、Content 和 Footer。

Header 用于展示窗口的标题和标题按钮。

Content 一般作为 Frame 的屏幕映射存在，用于定位 Frame。

Footer 一般用于导航或状态展示。

Header 和 Footer 可根据需要省略。

Body 区域还包含了一些 script 标签。这里主要用来引入依赖的 JS 文件。

```
<script src="js/appcan.js"></script>
<script src="js/appcan.control.js"></script>
```

上述页面布局模型能够适配绝大部分场景。当然开发者也可使用其他框架重新构造页面。

Script 区域用来编写代码处理界面逻辑。index.html 中有一些默认代码。

```
appcan.ready(function() {
    var titHeight = $('#header').offset().height;
    appcan.frame.open("content", "index_content.html", 0, titHeight);
    window.onorientationchange = window.onresize = function() {
        appcan.frame.reisze("content", 0, titHeight);
    }
});
```

上述代码中 appcan.ready 是窗口网页和所有依赖原生组件初始化加载完毕后的回调。可以在此函数运行后调用原生组件。在上述 appcan.ready 的回调中，使用 appcan.frame.open 创建了一个浮动窗口，这个窗口的大小与 content 元素相同，顶点在 header 下方。

```
window.onorientationchange = window.onresize = function() {
        appcan.frame.resize("content", 0, titHeight);
        }
```

当手机横竖屏切换时，重新使用 appcan.frame.resize 设定浮动窗口 Frame 的大小。

从上述代码可以看出，AppCan 应用界面中 Window 和 Frame 的框架层次如图 6.60 所示。

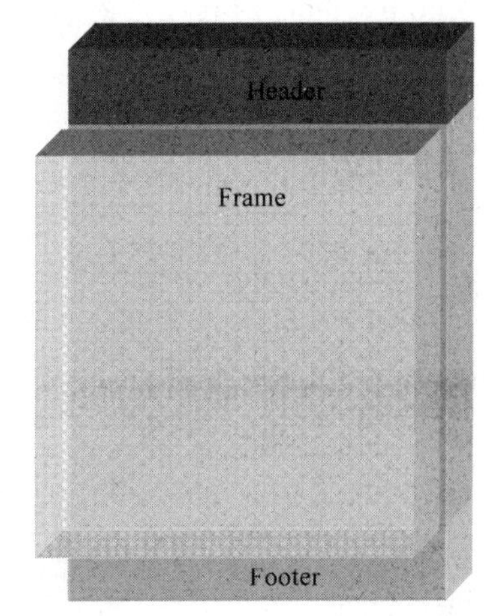

图 6.60　Window和Frame的框架层次

Frame 是覆盖在主窗口之上的独立页面，Window 用来处理整体的布局框架。因此可以看出 Window 中的 Page 与屏幕大小相同，并且内容不超出屏幕，不能够滚动。其中 Content 只是起到定位作用。而 Frame 中可以显示超过屏幕高度的内容。由于是一个独立的原生 View，它的滚动等都是原生实现的，因此会比使用 iScroll 等 JS 框架进行界面内容滚动的效果会更加流畅。

现在加入下述代码，使用户可以通过单击标题栏按钮打开之前添加的登录界面。

首先在 Header 部分进行如下修改，为标题栏添加一个图标。

```
<div id="header" class="uh bc-text-head ub bc-head">
<div class="nav-btn" id="nav-left"></div>
<h1 class="ut ub-f1 ulev-3 ut-s tx-c" tabindex="0">AppCan</h1>
```

```
<div class="nav-btn fa fa-user" id="nav-right">
</div>
</div>
```

然后在 Script 区域加入如下代码。

```
appcan.button("#nav-right","btn-act",function(){
    appcan.window.open("login","login.html",10);
})
```

在上述代码中使用 appcan.button 来监听 nav-right 这个 DOM 对象的点击事件，并为其附加上点击效果 btn-act 的 CSS 类。同时制定回调函数来处理点击事件。在回调函数内部，使用 appcan.window.open 打开 login.html，同时为其设定名称为 login。打开 login 窗口时的动画设定为 10，从右向左切入。

2. Frame

Frame 是内容展示的主体区域。与 Window 负责界面主题框架布局不同，Frame 是为用户直接交互提供服务的容器。Frame 叠加在创建它的 Window 之上，当 Window 关闭时，其随之关闭。例如：

```
appcan.frame.open("content", "index_content.html", 0, titHeight);
```

通过上述代码创建了覆盖在 index.html 页面中 Content 区域上的浮动窗口，此浮动窗口加载了页面 index_content.html。我们可以在 index.html 页面里调用 appcan.frame.close 来关闭浮动窗口。

```
appcan.button("#nav-left","btn-act",function(){
    appcan.frame.close("content");
})
```

3. Multi Frame

AppCan 专为 Frame 提供了支持拖拽效果的 Multi Frame 组件。可以使用 Multi Frame 构建并列多内容区域的浮动窗口组，且可以通过手指拖拽完成 Frame 间的切换。在 index_content.html 页面中添加一些代码进行标注。

```
<body class="um-vp" ontouchstart>


        A
<script src="js/appcan.js"></script>
<script src="js/appcan.control.js"></script>
</body>
```

复制 index_content.html 为 index_content_b.html，修改新的页面中的内容如下。

```
<body class="um-vp" ontouchstart>


        B
<script src="js/appcan.js"></script>
<script src="js/appcan.control.js"></script>
</body>
```

然后在 index.html 中对代码进行修改。

```
appcan.frame.open({
    id : "content",
    url : [{
"inPageName" : "P1",
"inUrl" : "index_content.html",
    }, {
"inPageName" : "P2",
"inUrl" : "index_content_b.html",
    }],
```

```
            top : titHeight,
            left : 0,
            index : 0,
            change:function(err,res){
                console.log(res.multiPopSelectedIndex);
            }
        });
```

从上述代码中可以看到，打开了包含两个页面的浮动窗口，并且设定了当前展示的页面的索引为 0，即展示第一个。在上述代码中注册了一个回调函数 change，当使用手指拖拽浮动窗口完成页面切换后会自动调用此回调函数，告知开发人员当前的页面索引。

4. 对话框

在应用开发过程中经常需要给用户一些直观的提醒，引导用户执行相关操作。AppCan 封装了多个标准的对话框来帮助开发者处理类似场景。

（1）警告对话框

```
appcan.window.alert({
    title : "提示",
    content : "您是否要支付当前订单?",
    buttons : ['确定', '取消'],
    callback : function(err, data, dataType, optId) {
        $("#info").html("您按下了按钮 ["+['确定', '取消'][data]+"]");
    }
});
```

上述代码创建了一个警告对话框，它包含标题、内容和两个按钮，点击任一个按钮都会触发 callback 函数，回调函数中的参数 data 代表具体点击了哪个按钮。buttons 以数组方式设定按钮，最多支持三个按钮。

（2）提示对话框

提示对话框包含编辑框，以下述代码为例。

```
appcan.window.prompt({
        title : "提示",
        content : "请输入您的手机号",
        buttons : ['提交', '稍后再说'],
        defaultValue:"13",
        callback : function(err, data, dataType, optId) {
                $("#info").html("返回的数据  "+data.value+"  ["+['提交', '稍后再说
'][data.num]+"]");
        }
});
```

提示对话框与警告对话框相似，其中 defaultValue 定义编辑框的默认值。在回调函数内部，data.value 为用户输入的数值。data.num 代表具体点击了哪个按钮。

（3）消息提示框

```
appcan.window.openToast("正在校验中,请稍候", 2000, 5);
```

上述代码创建了一个消息提示框，这个提示框在屏幕中央显示 2000 毫秒后自动关闭。消息提示框有 4 个参数，第一个参数用于设定提示语。第二个参数用于设定提示时间。第三个参数是提示框在屏幕中的显示位置索引。把屏幕分为 9 个区域，如图 6.61 所示。

1	2	3
4	5	6
7	8	9

图 6.61　屏幕区域图

如果居中显示，则设定位置索引为 5 即可。最后一个参数表示是否有等待动画效果，如果有则输入 1，则消息提示框会自动显示动画。

系统经常会执行一些时间较长的操作，需要提示用户等待这些操作结束，这时可设定 toast 一直显示。执行完相关操作后，可以调用 appcan.window.closeToast()接口来关闭当前正在显示的消息提示框。当上一个提示框尚未消失，又一次调用 appcan.window.openToast()接口时，新的提示框会替换掉上一次打开的消息提示框，即当前应用在同一时间仅存在一个消息提示框。

5. 界面间通信

应用都是由各种界面组合而成的，必然会涉及界面间参数的传递和互动。在 AppCan Hybrid 应用中，常见如下场景：

- 由一个窗口进入另一个窗口，并传递参数；
- 关闭当前窗口，返回前一个窗口，并传递参数；
- 窗口或 Frame 产生变化时，通知其他窗口或 Frame。

上述场景可以归纳为数据的传递和事件的传递。在应用开发中，一般通过全局参数和窗口事件驱动来支持上述场景的实现。

（1）全局参数

全局参数即源界面把需要传递的数据写入全局对象中，目标界面通过全局对象获取写入的数据，完成参数的传递。

在全局参数传递中，使用 appcan.locStorage 对象来实现。源界面通过调用 appcan.locStorage.setVal(key,val)接口，把需要传递的数据写入浏览器本地存储中，在目标界面通过 appcan.locStorage.getVal(key)来获取数据。这种传递方式在前后界面有一定的先后执行顺序时采用。

在 IDE 中的 HiAppCan 应用中通过界面向导建立一个名为 detail 的窗口，如图 6.62 和图 6.63 所示。

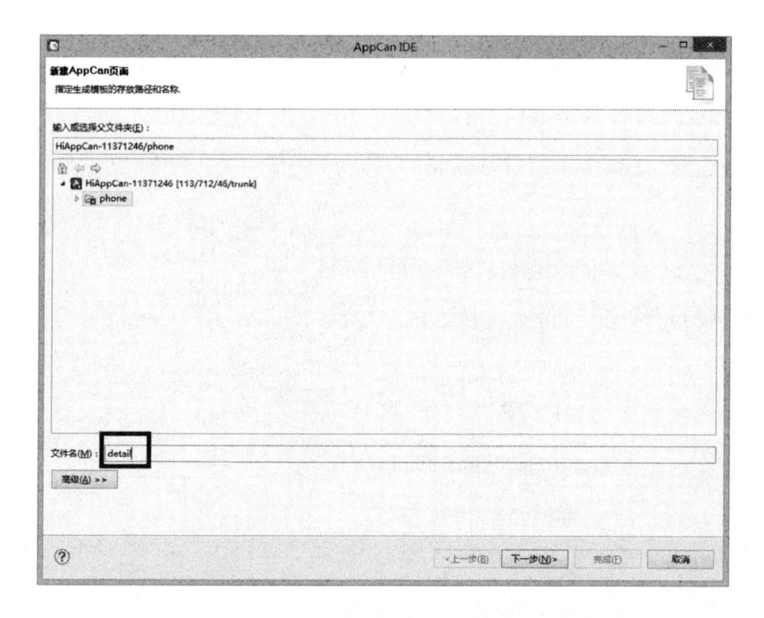

图 6.62　新建窗口

图 6.63　设置窗口

在 index_content.html 中，增加一个点击事件，通过点击打开 detail 窗口，并传入需要传入的数据。代码如下。

```
<body class="um-vp" ontouchstart>
        A
<script src="js/appcan.js"></script>
<script src="js/appcan.control.js"></script>
</body>
<script>
        appcan.ready(function() {
            appcan.initBounce();
        })
        appcan.button("body", "", function() {
            appcan.locStorage.setVal("artInfo", JSON.stringify({
                title : "温州房价暴跌",
                id : 1000
            }));
            appcan.window.open("detail", "detail.html", 10);
        })
</script>
```

在上述代码中，使用 appcan.button 函数为 body 添加了点击事件。在点击后，调用 appcan.locStorage.setVal 把一个模拟的文章信息进行字符串转换后通过标记名称为 artInfo 写入本地存储中。然后调用 appcan.window.open 打开了 detail 窗口。

在 detail.html 中，可以直接加入如下代码：

```
var artInfo = JSON.parse(appcan.locStorage.getVal("artInfo")||"{}");
artInfo.title && $("#header h1").html(artInfo.title);
```

通过 appcan.locStorage.getVal 从本地存储中获取 artInfo 这个关键字

对应的数据，并通过 JSON.parse 接口将其转换为 JSON 对象。然后使用 $("#header h1").html 接口变更网页的标题。

在上述代码中，利用 || 和 && 完成了错误检查。对于 appcan.locStorage.getVal("artInfo")||"{}"，当本地存储中没有 artInfo 这个关键字时，appcan.locStorage.getVal 会返回空值，此时使用||操作符，传递给 JSON.parse 的参数就是{}，避免了 JSON.parse 解析异常。如果有数据，则按照 JS 引擎处理机制，||操作符后的代码不再执行，解析也是正常的。接下来使用&&符号，当 artInfo.title 存在时，则会执行&&符号后的代码；如果 artInfo.title 不存在，则按照 JS 引擎处理规则，不会执行后面的代码。通过||和&&符号可以省略很多需要 if 条件判断的代码。

（2）窗口事件驱动

全局参数多用于具有确定先后顺序的场景，源窗口写入数据，目标窗口启动时获取数据。但很多场景并没有固定的先后顺序，更多的是相互间的状态变化。对于此种场景，可以采用窗口事件机制来提供支撑。

窗口事件采用订阅/发布机制，一个窗口或者 Frame 可以调用 appcan.window.subscribe 接口来订阅一个自定义的频道，其他窗口或者 Frame 需要与其交互时，可以调用 appcan.window.publish 向订阅的频道发送消息。这样即可在订阅的频道回调里接收到发布的消息数据。在 index_content.html 中添加如下代码：

```
appcan.ready(function() {
    appcan.initBounce();
    appcan.window.subscribe("MSG_CLOSE",function(msg){
        console.log(msg);
    })
})
```

上述代码订阅了 MSG_CLOSE 这个自定义频道，并指明了回调函数处理事件数据。

在 detail.html 中添加如下代码：

```
        appcan.button(".nav-btn", "btn-act", function() {

appcan.window.publish("MSG_CLOSE",JSON.stringify({id:0}));
                    appcan.window.close(-1);
                })
```

上述代码中，在关闭窗口前，调用 appcan.window.publish 向 MSG_CLOSE 频道发布了一条消息并传递了一个参数。

通过上述代码，可以很方便地完成界面间事件参数的传递。需要注意的是，appcan.window 对象底层通过原生插件技术实现，其接口调用需要在插件框架初始化后才可使用，初始化后会调用 appcan.ready 的回调函数，因此可以在 appcan.ready 的回调函数内使用或在 appcan.ready 的回调函数被调用后使用。其次事件是全局的，因此当有两个或两个以上窗口监听同一个事件时，会同时监听到发送的事件。当然这种设计也可以用来实现多个窗口或 Frame 的交互变化。

6. 生存周期

每一个 AppCan 应用都有其生存周期，如图 6.64 所示。

AppCan 使用 uexWidget 对象管理和维护应用和子应用的生存周期。如图 6.64 所示，当有其他第三方应用启动时，会调用 uexWidget.onLoadByOtherApp 回调，并可以获取其他应用传递来的参数。当其他应用打开时，当前应用进入后台，则会调用 uexWidget.onSuspend；当应用重新进入前台后会调用 uexWidget.onResume 回调，可以在此加入代码，如处理超时登录等情况。

应用中的每一个窗口都有它的生存周期。AppCan 的窗口生存周期与 Android 的 Activity 非常相似（见图 6.65）。

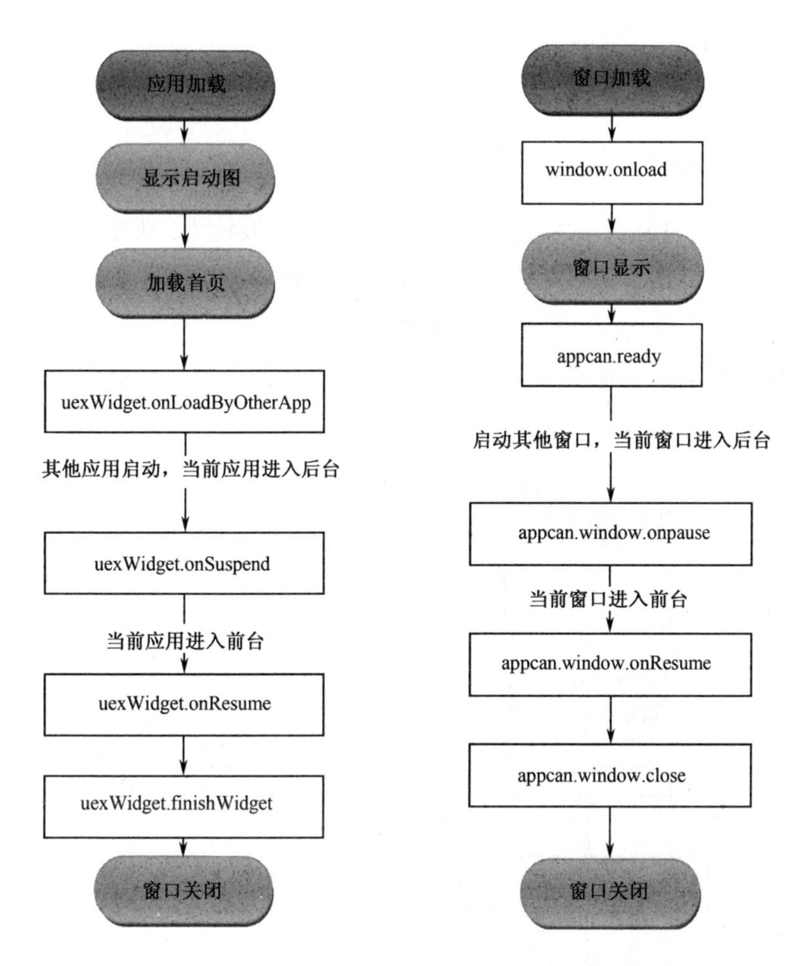

图 6.64　App Can应用的生存周期　　　　图 6.65　窗口生存周期

当一个窗口被加载后，各回调函数调用时机见表 6.2。

表 6.2　回调函数调用时机

回调函数	调用时机	窗口显示
window.onload	网页加载完毕	是
appcan.ready	AppCan 插件加载完毕	是
appcan.window.onPause	新窗口建立，当前窗口进入后台	否
appcan.window.onResume	窗口从后台进入前台显示	是

Frame 作为一种特殊的窗口，它的生存周期比 Window 简单很多，如图 6.66 所示。

7. 窗口层叠

AppCan 的窗口作为独立组件提供了很多扩展能力，开发人员可以方便地控制窗口在屏幕中的位置，并进行动画移动。配合相关接口，开发人员可以很方便地实现抽屉效果布局。

抽屉效果其实是两个 AppCan 窗口的叠加配合窗口位移产生的多种组合效果，如图 6.67 所示。

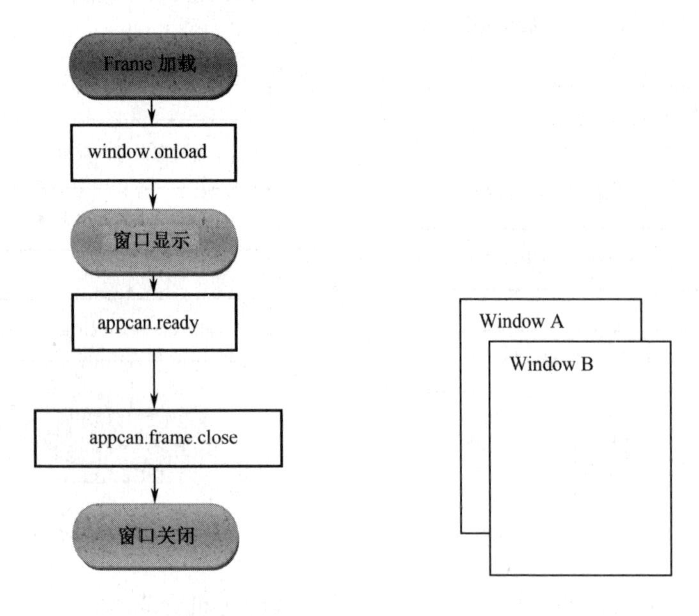

图 6.66　Frame的生存周期　　图 6.67　抽屉效果

按照图 6.67，窗口需要按顺序加载，即先加载窗口 A，然后加载窗口 B。使用界面向导新建一个抽屉窗口，并查看代码（见图 6.68 和图 6.69）。

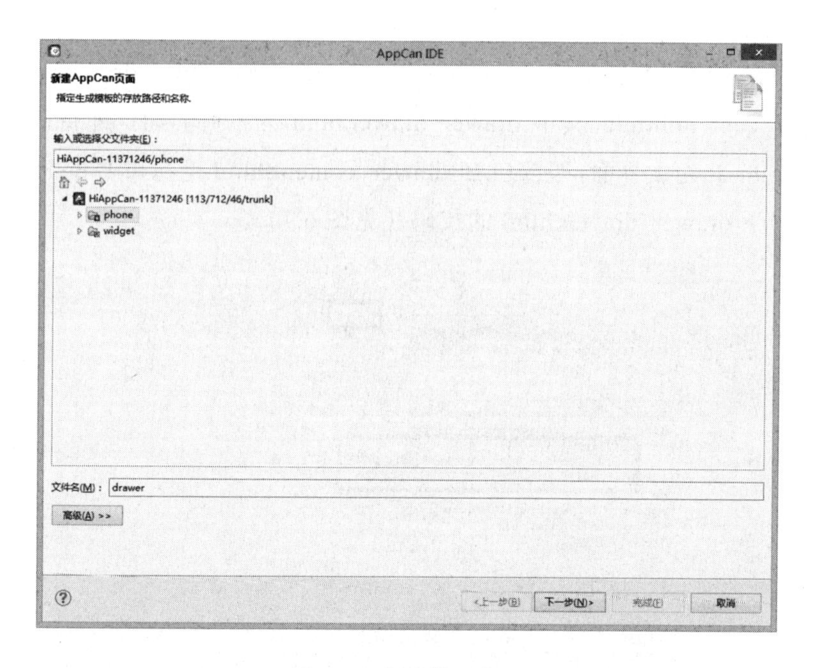

图 6.68　新建抽屉窗口

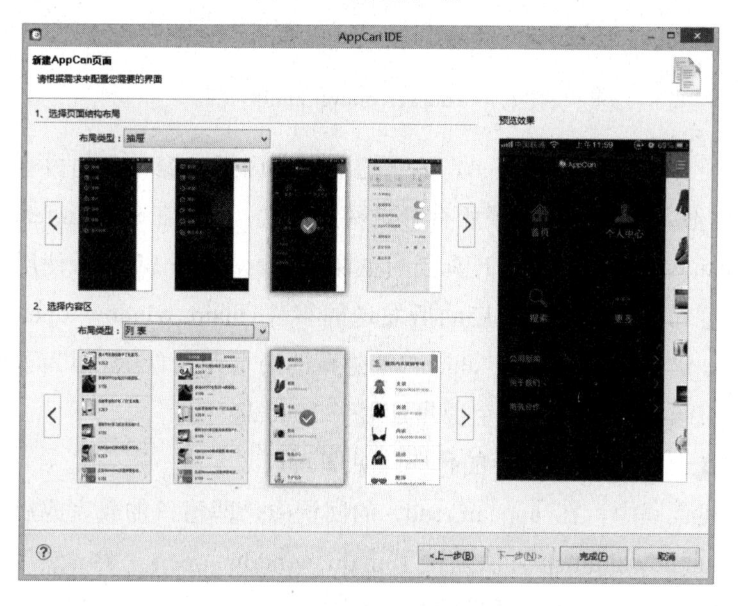

图 6.69　设置抽屉窗口

系统会自动创建三个文件：drawer_drawer.html、drawer.html、drawer_content.html。其中 drawer_drawer.html 为抽屉界面，即窗口 A；drawer. html 为主界面，即窗口 B。drawer_content.html 是窗口 B 的 Frame。先看一下 drawer_drawer.html 的代码（见图 6.70）。

```
        </style>
        </head>
<body class="um-vp " ontouchstart>
    <div id="page_0" class="ub ub-fv bc-text-head uhide">
        <script src="js/appcan.js"></script>
        <script src="js/appcan.control.js"></script>
    </body>
    <script>
        appcan.ready(function() {
            appcan.window.open("drawer", "drawer.html", 10, 256);
            appcan.window.subscribe("main_window_open", function() {
                setTimeout(function() {
                    $("#page_0").removeClass("uhide");
                }, 1000);
            })
            appcan.window.subscribe("draw_close", function() {
                appcan.window.close(-1);
            });
        });

        appcan.button(".list", "btn-act", function() {
            appcan.window.publish("main_window_close", "");
            setTimeout(function(){
               appcan.window.close(-1);
            },200)

        })
</script>
</html>
```

图 6.70　drawer_drawer.html的代码

对于首先加载的窗口 A，为了避免屏幕闪烁，窗口内的内容默认是隐藏的，使用 uhide 隐藏了所有可见网页元素。然后在 appcan.ready 中使用 appcan.window.open 打开真正的主窗口 drawer.html。然后使用监听器监听主窗口 drawer 完全启动后发送的事件 main_window_open，使用 $("#page_0").removeClass("uhide")使隐藏的网页元素显示。但为了避免运行时差引起显示冲突，这个操作延迟了 1000 毫秒。

再看一下 drawer.html 的代码（见图 6.71）。

上述代码中，在 appcan.ready 的回调中，即窗口加载完成后，调用 appcan.window.publish 方法发送了 main_window_open 事件。然后使用变量 drawer_status 来管理抽屉的显示状态。通过此变量，构建了 move 变量，然后使用 appcan.window.setWindowFrame 接口控制 drawer 产生位移，实现了抽屉效果的展示。

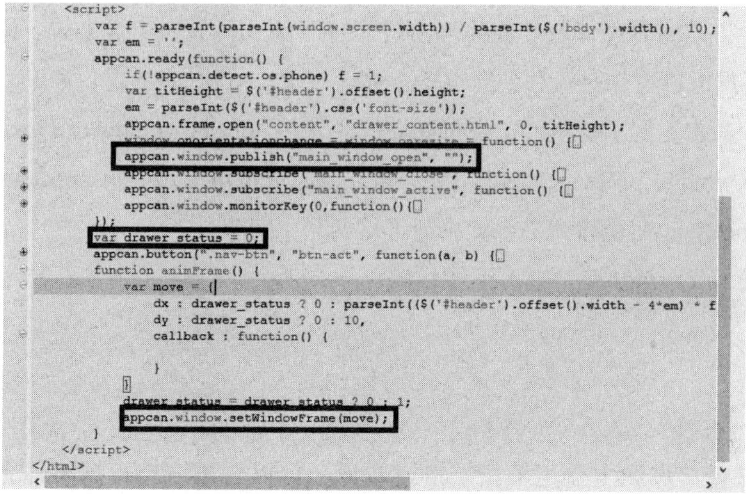

```
<script>
    var f = parseInt(parseInt(window.screen.width)) / parseInt($('body').width(), 10);
    var em = '';
    appcan.ready(function() {
        if(!appcan.detect.os.phone) f = 1;
        var titHeight = $('#header').offset().height;
        em = parseInt($('#header').css('font-size'));
        appcan.frame.open("content", "drawer_content.html", 0, titHeight);
        window.onorientationchange = window.onresize = function() {
        appcan.window.publish("main_window_open", "");
        appcan.window.subscribe("main_window_close", function() {
        appcan.window.subscribe("main_window_active", function() {
        appcan.window.monitorKey(0,function(){
    });
    var drawer_status = 0;
    appcan.button(".nav-btn", "btn-act", function(a, b) {
    function animFrame() {
        var move = {
            dx : drawer_status ? 0 : parseInt(($('#header').offset().width - 4*em) * f
            dy : drawer_status ? 0 : 10,
            callback : function() {

            }
        }
        drawer_status = drawer_status ? 0 : 1;
        appcan.window.setWindowFrame(move);
    }
</script>
</html>
```

图 6.71　drawer.html的代码

在上述示例中，一个标注的窗口启动时，其默认是没有任何颜色的透明窗口，利用此特性可以实现很多组合效果。

8. 窗口动画

界面切换时使用动画，会极大地提高应用交互体验，而使用 JS 实现的动画受限于手机和浏览器性能，并不能达到最好的效果，尤其处理全屏幕等大幅动画时，性能问题尤为突出。因此 AppCan 提供了众多动画效果，使用原生技术来完成动画切换。AppCan 的窗口切换动画使用非常简单，一般用在两个地方：appcan.window.open 和 appcan.window.close。其中 appcan.window.open 的第三个参数即为动画属性，用户可以从 AppCan 预置的 16 种动画中选择一种。当窗口关闭时，一般希望执行打开时的反向动画，此时只需要设定参数为-1，AppCan 即会根据窗口打开时的动画效果完成反向动画，如 appcan.window.close(-1)。随着移动效果的不断出现，AppCan 也会不断添加新的窗口动画效果来提高用户体验。

9. 手势

手势是随着高体验智能终端出现而普及的一种界面交互方式。通过手势，用户可以更加灵活和便捷地操作移动终端。AppCan 的窗口和 Frame 都包含了最常见的手势事件：左滑和右滑。使用 appcan.window.onSwipeLeft、appcan.window.onSwipeRight、appcan.frame.onSwipeLeft 和 appcan.frame.onSwipeRight 在窗口和 Frame 中处理这两个手势事件。

在 drawer.html 中加入下述代码：

```
appcan.window.onSwipeRight=function(){
    animFrame();
}
```

在窗口标题上使用手指左滑或右滑，可以看到窗口根据事件完成抽屉的显示和关闭。

10. 拖拽刷新

拖拽刷新是移动应用开发中一种非常常见的场景，通过拖拽屏幕完成数据的更新，相比于使用按钮来更新数据，用户体验更好。与 PhoneGap 等纯 JS 框架完成拖拽刷新不同，AppCan 采用了原生技术来支持此效果，体验更加流畅。

打开 index_content.html 页面，删除之前在 Body 区域添加的字母 A，然后把光标放在图 6.72 所示的位置。

```
<body class="um-vp" ontouchstart>
    |
    <script src="js/appcan.js"></script>
    <script src="js/appcan.control.js"></script>
</body>
```

图 6.72　光标定位

然后插入图 6.73 中的代码。

```
<body class="um-vp" ontouchstart>
    <div class="tx-c sc-bg-active" id="pullstatus"></div>
    <script src="js/appcan.js"></script>
    <script src="js/appcan.control.js"></script>
</body>
```

图 6.73　插入代码

然后在 Script 区域的 appcan.ready 中添加如图 6.74 所示的代码。

```
appcan.ready(function() {
    appcan.frame.setBounce([0,1], function(type) {
        $("#pullstatus").html(!type?"开始下拉":"开始上拖");
    }, function(type) {
        $("#pullstatus").html(!type?"下拉超过临界点,产生事件了! ":"超过临界点,产生事件了! ");
    }, function(type) {
        $("#pullstatus").html("松手了,产生事件了,开始更新数据! ");
        setTimeout(function() {
            appcan.frame.resetBounce(type);
            $("#pullstatus").html("");
            demo.add(updateData,type);
        }, 1000);
    })
})
```

图 6.74　添加代码

如图 6.74 所示，在 setBounce 中添加了一个数组[0,1]，即需要处理上拉和下拉两种情况，如果只需要处理一种情况，则直接输入 0 或 1 即可。0 代表顶部下拉刷新，1 代表底部上拉刷新。然后使用三个回调函数分别处理拖拽产生的三个状态：开始拖拽、拖拽超过临界点、拖拽松开。通过对 DOM 对象 pullstatus 添加内容来实际体验拖拽的状态变化。上述代码中在松开拖拽的回调函数里，通过 setTimeout 模拟一个异步的操作，如从服务器获取数据。当异步操作结束后，使用 appcan.frame.resetBounce 来复位拖拽效果，否则窗口会一直保持着等待状态。在三个回调函数里都包含一个参数，这个参数表示是下拉还是上拉，即为 0 或 1。

6.4.7　AppCan 栅格系统

栅格系统是 AppCan Hybrid 移动应用开发直观展现的基础，深入了解 AppCan Hybrid 移动应用栅格系统，可以使开发更加有针对性。

1．设计来源——弹性盒子模型

弹性盒子模型是CSS推出的一种布局机制。这种机制与常见的流式布局有很大区别。流式布局通过内容决定父容器大小，弹性盒子模型则在指定大小的父容器里为子元素分配空间。下面举一个简单的流式布局例子。

效果如图6.75所示。

aaaa bbbb

图6.75　效果图1

代码：

```
<div style='display:inline;border:1px solid gray'>
<div style='display:inline;background:#DFDFDF'>aaaa</div>
<div style='display:inline;background:#FFFFFF'>bbbb</div>
</div>
```

上述代码显示了一个简单的流式布局范例，第1行的div宽度，是由第2行和第3行的div宽度之和决定的。如果第2行或第3行的div宽度发生变化，第1行的div宽度也会随之变化。

下面调整一下代码，使用弹性盒子模型来布局。

效果如图6.76所示。

aaaa　　　　　　　bbbb

图6.76　效果图2

代码：

```
<div style='display:-webkit-box;width:200px;border:1px solid gray'>
<div style='-webkit-box-flex:1;background:#DFDFDF'>aaaa</div>
```

```
<div style='background:#FFFFFF'>bbbb</div>
</div>
```

上述代码中，指定第 1 行的 div 使用 box 方式布局子元素，并指定这个 div 宽 200px。第 3 行的 div 宽度由内容撑开，可以认为这是一个指定宽度的 div，通过模拟器可以看到宽 32px。第 2 行指定这个 div 为弹性，占用 1 份空间，就代表这个 div 的宽度是 200px−32px=168px。如果将第 1 行的 div 宽度改为 320px，那么第 2 行的 div 宽度就是 320px−32px=288px。这个机制对于适配各种分辨率的屏幕无疑是一把利器。

下面再调整一下代码。

效果如图 6.77 所示。

aaaa　bbbb　cccc

图 6.77　效果图 3

代码：

```
<div style='display:-webkit-box;width:200px;border:1px solid gray'>
<div style='-webkit-box-flex:1;background:#DFDFDF'>aaaa</div>
<div style='-webkit-box-flex:2;background:#FFFFFF'>bbbb</div>
<div style='background:#DFDFDF'>cccc</div>
</div>
```

上述代码中加入了一个占用 2 份空间的 div。在这种情况下这两个弹性 div 到底如何分配空间呢？按照规则，第 2 行应该占用 168px/3=56px，第 3 行占用 112px，但实际上宽度并非如此，通过模拟器可以看到，第 2 行占用 66px，第 3 行占用 102px。这是由于当弹性 div 中有内容时，引擎会自动进行调整。那么如何在有内容的情况下保持 1:2 的比率呢？下面再调整一下代码。

效果如图 6.78 所示。

（a）调整代码之前的效果　　（b）调整代码之后的效果

图 6.78　效果图 4

代码：

```
<div style='display:-webkit-box;width:200px;border:1px solid gray'>
<div style='-webkit-box-flex:1;background:#DFDFDF;position:relative'>
<div style='position:absolute;width:100%;height:100%;'>aaaa</div>
</div>
<div style='-webkit-box-flex:2;background:#FFFFFF;position:relative'>
<div style='position:absolute;width:100%;height:100%;'>bbbb</div>
</div>
<div style='background:#DFDFDF'>cccc</div>
</div>
```

在上述代码中，把内容 aaaa 通过一个使用绝对定位的 div 进行包含，这时通过模拟器去看会发现，两个弹性 div 按照 1:2 的比率自动分配了空间。上面使用弹性盒子布局时元素都是横向排列的，那么怎么才能让元素纵向排列呢？下面接着调整一下代码。

效果如图 6.79 所示。

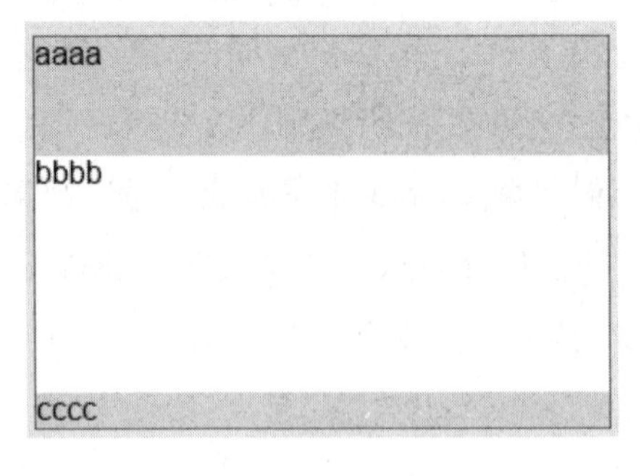

图 6.79　效果图 5

代码：

```
<div style='display:-webkit-box;height:200px;border:1px solid gray;-webkit-box-orient:vertical;'>
<div style='-webkit-box-flex:1;background:#DFDFDF;position:relative'>
<div style='position:absolute;width:100%;height:100%;'>aaaa</div>
</div>
<div style='-webkit-box-flex:2;background:#FFFFFF;position:relative'>
<div style='position:absolute;width:100%;height:100%;'>bbbb</div>
</div>
<div style='background:#DFDFDF'>cccc</div>
</div>
```

上述代码中，在第 1 行的 div 中指定了高度为 200px，使用 -webkit-box-orient:vertical 来控制子元素为纵向排列。弹性盒子模型还提供了其他几个强大的属性。

（1）-webkit-box-direction:reverse

通过在父 div 中设定这个属性可以让子元素反向排列。效果如图 6.80 所示。

（a）添加元素反向排列之前　　（b）添加元素反向排列之后

图 6.80　效果图 6

使用此属性前子元素按照 abc 的顺序进行排列，当在父 div 中使用此属性时，自动把子元素倒序排列。这个时候，并没有真的重新按照 cba 的顺序排布子元素。

（2）-webkit-box-align:center

通过在父元素中设定这个属性，当子元素横向排列时，可以使子元素间实现上边界对齐、中线对齐和下边界对齐。

如果是纵向排列，那么可以实现子元素左边界对齐、中线对齐和右边界对齐。

（3）-webkit-box-pack:center

通过在父元素中设定这个属性，当子元素横向排列时，可以使子元素间实现左边界对齐、中线对齐和右边界对齐。

如果是纵向排列，那么可以实现子元素间上边界对齐、中线对齐和下边界对齐。

如果父元素中只包含一个子元素，混合使用-webkit-box-align 和-webkit-box-pack 可以使子元素实现居左上、居中上、居右上等 9 个方位的定位。

弹性盒子架构可以兼容流式布局，即当所有子元素都没有设定弹性份数时，父元素可以被子元素自动撑开。

效果如图 6.81 所示。

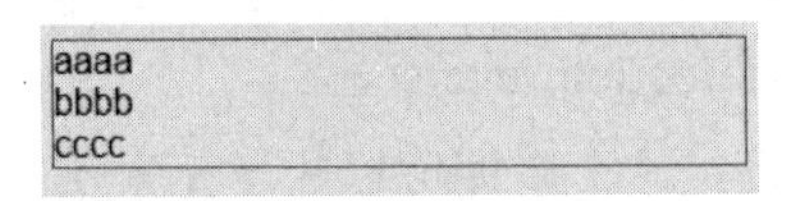

图 6.81　效果图 7

代码：

```
<div style='display:-webkit-box;border:1px solid gray;-webkit-box-orient:vertical;'>
<div>aaaa</div>
<div>bbbb</div>
<div>cccc</div>
</div>
```

在上述代码中所有子元素都未使用 box-flex 定义弹动属性，容器 div 也未设定高度。此时，容器 div 的高度为三个子元素的高度和，并且随着子元素的高度变化而变化。

在 AppCan UI 架构中，对上述情况进行了 CSS 类封装。

- ub 元素采用弹性盒子布局。
- ub-rev 子元素反序排列。
- 在 ub-con 子元素中加入一个容器，用于避免内容引起子元素大小变化，对应 CSS 代码为 position:absolute;width:100%;height:100%;。
- ub-ac、ub-ae 子元素垂直居中对齐和尾对齐。
- ub-pc、ub-pe、ub-pj 子元素水平居中对齐、尾对齐和两端对齐。
- ub-ver 子元素纵向排列。
- ub-f1、ub-f2、ub-f3、ub-f4 子元素占用区域份数。

通过上述 CSS 类，可以完成各种各样的排版布局，极大地降低学习难度和元素排版复杂度，使代码更加简练。

2. 分辨率适配

每一个手机应用，如果需要在众多的移动终端上保持一致的效果，那么 UI 适配是工作的重中之重。设计原理是为不同密度的系统，选取最接近人直观感受舒适度的字体大小作为参考量。例如，在 iPhone4S、iPhone5 手机上，采用 32px 大小字体作为参考量。在 iPhone3GS 上，采用 16px 大小字体作为参考量。一切元素的大小都以与参考量的相对比值来定义。在 CSS 里面对应的是 em，那么在 iPhone4S、iPhone5 下 1em=32px，在 iPhone3GS 下 1em=16px。

通过这种方式，可以保证同样代码的界面，在不同密度下都能够保持最贴近用户的交互效果。

3. 栅格系统

AppCan 结合弹性盒子，提供了一套响应式、移动设备优先的流式栅格系统，完成界面布局。栅格系统通过一系列的 row（ub）与 column（ub-f1 等类）的组合来创建页面布局，内容就可以放入这些创建好的布局中。

- row（ub）就是弹性盒子，将界面整体（手机屏幕有效区域）作为一个最大的盒子。也可以把多个盒子进行流式布局填充到界面中。
- column（ub-f1 等类）就是盒子中的子元素，盒子中的子元素可以有固定的宽、高，也可以按比例分配每一列，这些子元素填充盒子空间。
- 通过 row（ub）添加 ub-ver（-webkit-box-orient:vertical;），把 row 变成了列，其中的子元素 column（ub-f1 等类）变成了行。

6.4.8 AppCan 云编译平台

在整个开发体系中，应用最终需要编译，但对于网页开发人员，复杂的原生编译环境是非常难以克服的问题。AppCan 结合互联网技术，在云端部署了 Android、iOS 编译环境，通过代码同步，应用配置，完成应用的最终编译。这样普通的开发人员不再需要在本地安装任何原生环境。

首先同步代码到 AppCan 服务器。在 IDE 中项目工程目录 phone 上单击鼠标右键，选择“Team”→“提交”，如图 6.82 所示。

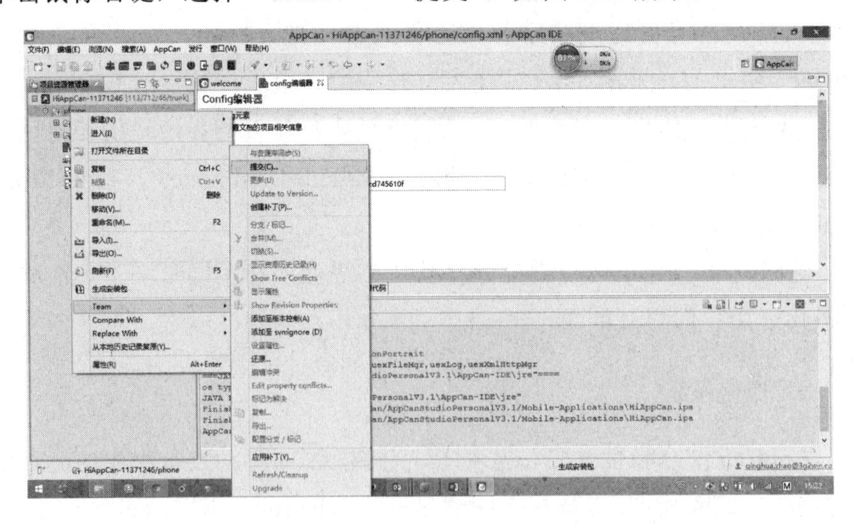

图 6.82　右键单击

在“提交”对话框中，输入提交备注，确认提交文件，单击“OK”按钮最终提交代码（见图 6.83）。

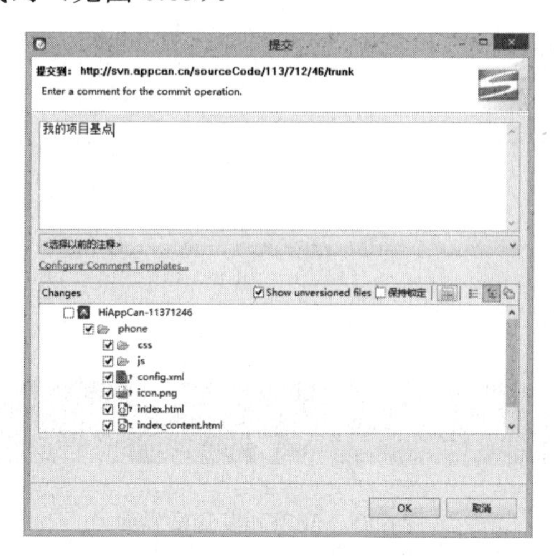

图 6.83　“提交”对话框

提交成功后，就进入最后的编译发布环节。

进入 appcan.cn 页面，使用用户账号登录，进入应用开发界面（见图 6.84）。

图 6.84　应用开发界面

在这里可以找到前面创建的应用。单击应用名称进入应用开发管理界面（见图 6.85）。

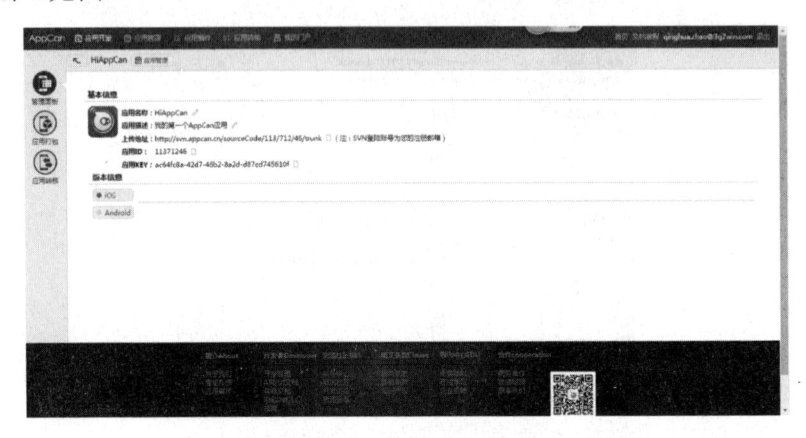

图 6.85　应用开发管理界面

单击左侧的“应用打包”进入应用打包界面。

像本地打包一样，配置好应用图标、应用启动图片、应用插件，并上传证书等文件，最后进入云端打包界面（见图 6.86～图 6.89）。

在云端打包界面选择平台，配置好运行参数和版本号，最后单击“生成安装包”按钮（见图 6.90）。AppCan 会根据用户设置完成应用的最终编译。

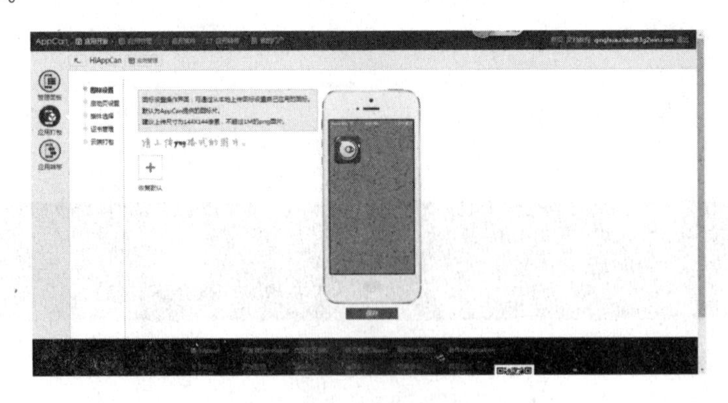

图 6.86　设置图标

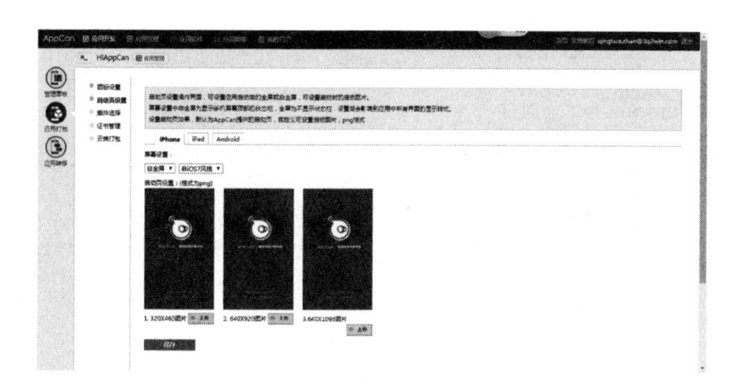

图 6.87　设置启动页

图 6.88　设置插件

图 6.89　上传证书

图 6.90　云端打包界面

编译完成后，AppCan 会自动生成应用二维码（见图 6.91）。通过扫描工具可以直接下载安装生成的安装包。

图 6.91　生成二维码

至此就完成了一个 AppCan 应用开发的全部流程。

面对企业开发者，AppCan 提供了移动开发平台的企业私有化部署，可以有效保障企业内部多个团队间协作或隔离开发，共享和私有化资源，有效保证企业项目开发效率与成本。

6.4.9　全入口开发——App、Web、微信一个不能少

随着移动化的发展，目前单纯的移动应用入口已经很难满足业务推广运营的需求，经常需要移动应用、移动网站、微信网站多入口并重，并且很多时候，移动应用已经是整个移动体系的补充而不再是主题。面对这种趋势，AppCan 提供了全入口开发支持，即基于 AppCan 框架开发的移动应用可以快速转换为移动网站和微信网站。

在 IDE 中完成应用开发后，如要生成 Web/微信 App，需要先配置当前应用的 config.xml 文件，勾选“Web/微信 App”选项并保存。

在当前应用中的 phone 目录上单击鼠标右键，选择“启动 Web/微信 App 服务”，可启动本地服务在内网中预览应用效果，此时控制台会显示本机 IP 及端口，在手机浏览器或微信中输入或扫描 IP+端口地址，即可直接预览应用效果；选择“生成 Web/微信 App”，在安装目录中的 WebApp-Applications 中将生成一个 zip 包，将 zip 包部署至服务器外网即可访问。

项目开发完成后需要部署到服务器上才能访问，首先需要一台外网计算机，登录到服务器上（见图 6.92）。

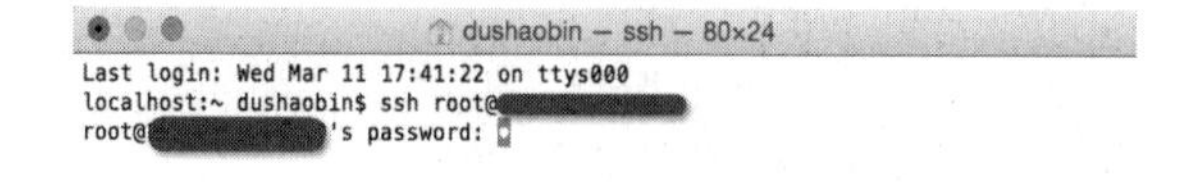

图 6.92　登录服务器

开发者可以自己部署服务器，也可以用 AppCan 提供的 nodejs 包，安装 nodejs（可以参考 https://nodejs.org），安装完成后输入“node--version”，查看 nodejs 是否安装成功（见图 6.93）。

```
dushaobin — root@AY1404111831577567b3Z:~ — ssh — 80×24
[root@AY1404111831577567b3Z ~]# node --version
v0.10.31
[root@AY1404111831577567b3Z ~]# 
```

图 6.93　安装nodejs

部署 AppCan 提供的 nodejs 包，可以在 index.js 中修改端口号，WebApp 应该放在 public 下，该目录默认为静态文件目录，也可以在 index.js 中修改（见图 6.94）。

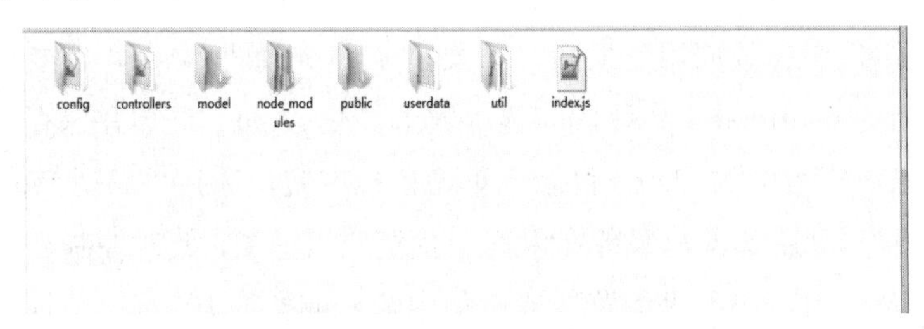

图 6.94　相关目录

把该包传到服务器上，然后切换到相应目录，用 node index.js 来启动服务（见图 6.95）。

```
dushaobin — root@AY1404111831577567b3Z:~/test-webapp — ssh — 80×24
[root@AY1404111831577567b3Z test-webapp]# pwd
/root/test-webapp
[root@AY1404111831577567b3Z test-webapp]# ll
总用量 32
drwxr-xr-x 2 root root 4096 3月  12 10:34 config
drwxr-xr-x 2 root root 4096 3月  12 10:34 controllers
-rw-r--r-- 1 root root  849 3月  12 10:35 index.js
drwxr-xr-x 2 root root 4096 3月  12 10:34 model
drwxr-xr-x 7 root root 4096 3月  12 10:34 node_modules
drwxr-xr-x 7 root root 4096 3月  12 10:34 public
drwxr-xr-x 2 root root 4096 3月  12 10:34 userdata
drwxr-xr-x 2 root root 4096 3月  12 10:34 util
[root@AY1404111831577567b3Z test-webapp]# node index.js
The API property deprecated, Use require("wechat-api") instead
The API property deprecated, Use require("wechat-api") instead
The API property deprecated, Use require("wechat-api") instead
The API property deprecated, Use require("wechat-oauth") instead
The API property deprecated, Use require("wechat-api") instead
The API property deprecated, Use require("wechat-api") instead
server is run on:8089
```

图 6.95　启动服务

此时就可以在手机上访问 Web App 网站了，地址为 http://ip:port/loader.html（见图 6.96）。

```
/*

    配置文件

*/

var config = {
    token:'appcan',
    appId:'xxxxxxxxxx',
    appSecret:'xxxxxxxxxx'
};

module.exports = config;
```

图 6.96　相关信息

如果想生成微信 App，则要调用微信的接口，并需要修改一下配置文件，以启动签名服务。打开 config 目录下面的 config.js 文件，在微信的公众号管理后台中找到相关参数，可参考 http://mp.weixin.qq.com/wiki/17/2d4265491f12608cd170a95559800f2d.html 和 http://mp.weixin.qq.com/wiki/7/aaa137b55fb2e0456bf8dd9148dd613f.html（见图 6.97）。

开发者中心
配置项　接口报警
开发者中心 / 填写服务器配置
请填写接口配置信息，此信息需要你拥有自己的服务器资源。
填写的URL需要正确响应微信发送的Token验证，请阅读接入指南。
URL
必须以http://开头，目前支持80端口。
Token
必须为英文或数字，长度为3-32字符。
什么是Token？
EncodingAESKey　0 /43　随机生成
消息加密密钥由43位字符组成，可随机修改，字符范围为A-Z，a-z，0-9。
什么是EncodingAESKey？

图 6.97　设置相关参数

配置完成后重新启动 node 服务器，可以打开默认的签名服务接口（见图 6.98）。

```
3082/wechat_api/jsapi/jsconfig?url=
{
  "errcode": 0,
  "url": "http://www.baidu.com",
  "res": {
    "appId": "wx8a52391c7e8c5617",
    "debug": false,
    "timestamp": 1426128553,
    "nonceStr": "h06iavncomg9cnm",
    "signature": "6b5d7d3494c009f9c80b34b38f40c9116d8dc1d1",
    "jsApiList": [
      "checkJsApi",
      "onMenuShareTimeline",
      "onMenuShareAppMessage",
      "onMenuShareQQ",
      "onMenuShareWeibo",
      "hideMenuItems",
      "showMenuItems",
      "hideAllNonBaseMenuItem",
      "showAllNonBaseMenuItem",
      "translateVoice",
      "startRecord",
      "stopRecord",
      "onRecordEnd",
      "playVoice",
      "pauseVoice",
      "stopVoice",
      "uploadVoice",
      "downloadVoice",
      "chooseImage",
      "previewImage",
      "uploadImage",
      "downloadImage",
      "getNetworkType",
      "openLocation",
      "getLocation",
      "hideOptionMenu",
      "showOptionMenu",
      "closeWindow",
      "scanQRCode",
      "chooseWXPay",
      "openProductSpecificView",
      "addCard",
      "chooseCard",
      "openCard"
    ]
  }
}
```


图 6.98　打开签名服务接口

然后修改 loader.html 中的 setWeiXinConfig(url);url 为该完整路径，包括后面要签名的 URL。demo 效果如图 6.99 所示。

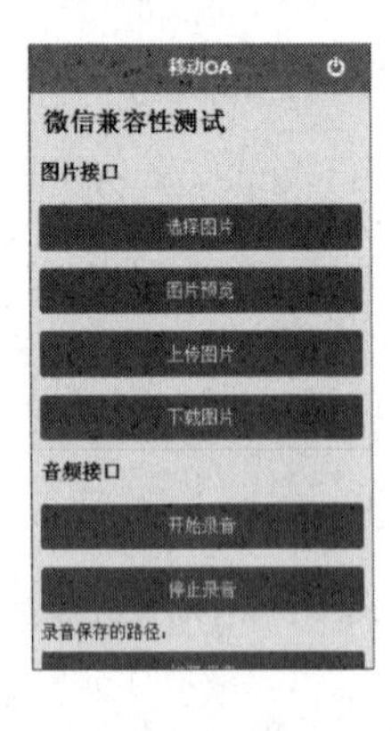

图 6.99　demo效果

7

第 7 章

移动管理平台技术

7.1 企业移动管理平台现状

移动端技术降低了移动开发的门槛，但是移动信息化并不仅仅是开发移动应用，更面临着复杂的管理难题。尤其随着企业移动信息化的深入发展，企业移动化面临的不再是做不做的问题，而是如何做、如何管的战略性问题。企业的移动化正在由点向面逐渐扩张，由此带来的企业移动信息化战略也必然由分散管理向集中管理转变。目前，很多企业的移动化管理面临如下几方面的问题：移动化管理不全面，移动化管理不统一，运维成本高，效果差。有必要引入一个完整全面的企业移动管理（Enterprise Mobile Management，EMM）平台。一个完整的 EMM 平台至少需要包含如下部分：MAM（移动应用管理）、MUM（移动用户管理）、MDM（移动设备管理）、MCM（移动内容管理）和 EAS（企业应用商店）。

7.2 IBM Worklight 简介

Worklight 是 IBM 于 2012 年 2 月收购的一家以色列创业公司的产品，Worklight 为开发基于 Web 技术的手机客户端提供了一套完整的解决方案，从开发、部署、测试到发布均可在这个平台上完成。 Worklight 是一个用于开发企业管理 App 的平台（见图 7.1）。App 用 HTML、CSS 和 JavaScript 写成，之后被扩展成桌面（Windows、Mac、Linux）、互联网（Facebook 等）和本地移动设备上（iOS、Android、RIM 和 Windows Phone）的应用程序。开发者还能把一些流行的 JavaScript 构架如 jQuery Mobile、Sencha 和 Dojo 整合到 Worklight 中。而且 App 本地运行时也能用本地代码来编写和修改。Worklight 提供了众多的功能，如开发环境、后端集成、Plus Deployment、运行时和 App 生命周期管理，也包括分析和资源调配功能。

Worklight 混合式 App 被封装在可修改的运行时壳里，这个壳包括一个本地设备 API 和 JavaScript 之间的转换通道，以及运行时库。Worklight 应用了一个“质量可以保证”的 PhoneGap 库的子库，以获得使用本地功能的权限。

前端整体性能与所用到的 UI 框架有关，后端性能较好，容易与现有 IBM 系统对接。前端支持各种动画，支持效果与前端 UI 框架有关，但是由于仅提供设备能力的封装，体验明显落后于原生应用。框架支持对本地的访问使用 PhoneGap 技术，有完全的本地 API 访问接口。Worklight 提供基于 Eclipse 的前后端开发工具、基于浏览器的仿真器（调试、测试）。

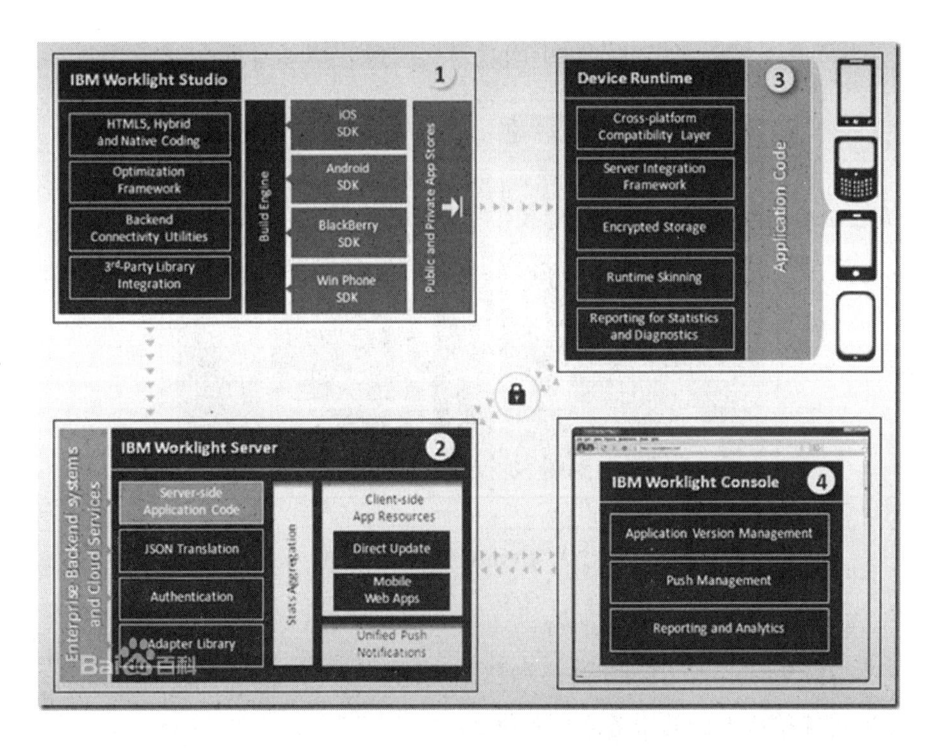

图 7.1　IBM　Worklight

1．主要产品和技术

（1）IBM Worklight Studio

IBM Worklight Studio 是一个面向丰富的跨平台应用程序的综合性 IDE（见图 7.2）。

它包括如下功能：

① 使用本机代码或 PhoneGap 桥访问设备应用程序接口（API）；

② 在同一应用程序中组合本机代码和 HTML5 代码；

③ 使用第三方工具，如 dojox.mobile、Sencha Touch 和 jQuery Mobile；

④ 使不同环境之间的代码共享最大化；

⑤ 使用一个可执行设备支持同一操作系统系列的多重设备；

⑥ 连接设备软件开发包中的开发、测试和调试工具。

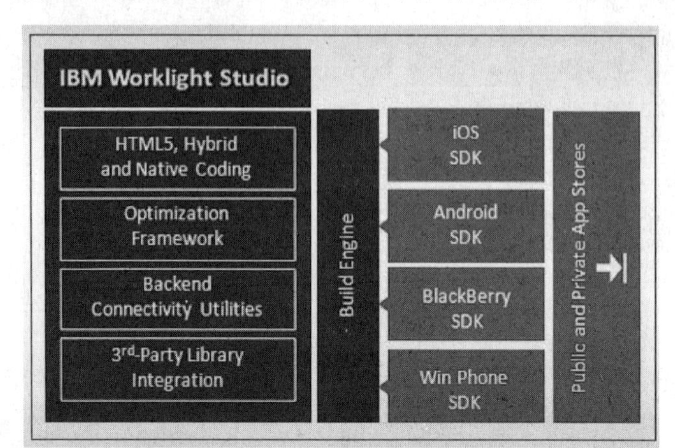

图 7.2 IBM Worklight Studio

（2）IBM Worklight Server

IBM Worklight Server 是一种移动优化中间件，相当于各应用程序、后端系统和基于云的服务之间的网关（见图 7.3）。

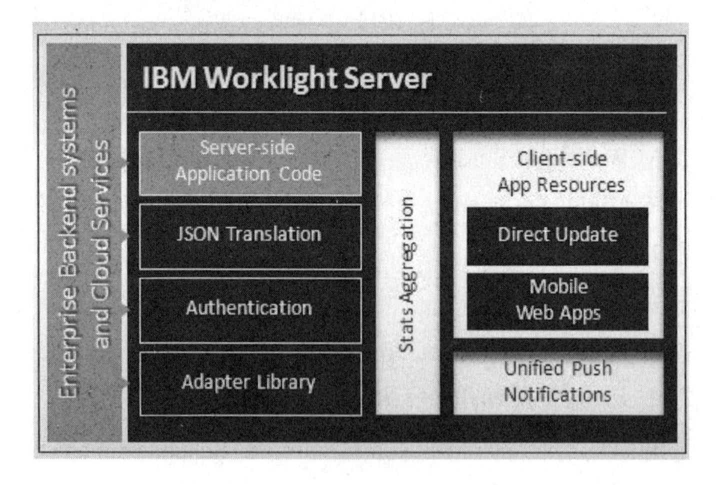

图 7.3 IBM Worklight Server

它具备如下功能：

① 使用可配置 XML 文件和 Java 连接后端系统；

② 集成已有的认证和安全机制；

③ 把分层数据自动转换成移动友好型 JSON 格式；

④ 使用统一体系结构推送后端通知；

⑤ 从服务器直接更新应用程序的 Web 内容（取决于供应商的服务条款）；

⑥ 混合多重数据源以优化数据交付。

2．市场影响力

Worklight 声称自己的客户涉及金融服务、医疗、媒体、医药健康、能源等技术领域。这些客户（用 Worklight 自己的话来说）包括了一家世界顶级金融机构、一家世界最大的医疗服务提供商、一家主要的国际电信服务提供商、一家知名的酒店和一家最大的高科技公司。

3．市场定位

Worklight 的目标客户是大公司、系统集成商，以及有自己的开发团队负责 B2B App 开发的软件提供商。和 Worklight 竞争的是 RhoMobile、Xamarin 这些同样看重企业 App 市场的公司，或者代码级的网站方案解决商如 Sencha，但最直接的竞争对手是其他的移动企业 App 开发平台，如 Pyxis（现在的 Verivo）、Kony、Feedhenry 和 Application Craft。Worklight 满足所有主流平台的要求，如 iOS、Android、RIM 和 Windows Phone，同时也支持移动互联网和 Facebook 的应用。

Worklight 提供一系列的部署解决方案，包括网站部署、本地部署及混合部署（本地封装后的网上 App）。混合型应用能够把网站代码和本地扩展相结合，从而允许项目在本地用网站编程技巧构建。这样能为公司带来最好的投资回报。

7.3 SAP SUP 简介

Sybase Unwired Platform（SUP）是 Sybase 新一代支持企业实现应用程序移动化的体系架构。它提供一系列全面的服务，帮助企业将适当的数据和业务流程移动化到任何移动设备上。Sybase Unwired Platform 利用一个综合平台，将 4GL 工具和标准开发环境集成而支持的快速开发、异构设备部署和市场领先的设备管理技术结合起来，从而满足企业的所有移动应用需求。而且，它通过推动企业战略化的移动部署，而非采用小规模或局部移动应用的方法，极大地降低了企业的总拥有成本。

企业对移动应用的要求日益变得复杂，从以个人设备为目标的单一应用发展到利用各种后端系统实现信息移动化的综合应用。Sybase Unwired Platform 构建在当今成千上万家企业广泛应用的成熟可靠且行业领先的技术之上，提供了一个灵活、开放和基于标准的基础架构，支持企业创造信息优势，优化和增强它们已有的基础架构，有机融合高附加值的数据资源，随时随地安全传输信息。

Sybase Unwired Platform 充分吸收和利用了 Sybase iAnywhere 积累的大量经验，在过去 20 年里，Sybasei Anywhere 在为数以十万计的客户和用户提供移动应用解决方案方面一直是事实上的领导者。该平台建立在 Sybase 丰富的应用程序集成经验之上，其能与 SAP、Remedy 这类企业后端应用及其他利用数据库或面向服务架构（SOA）的应用实现完美集成。此外，Sybase 还利用自己在开发工具（比如 PowerBuilder 和 PowerDesigner）方面的经验，为开发人员提供 4GL 工具，使他们能够提高工作效率并轻松开发移动应用程序。

目前，基于 SUP 的 SAP 应用有 SAP 移动销售（Sybase Mobile Sales for SAP CRM）和 SAP 移动工作流（Sybase Mobile Workflow for SAP

Business Suite)，未来将提供更多的解决方案，比如 SAP 移动服务（Sybase Mobile Service for SAP CRM）以及为不同行业打造的行业移动解决方案。

1. SUP 的主要特点

- 简化开发和部署过程。Sybase Unwired Platform 包含一个 4GL 工具环境，它极大地简化了移动应用程序的开发。它与主流开发环境 Eclipse 集成，从而使开发者能够充分利用现有的工具和专业知识。它还为一系列的移动设备类型、型号和操作系统[包括 Windows Mobile、Windows32（笔记本/平板电脑）和 RIM Blackberry]提供“一次设计、随处部署”的功能。
- 简化后端的集成。Sybase Unwired Platform 为不同的企业应用提供了“开箱即得”的集成功能，包括 SAP 和 Remedy，以及其他利用数据库或面向服务架构（SOA）的应用。
- 简化管理和安全性。Sybase Unwired Platform 与 Sybase 业界领先的设备管理和安全性解决方案完全整合，其提供单一的管理控制台，以便集中管理、保护和部署移动数据、应用程序与设备。

2. SUP 的组件

SUP 的基本组件有数据服务、移动中间件服务、消息服务、设备服务、统一的 4GL 开发工具和管理控制台。

3. 基于 Sybase Unwired Platform 快速开发移动应用

Sybase Unwired Platform 提供了开发和部署平台，通过连接、创建、使用和控制四步实现企业移动应用。

为了支持异构的多种数据源和多种移动设备，SUP 将业务逻辑和数据封装起来，组成可重用的单元，称为移动业务对象（Mobile Business Objects，MBO)。然后，通过一系列的界面描述来调用 MBO 的业务逻辑，并将 MBO 中的数据展现出来。这些界面描述可以针对不同的移动应用平台生成对应的设备相关的原生代码（目前直接生成 Windows Mobile 和 Blackberry 设备相关代码）。

4. SAP 移动化动因

iPhone 和 iPad 的出现革新了用户对移动应用和网络应用的认识和接受度。用户更加愿意接受和使用移动设备及其应用，包括企业应用。同时，移动硬件和网络技术的革新也允许人们将更多的应用根植于移动设备。

移动应用技术的发展为 SAP 带来了两大商机：一是将 SAP 现有的企业管理技术全部实现移动化应用；二是运用移动应用领域的新技术，开发出全新的移动应用解决方案。Sybase 移动平台技术的加入恰好为 SAP 实现在移动应用领域这两大战略市场目标提供了技术保障。

通过组合上述 SAP 移动应用，SAP 和 Sybase 将现有企业应用的方方面面扩展到移动平台上，实现前后台的无缝集成、客户和员工的集成、业务和分析的集成，实现共同的“无线企业”的目标。在未来的无线企业中，移动设备将在企业运作的方方面面发挥作用，比如：

- 仓库管理员通过移动设备确认收到原始物料并将其转移至公司内制造场所；
- 工厂操作员通过移动设备管理工单、配件库存、设备维修等日常事务，提高工作效率；
- 现场销售人员通过手机管理其销售区域、客户、机会管道和产品订单；
- 市场人员通过手机执行产品活动和推广；
- 企业的合同员工可以通过移动小工具提交工时单；
- 经理随时通过智能手机批准出差和休假申请及报销单；
- 业务线领导通过智能手机查看和分析销售业绩报告，并自动接收按规则发出的警报信息；

- 现场服务人员通过移动设备接受分派，去往产品所在地进行维修和服务工作，并由客户确认；
- 零售商通过手机下达产品订单，检查订单状态、库存及请求服务；
- 消费者通过手机收到优惠券并链接到移动网站来下单及查看购买历史。

7.4 AppCan 移动管理平台

7.4.1 平台概述

AppCan 企业移动管理（EMM）平台是为企业移动信息化战略提供综合管理的平台产品。AppCan EMM 平台为企业提供对用户、应用、设备、内容、邮件的综合管理服务，并在此基础上为企业提供统一应用商店、移动接入控制、移动运行监控等关键服务，为企业打造完善全面的移动管理体系。

AppCan EMM 平台继承了 AppCan 产品线一贯的标准化开放特性。企业可以在 AppCan EMM 平台上完成二次开发、集成业务管理后台，以扩展服务能力。

AppCan EMM 平台结构如图 7.4 所示。

整个平台由如下几部分组成。

- 企业应用商店（EAS）——为企业提供基于用户身份的移动应用统一分发服务，支持应用分类、推荐、上下架、评价和广告位管理。
- 移动用户管理（MUM）——以企业现有认证域为基础，为移动应用提供标准的注册、认证、登出等统一接入能力，为移动业务提供账号关联、单点登录支撑。整合和对接企业组织架构，为企业提供移动用户管理能力。

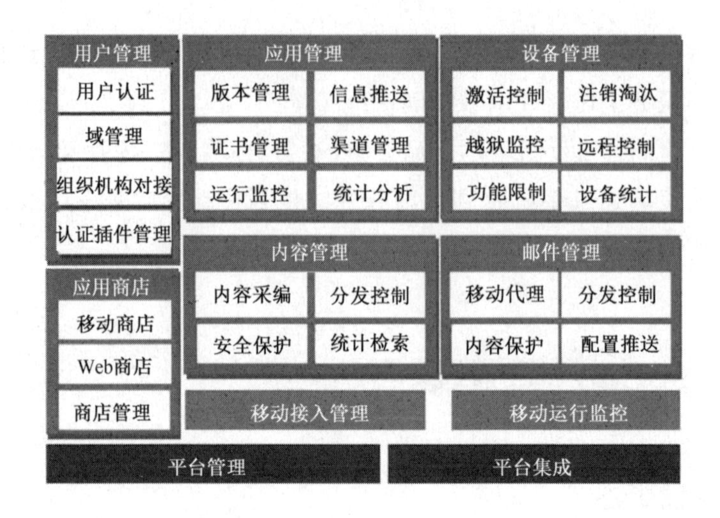

图 7.4　AppCan EMM平台结构

- 移动应用管理（MAM）——为企业提供移动应用的版本升级、消息推送、运行配置、终端绑定、权限管理、运行监控、应用日志、接口控制、统计分析和证书管理等服务。

以应用分组为单位，提供应用合规控制，支持黑白名单策略。

- 移动设备管理（MDM）——为 BYOD 和企业设备提供一体化的设备注册、激活、注销、丢失、淘汰和越狱控制能力，支持激活控制、远程配置、应用推送以及设备擦除、定位和功能限制，提供设备授权和资产统计管理能力。
- 移动内容管理（MCM）——为企业提供统一的文档分栏、采编、分发、推送、检索与统计服务，支持文档阅读、下载、分享、评论和授权控制，支持远程删除，提供终端文档加密能力。
- 移动邮件管理（MEM）——为企业提供移动邮件代理服务，完成移动邮件收发、分发控制和内容保护。
- 移动接入管理——为移动应用接入企业提供接入控制与审核服务。

- 移动运行监控——为企业提供面向用户、应用、服务、接口等多维度的即时监控服务。

1．企业应用商店（EAS）

EAS 是 AppCan EMM 平台提供企业移动应用统一分发的服务子系统。EAS 包含运行于移动终端的移动应用商店客户端程序、运行于 PC 浏览器的 Web 版移动商店，以及为管理员提供的移动商店管理后台。企业可以通过不同应用分发渠道获取所需的移动应用，降低企业移动应用推广难度，使移动业务实施更加快速便捷。

EAS 支持应用分类、下架、推荐、评价和广告位管理；提供基于身份的应用分发服务，不同身份的用户登录后可以快捷获取与其身份匹配的推荐应用。

东方航空成功应用企业应用商店，实现了企业内部应用的快速分发和管理，加快了企业移动信息化进程。目前东航正在将以往简单的移动应用门户（见图 7.5）升级为企业内部的移动信息门户（见图 7.6），将众多业务领域的上百项功能重新整合，以更人性化的方式展示出来。

图 7.5　移动应用门户

图 7.6　移动信息门户

2．**移动用户管理（MUM）**

MUM 是专为解决企业多系统多账号问题，提供统一接口，完成与企业现有认证域和组织机构对接，实现移动用户统一管理而设计的子系统（见图 7.7）。

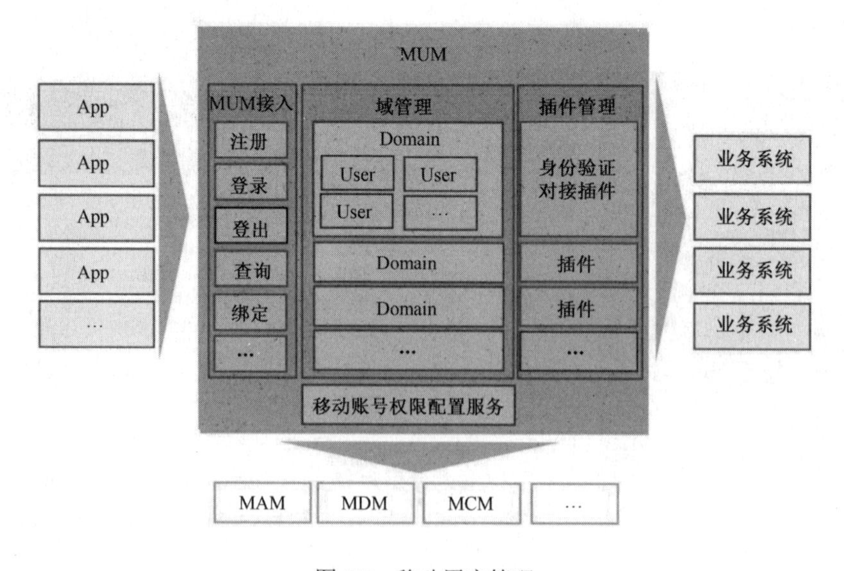

图 7.7　移动用户管理

（1）统一用户管理

MUM 提供移动用户身份认证的集中管理，并提供统一的 API 封装。不同的应用可以通过统一封装的注册、登录、登出、查询、绑定等接口完成用户认证。MUM API 提供单点登录接入服务，移动用户使用主账号登录后，通过 API 即可完成关联子账号的登录认证，从而减少使用人员操作步骤，提高用户体验。

AppCan EMM 平台提供了用户管理插件开发接口，开发者可以以插件形式开发自有的用户管理机制，并对接到平台用户管理框架中，实现平台与各种企业用户系统的灵活对接。

（2）用户域支持

MUM 提供了与企业现有 Windows AD 域控制器，以及具有外部认证接口的业务系统的集成认证对接支持能力。MUM 采用域插件形式统一封装企业现有用户认证接口，充分复用企业现有用户认证体系，以降低用户账号同步和维护的复杂度，以及账号分散管理可能引发的安全风险。不同域认证支持采用不同类型和数量的认证字段，对接灵活便捷。MUM 还提供本地域形态，支持平台自建独立的用户认证体系。

面对企业多业务系统多登录账号的复杂情况，MUM 提供了多域账号映射支持能力。不同的域账号对应企业不同业务系统的账号认证服务，同一用户在不同域中具有不同的身份。MUM 提供域账号关联能力，支持对不同域中的账号进行捆绑，实现用户身份映射。域管理还支持用户账号的启用和关闭，管理员可以在 MUM 中直接禁止账号访问，实现企业移动服务对用户的集中管控，降低企业人员变动引发的非法访问风险。

（3）域插件支持

面对企业多账号系统的标准不统一性，MUM 支持域插件能力，管理员可以为不同的域配置不同的对接插件与不同的业务账号系统对接。插件采用开放规范，企业可以根据需求自行定制开发，可灵活应对企业的管理需求。

（4）组织机构对接

组织机构是企业组织和用户管理的基础。EMM 平台用户、应用、设备、内容、邮件的授权控制均围绕组织机构进行。通过组织机构为移动用户划分分组，为用户、设备、应用、内容、邮件权限提供角色支撑。

除了支持通过手工导入/创建组织机构和用户信息，并提供域账号与用户信息的关联手段外，MUM 还支持从企业现有域控制器或具有外部认证接口的企业业务系统（如 OA）中，同步导入组织机构和用户信息。这样，企业只需要维护一套组织信息，可降低同步和维护的工作量和复杂度。MUM 还提供组织机构和用户信息的灵活导出能力，方便企业信息共享。

（5）移动权限配置服务

为了保证系统的开放性，MUM 子系统提供了面向管理后台的移动用户权限配置服务，EMM 平台的其他子系统可以通过 API 获取域信息、组织和用户信息等，实现各子系统对移动用户的权限配置。企业也可以根据需求自行开发 MUM 子系统，实现对 EMM 平台移动用户管理的扩展，满足各类业务需求对移动用户权限的深层次管理。

3. 移动应用管理（MAM）

移动应用管理是围绕移动应用的发布、升级、授权、运行、分析等进行一体化的聚合管理，提升企业应用的整体管理效能。

（1）版本管理

MAM 为企业管理员提供了统一的移动应用版本升级管理服务。管理员可以为不同应用和不同平台发布新版本，并为新版本设定升级提示语。借助 AppCan Hybrid 开发框架的强大能力，管理员可以为应用上传补丁升级包，实现应用的部分更新，降低升级成本，提高升级速度和用户体验。管理员还可设定对子应用进行补丁强制更新，使终端用户在无感知的情况下完成子应用的功能升级。同时，支持对应用发布普通全量升级包，可以强制用户进行全量升级，不升级则将无法继续使用应用。

（2）信息推送

MAM 为企业管理员提供了统一移动推送服务，管理员可以向指定平台、指定用户组推送消息，管理员不必关心目标设备的系统、型号等细节。推送服务提供推送记录服务，管理员可以对推送历史进行查询。同时推送服务还为移动应用提供推送记录查询接口，应用可以通过接口获取推送列表。

（3）渠道管理

当应用发布到不同的第三方渠道时，管理员可以在 MAM 中添加渠道信息，用于平台对不同渠道的应用发布情况进行详细统计，衡量渠道回报率。

（4）权限管理

结合 MUM 子系统，管理员可以以应用组为单位，对组织机构用户组进行分组访问授权，只有指定用户分组的用户才可登录访问指定组应用。同时，还可实现应用商店内应用对不同用户组的应用可见性区分。

针对应用内的授权控制，管理员可设定指定应用对用户组的应用内功能权限和在线参数，以控制不同用户组对应用内功能的访问和界面展示差异。

（5）终端管理

MAM 中的终端管理，是对安装该应用的终端管理服务。管理员可以在查看对应终端设备和用户账号等相关信息的同时，控制用户在该终端上使用应用的授权。

（6）统计分析

完成用户行为数据收集，通过用户行为数据对终端的各种情况进行详细的分析汇总，如访问时长、操作步骤、访问界面、终端硬件、网络、版本等。

行为收集服务收集用户打开界面、关闭界面、打开应用、退出应用等操作行为，同时收集终端平台、系统版本、分辨率、运营商等信息。这些默认采集项不需要开发人员进行任何编码工作。行为收集服务引擎同时支持自定义事件收集接口，开发人员可以根据统计分析需求在任何需要采集信息的地方，通过调用接口采集用户更详细的信息数据，如用户打开了哪个页面，然后根据上报策略上报收集的信息到管理平台的数据收集服务（见图 7.8）。

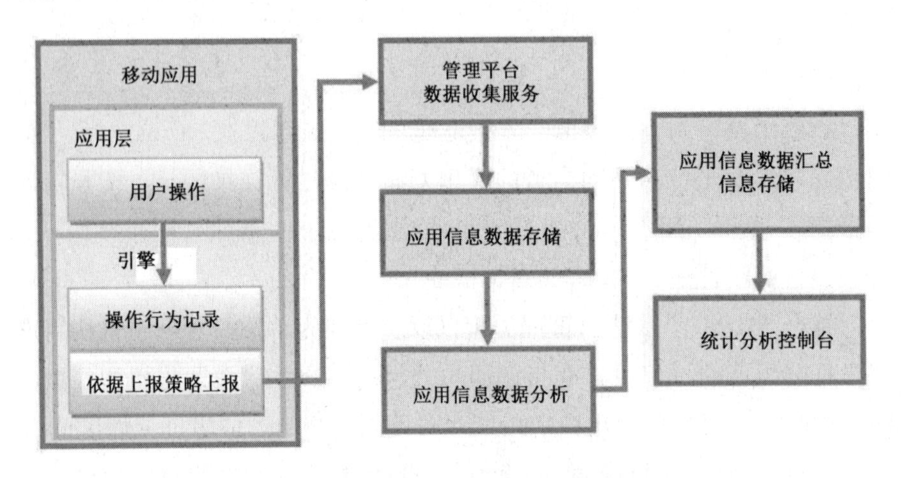

图 7.8　统计分析

统计分析支持基本统计、活跃用户、使用频率、使用时长、页面访问、地域分析、版本分析、渠道分析、设备分析、操作系统、分辨率、运营商、连网方式、自定义事件分析、终端异常分析等（见表 7.1）。

活跃用户分析能够帮助运维管理人员合理制定系统更新时间，减少系统运维对用户正常使用的影响。

用户行为分析既能够帮助开发者完善应用的用户交互设计，又能通过终端、网络等方面的分析数据让研发团队更了解用户使用环境，让终端适配测试更有针对性（见图 7.9 和图 7.10）。

表 7.1　统计分析表示例

页面 ID	页面访问次数	平均停留时间	停留时间占比	跳出率	
../docCantor.html	4	335	0	0.1%	跳转
../hoes/hose.html	46	1841	0.02	3.84%	跳转
docCenter.html	30	2952	0.04	1.25%	跳转
home/home.html	964	65584	0.8	85.46%	跳转
index.html	49	1012	0.01	2.6%	跳转
index/index.html	150	10190	0.12	6.54%	跳转
infoCenter.html	2	24	0	0.21%	跳转
menu.html	16	44	0	0%	跳转
textManger.html	1	6	0	0%	跳转

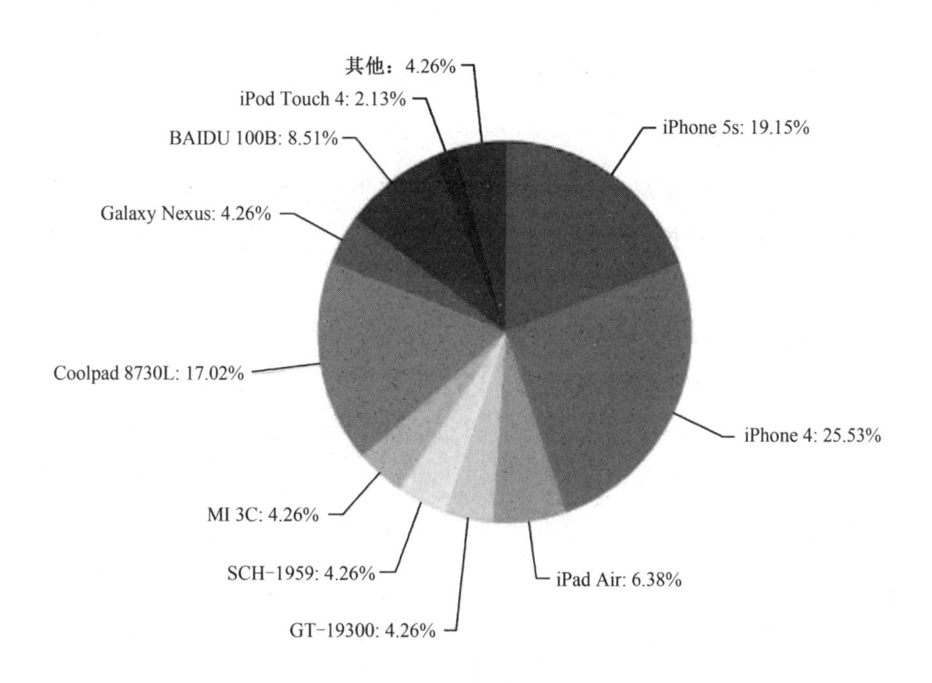

图 7.9　统计分析示例（一）

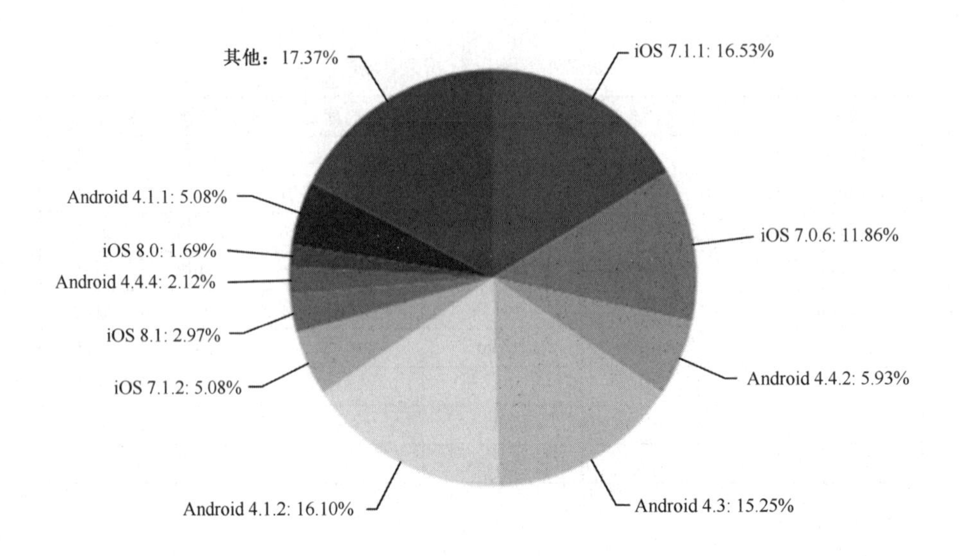

图 7.10　统计分析示例（二）

（7）应用监控

应用监控是平台为管理员提供的移动应用运行状态监控服务。管理员可以通过应用监控即时了解当前应用的并发会话数和异常告警数等信息。

（8）接入控制

为了保证企业移动接入安全，移动应用需要在接入管理中向平台管理员申请接入权限，设定应用需要访问的移动接入服务类别。当管理员审核通过后，应用才可访问相关接口。管理员可以在后台查询应用接口权限信息并审批申请。

（9）证书管理

当应用需要采用移动应用证书进行应用接入身份校验时，管理员可以为应用颁发应用证书，对应用身份进行控制。管理员可以对同一应用的不同用途版本颁发不同证书，并可以在后台控制应用证书的有效性。

4．移动设备管理（MDM）

MDM 是面向企业设备、BYOD 设备的移动设备生命周期管理子系统，与 MUM 子系统配合对移动设备的注册、激活、注销、丢失、淘汰等各个环节进行统一管理。AppCan MDM 系统提供强大的设备控制能力，包括功能限制、远程锁屏、远程擦除、远程配置、远程定位、越狱监控，以及应用的远程推送、卸载等机制；并提供设备授权、激活限制和资产统计等设备管理能力。基于 MDM，企业可以实现对用户设备的生命周期管理、配置管理和安全控制。

（1）生命周期管理

MDM 子系统提供了设备一体化全生命周期管理能力，包括设备注册、激活、注销、丢失、淘汰和越狱控制等。

用户通过 MUM 登录平台并通过 MAM 完成设备与用户的身份注册绑定后，可下载安装策略文件激活设备，接受企业 MDM 服务的管理。系统提供设备激活控制，可限制激活设备的型号、数量和 OS 版本，以控制设备接入风险。

对于丢失或可疑设备，管理员可以远程锁定设备，擦除设备中的数据，禁用和注销设备，以保证企业业务的访问和数据的安全性。

MDM 子系统还提供设备越狱监控能力，支持越狱警告、禁用设备和限制激活。

（2）设备状态查询

管理员可以在企业后台对用户设备信息进行远程查询，获取设备的型号、系统、网络、位置、流量、电量、应用等信息，及时掌握设备的使用状态。

（3）远程控制

管理员可以完成设备的锁屏、定位、漫游、擦除、注销等远程控制操作，及时控制可疑和丢失设备，降低设备失控风险。

（4）远程配置

对设备的网络接入点、锁屏密码策略、应用安装/卸载做企业配置下发。配置策略与用户身份绑定，由平台统一维护，并以远程推送形式完成，企业配置下发更加安全高效。

（5）功能限制

对于 iOS 设备，MDM 子系统还提供了强大的设备功能限制能力，如对语音拨号、拍照、截屏、Safari、iTunes Store、iCloud 、Siri、FaceTime、隐私策略等进行使用限制，对 iOS 设备使用中可能的数据泄露问题进行全面保护。

（6）设备统计

对个人和企业设备进行全局统计与管理，使管理员对企业设备资产做到胸中有数。

5. 移动内容管理（MCM）

移动内容管理是为了解决移动内容分发管理而设计的 EMM 平台子系统。MCM 子系统提供内容采编、内容分发、安全保护、统计检索等移动基础信息发布和管理能力，支持图文采编和附件发布，支持内容分享、下载、评论并做授权控制。

（1）内容采编

管理员可以根据内容类别创建内容栏目，如建立公告、新闻、文档库，并按组归档。管理员在库内即可完成移动内容的图文采编，支持标签和附件。

（2）内容分发

管理员可以根据预先设置的内容授权策略，指定移动内容目标受众，完成移动内容的精准发布；并与推送服务集成，远程推送文档动态。发布后的内容支持分享、下载和评论，管理员可以灵活配置相应操作授权。

（3）安全保护

管理员可在内容发布时配置加密保护，确保移动文档下载到用户终端后的存储安全，并保证用户的一致性体验；同时提供远程删除手段，完成在库内容销毁或过期后终端设备对应内容的同步清理。

（4）检索统计

支持按标题、作者、标签进行内容检索，支持对内容阅读量、下载量、评论次数进行有效统计。

6．移动邮件管理（MEM）

MEM 是为解决企业邮件移动收发和安全保护而设计的 EMM 平台子系统。MEM 通过移动邮件网关代理机制，以及受保护的安全邮件客户端，并与 MDM 等平台安全机制相结合，完成企业邮件移动代理收发、配置推送、分发控制和内容保护。

（1）代理网关

通过独立部署的邮件代理网关并前置于 DMZ 区，避免企业邮件服务器直接暴露于公网中，在 DMZ 区内完成对企业现有邮件服务的代理收发并与邮件客户端间进行公网加密传输，一方面降低网络泄密风险，另一方面对邮件网关增加灵活的移动管理能力和安全保护策略，完成企业邮件服务的移动化延伸和安全防护。

（2）分发控制

对不同企业用户配置不同的移动邮件分发控制策略，比如控制邮件收发、附件预览和下载，对邮件客户端登录时间进行限定等。

（3）内容保护

对邮件客户端存储进行加密保护，对离线邮件数据依照安全策略完成内容保护。

（4）设备保护

通过配置可选的设备保护机制，企业员工在移动终端上首次登录邮件客户端时，自动完成邮件账户与移动设备的注册绑定并激活邮件客户端，移动邮件收发须通过绑定终端进行。员工离职、设备注销或者丢失，终端将被自动解绑，并无法使用邮件客户端，原有邮件数据将被自动擦除。对违规设备将自动禁用客户端和擦除邮件数据。

（5）配置推送

企业用户无须进行邮件账户手工配置，完成认证登录后包括邮件证书在内的企业邮件配置和个人账户凭证即被自动下发到注册邮件客户端上，且被自动纳入设备保护。

7. 平台管理服务

平台管理服务是为企业平台管理提供的全局性运行统计汇总和运维管理服务。平台管理可以聚合平台运行状态信息，展现平台整体运行情况。

通过平台内置的监控检测机制，管理员可以查看平台即时运行情况，统计和汇总当日和累计的平台整体应用和用户活跃数据，如新增应用数、创建应用数、应用上/下架数、应用安装排名、应用启动排名、应用活跃排名、操作系统情况等信息。

提供管理员创建、删除、编辑，以及基于角色的管理员权限配置等服务；支持管理员自定义头像、管理员账号锁定、管理员信息配置等功能。此外，还提供管理员日志服务，可以记录所有管理员的关键操作行为，以便后续筛查和监督。

平台还提供可定制的平台数据备份策略，可以定义平台的备份时间、间隔和备份时效。通过平台公告，管理员可以发送平台级公告，即时通报最新事件和任务。通过接口审核机制，可以有效审核移动应用对后端服务接口的访问请求。

8. 平台开放集成服务

EMM平台开放集成服务是为了满足企业对EMM系统二次开发和已有业务集成提供的开放服务框架。

（1）单点登录

提供管理员单点登录服务，保证用户二次开发的业务后台或管理服务使用同一身份进行管理，不需要单独开发额外的管理员管理服务。

（2）管理门户整合

平台提供门户整合能力，具有高度的开放性和统一性。用户二次开发的系统，可以快捷地接入 EMM 平台中，并与平台子系统紧密融合，形成统一的移动管理门户。

（3）服务权限聚合

用户二次开发的系统，可以快捷地引入系统的权限配置节点到 EMM 平台权限配置节点库中，便于为管理员设定接入系统权限。

7.4.2　平台优势

AppCan 企业移动管理平台具有如下优势。

1. 丰富完整的平台级管理能力

AppCan EMM 平台完整提供了企业应用商店（EAS）、移动用户管理（MUM）、移动设备管理（MDM）、移动应用管理（MAM）、移动内容管理（MCM）、移动邮件管理（MEM），以及移动接入管理、移动运行监控等一体化企业移动化平台级管理能力，在向企业提供有效的对人、设备、应用、内容、邮件的综合管理服务的同时，交付全面完善的企业移动信息化管理手段。

2. 标准开放的管理框架

AppCan EMM 平台继承了 AppCan 产品线一贯的标准开放特性。各管理子系统均采用标准开放易扩展的设计框架，提供了丰富的扩展插件/接口和 API，便于企业集成业务管理后台、扩展服务能力。企业二次开发的系统，可以快捷地接入 EMM 平台中，并与 EMM 各子系统紧密融合，实现移动管理后台的高度开放性和统一性。

3．全面强大的安全控制手段

AppCan EMM 平台围绕移动用户、设备、应用、内容、邮件各个维度，提供了全面强大的安全控制手段。

在用户管理方面，提供统一用户管理，支持单点登录，提供丰富的移动用户权限和访问控制服务。

在应用管理方面，可对应用及应用内访问做用户授权，并支持终端绑定，控制用户对终端上移动应用的使用；支持应用门户内应用对不同用户的可见性；提供统一的移动应用升级管理，支持应用强制补丁更新；支持对移动应用施加证书校验，对应用接入身份进行控制。

在设备管理方面，提供远程锁定、远程擦除、远程配置、越狱监控、丢失保护、应用远程分发等多方位设备控制机制。

在内容管理方面，提供内容加密、远程删除和过期保护机制，有效杜绝移动内容泄露问题。

在邮件管理方面，提供邮件分发控制，支持基于用户和设备对移动邮件分发进行安全管控，对邮件内容进行保护。

同时，平台还提供权限接入聚合能力，支持将企业系统的权限配置节点快速引入平台权限配置节点库中，并设定接入权限。

4．直观丰富的统计分析

支持通过用户行为数据对应用和终端的使用情况进行详细的分析和汇总，提供基本统计、活跃用户、使用频率、使用时长、页面访问、地域分析、版本分析、渠道分析、设备分析、操作系统、分辨率、运营商、连网方式、自定义事件分析、终端异常分析等多种统计分析手段。

8

第 8 章

移动云平台技术

云服务是指将原来需要在本地或单独部署服务器实现的能力通过集中部署、统一提供服务的方式来支持前端服务的资源服务。移动云专指为移动提供资源服务的云服务。移动云中的很多服务是与普通互联网云服务相重叠的，也有很多服务是面向移动为应用设计的。

8.1 移动管理云平台

移动管理云平台是面向移动应用提供综合应用管理、运行统计、运营分析的云服务平台。其设计目标是把移动应用共性的管理需求进行标准化实现，使移动应用开发聚焦于移动业务本身，减少甚至忽略移动管理需求的开发投入。

移动管理云平台是较早出现的移动云平台。在早期高体验移动应用开发浪潮中，很少有团队能够在单个项目中提供复杂的应用管理统计分析能力。同时随着对移动应用运营重要性的认识度逐渐提升，移动管理云平台开始出现。移动管理云平台架构如图 8.1 所示。

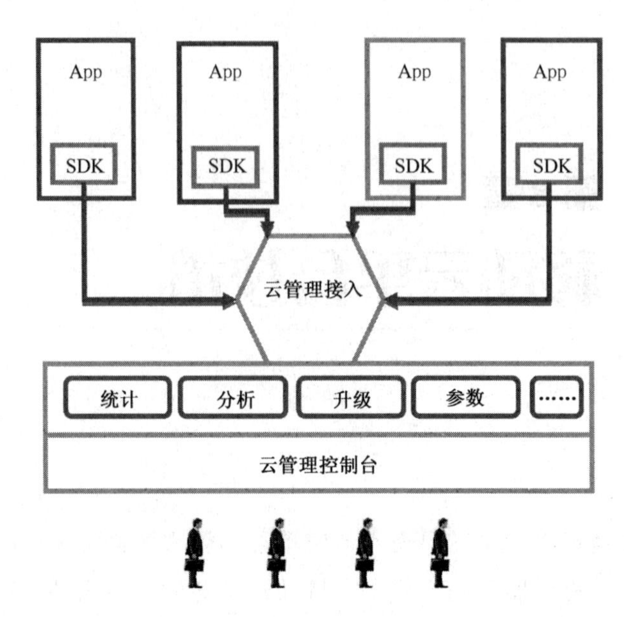

图 8.1　移动管理云平台架构

移动管理云平台通过对管理运营需求进行分析规划，提供前端 SDK 组件，移动应用开发时仅需少量代码或不需要编写代码，只要在应用中集成 SDK 组件即可完成移动应用相关用户信息的采集和控制。移动管理云平台建立移动接入标准服务接口，与前端 SDK 组件完成协议对接，收集移动端信息或下传数据。对于获取的移动端数据，管理云平台会根据统计分析目标进行运算处理，输出用户运营数据报表。应用管理员可以在后台对应用的运行情况进行全面细致的了解，指导应用运营和二次营销。同时通过后台管理服务，应用管理员可完成应用升级维护和应用参数的快速调整。通过移动管理云平台，能够解决绝大部分运营管理需求，使移动应用开发过程中不再需要专业的数据分析团队来完成相关工作，降低了开发投入，也缩短了项目开发周期。

目前互联网主流移动管理云平台主要包含统计分析、升级管理、远程参数等服务。有些管理平台还会提供推送等附加服务。移动管理云平台的统计分析能力主要包含如下几方面。

（1）综合分析

综合分析是对各项数据在两日内的对比分析和一段时间内的趋势变化分析，使管理员快速了解应用的即时运行情况和趋势变化。

（2）用户分析

用户分析是以用户为采样点，对新增、活跃、流失情况进行分析，帮助提高用户留存率。一般对用户的应用日使用情况、单次使用时长进行统计。

（3）渠道分析

对于应用分渠道发布的场景，通过统计渠道信息，便于渠道对账和优化渠道构成，提高应用推广效率。

（4）终端分析

对于应用所部署的目标终端信息进行统计分析，了解用户终端型号构成、用户网络使用构成，便于调整应用版本开发和测试方案，减少应用适配工作的投入成本。

（5）异常分析

用于获取应用崩溃信息，便于开发人员修正问题，提高应用稳定性。

（6）行为分析

对用户的功能访问路径、事件转化率、自定义事件进行分析，提供应用后期改进参考，提高用户转化率，增加应用营收。

由于移动应用的碎片化需求众多，移动应用的持续改进压力远远大于传统应用，因此，平滑稳定的升级能力是应用可持续服务的关键。移动管理云平台的升级管理服务主要包含如下几个方面。

（7）多平台升级

支持不同移动操作系统应用的升级能力。管理人员不再需要复杂的服务器配置，只需要简单上传安装包或配置升级源地址即可完成应用的升级版本发布。

（8）多渠道升级

由于移动应用的多平台性，移动应用的升级渠道也是多种多样，移动管理云平台能够对多渠道进行管理，支持面对多渠道的应用快速发布和升级，提升应用运维管理效率。

（9）灰度发布

当应用量较大时，面对全部用户的同时升级发布对于升级服务器的压力是灾难性的。同时，基于需求的版本改进也需要进行少量用户试点。因此，灰度发布是管理云平台升级能力的必备项。一般灰度发布包含分平台发布、分地域发布、分用户发布、限量发布、分渠道发布、分版本发布、分活跃度发布等。

（10）增量发布

随着 HTML5 混合技术的逐渐普及，增量发布已经成为混合模式开发应用的核心功能。通过下发升级网页包替换原始应用内容，更新应用能力，可以有效降低用户升级下载流量，减少 AppStore 发布成本，缩短应用上线周期。

移动应用的每次修改都伴随着应用的升级。某些场景下，只需要对应用的参数进行调整，如调整应用难易度和应用背景图等。这种面向运营、面向用户的调整不需要修改代码，只是完成配置的修改。移动管理云平台提供的在线参数能力即专为此设计。通过在应用开发期内完成应用配置的处理，在管理云平台上定义好参数配置。当应用启动或收到平台参数更新时，通过 SDK 获取云端参数调整应用本地参数，实现应用的功能调整。

移动管理云平台除具有上述功能外，不同公司还有不同的功能扩充，如添加用户反馈、分享等。通过功能封装可以降低应用功能的开发工作量，使开发资金和开发人员的主要精力集中在核心业务和用户体验上。

8.2 移动云开发平台

移动管理云平台是为了减少应用共性能力的需求而提供的服务平台，但应用的业务依然需要团队进行开发，移动云开发平台就是对这部分开发工作动刀的平台。减少这部分开发工作的方法有以下两种。

1. 模板化

移动应用在很多场景下存在共性需求，个性化需求少或者可穷举覆盖。一些云平台厂商把这些需求场景进行了定制化实现，统一实现前后台功能；同时，为了扩大应用适配范围，对可抽象的个性化需求也进行了定制化实现。以定制化实现为模板，为用户提供基于 Web 的可配置界面，让用户在一定范围内对应用进行拼装定制。例如，2012 年 AppCan 推出了 DiscuzX 对接项目，通过对 DiscuzX 论坛实现接口插件化，为移动端提供数据支撑。在前端利用 AppCan 的混合技术提供论坛移动应用模板，论坛站长可以快速配置应用色彩、图标等资源，通过云平台生成论坛专有的移动应用。目前，统计的安装量已经超过了 2000 万户。中国网基于同样的技术为其行业客户提供模板化移动应用开发服务，实现了原有互联网行业网站的二次销售，目前已经覆盖几百家行业客户。模板化这种模式可以快速大量产生同质化应用。当有个性化需求时，由平台提供私有定制服务，收取一定费用，这种模式适用于个性化要求不高的移动用户。随着移动信息化的不断深入，个性化需求层出不穷，同时企业希望在移动信息化中能够达到完全掌控，仅仅依靠平台厂商提供定制化服务完全满足不了用户。

2. 工具化

与模板化不同的是工具化。模板化是把应用业务的共性需求进行标准实现。但是大部分场景的移动应用是个性化的，模板化的可定制性不能满足用户的需求，工具化从另一个方向来解决这个问题。“授人以鱼不如授之以渔”，模板化给了用户一条鱼，工具化则给了用户一个抓鱼的工具，而工具化的成功就取决于其工具的易用性。

传统的移动应用开发使用原生技术，即使用目标终端的操作系统指定的开发语言进行开发。例如，Android 采用 Java 进行开发，iOS 采用 Object-C 进行开发。同样功能的应用需要最少两个团队来完成。原生技术难学难精，开发周期长，这些提高了移动应用开发的门槛。随着 PhoneGap、AppCan 等国内外混合技术厂商的技术逐渐成熟，混合模式移动应用研发已经成为业内普遍的方案。微信内置的 JSBridge 框架其实就是混合模式应用的一种表现。混合模式开发不再强调原生技术，而是以 HTML5 为应用主要开发语言，通过 HTML5 技术实现业务需求，同时把各种原生能力进行集成，输出可与原生应用相媲美的移动应用。混合式应用可以看做采用 HTML 技术开发的 C/S 架构应用。新的开发技术产生新的开发体系。混合模式厂商为开发人员提供了强大的定制工具和云端服务，这就是移动云开发平台（见图 8.2）。

移动云开发平台首先为开发者提供全面的开发社区服务，支持开发人员快速学习和熟练使用移动开发技术。开发社区包含开发文档、开发框架、引擎、插件、资源、开发工具等，全面覆盖移动开发所需要面对的各种挑战。同时，移动云开发平台还为开发人员提供开发协同服务，便于开发人员管理代码、人员、缺陷、需求和配置。开发人员不再需要自行搭建相关服务来管理项目。基于 Hybrid 技术开发的应用最终还需要编译环境完成应用的最终发布编译，但是，基于 Hybrid 技术的开发人员主要是 HTML 开发人员，他们没有能力和经验来搭建复杂的原生编译环境。因此移动云开发平台提供基于 Web 的云编译环境，开发人员不再需要了解具体的编译配置细节，只需要选择目标项目并配置相关图标、启动图片等资源和信息，即可完成应用的最终编译。移动云开发平台的出现使人人开发移动应用成为可能。国内最早出现的开发平台 AppCan 目前已经拥有了 70 万名开发者，近 6000 家企业借助 AppCan 的技术来提升企业信息化水平。

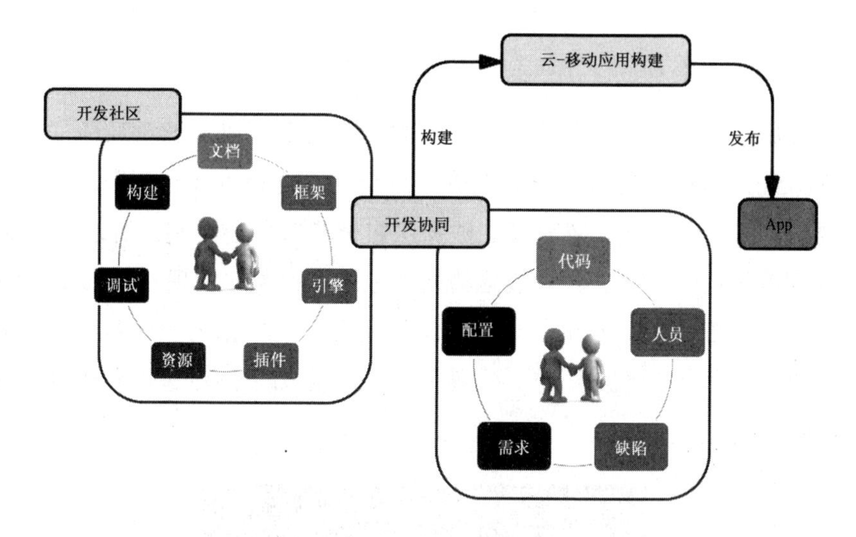

图 8.2　移动云开发平台

8.3　移动 BaaS 平台

移动管理平台解决了移动应用管理问题，移动开发平台解决了移动应用前端开发问题，移动应用开发的最后一个堡垒即后端服务开发。移动应用需要强大的后端数据支撑服务，因此构建一个移动应用不仅需要完成移动应用的前端开发，还需要一个强大的团队来完成后端支持服务的开发。传统的后端开发方式如图 8.3 所示。

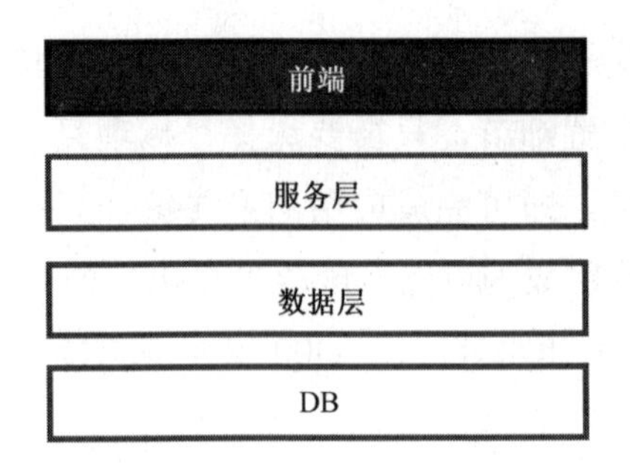

图 8.3　传统的后端开发方式

数据层负责完成与数据库的交互封装，服务层基于数据层完成业务逻辑封装，前端调用服务层来完成用户交互。这种方式在不同的项目中需要后端人员完成数据库设计、数据层封装和服务层封装。而移动 BaaS 技术打破了这一模式，它对数据的处理进行了抽象化实现。BaaS 认为应用开发中大部分数据都可以看做对象的集合，对数据的操作都可以看做对对象的操作。其他如用户、文件等有个性化需求的对象单独处理（见图 8.4）。

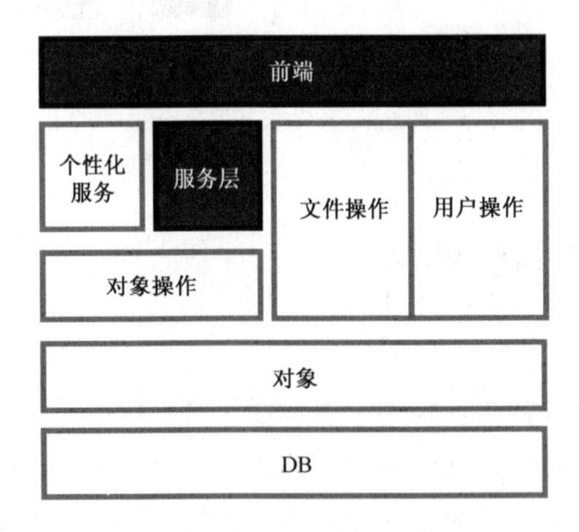

图 8.4　移动BaaS技术

原来隐藏在数据库中的各个表格，被划分成一个个对象。BaaS 平台把对对象的操作进行了统一的封装。对用户、文件的操作由于其需求比较明确，因此进行单独封装。这样，应用开发中原来由后端开发人员开发的数据层关于用户、文件操作进行了标准化，提供了统一封装接口。对于个性化的数据，后端提供通用的面向对象操作接口。把原来需要后端人员开发的业务逻辑前置到移动应用前端中，这样移动应用开发就不再需要独立的后端开发人员了。上述模型中，后端数据的生成都要由前端完成。例如，前端创建了个人信息对象，当用户录入个人信息后，通过 BaaS 接口向数据库中写入个人信息，然后可通过 BaaS 接口来获取写入的个人信息。这个过程不需要后端人员去创建表格，都由 BaaS 自动完成。但这也产生了一个问题，即数据的权限如何控制。例如，只有创建者能看到个人信息。BaaS 提供基于 ACL 的控制策略，即谁创建的数据就由谁来设定数据的使用权限。当数据对象被创建并写入数据库时，通过前端设定的 ACL 控制策略来控制谁可以读、谁可以写。这也造成了一定的局限性，即有些时候数据不一定由前端生成，或需要复杂的处理才能确定，但又不想暴露这部分处理到前端代码。BaaS 平台提供了自定义服务能力，即开发人员可以根据项目需求在后端部署代码来处理数据。

移动 BaaS 平台是为了降低后端开发复杂度而设计的移动数据支撑平台。移动应用基本的后台服务不仅仅需要支撑数据库存储查询，还需要文件资源存储下载、即时通信服务支撑、推送能力支撑等。移动 BaaS 平台通过对数据服务进行标准化，并通过处理前端化的方式，规避后端开发问题，使仅仅具有前端开发人员的团队也可以完成移动应用的开发（见图 8.5）。

目前，BaaS 系统常采用的后端环境是 NODEJS，通过后端 JavaScript 这种非常容易学习但又非常强大的语言，实现后端的服务定制。同时，由于前端 Hybrid 技术的普及，前后端都可以采用 JavaScript 技术进行开发，有效降低了技术复杂度，使开发团队构成更加简单。BaaS 系统不仅仅是对数据的处理封装，移动 BaaS 最终目的是覆盖完整的移动服务后台支撑。目前，BaaS 最基本的功能范围包括数据、用户、角色、ACL、文件、IM、推送等能力。这也是目前业界大部分移动应用所依赖的后端能力。同时 BaaS 后台还需要提供面向服务的综合监控服务，帮助管理员在后台数据层面上完成应用的管控，如访问量、压力、用户和数据维护等。

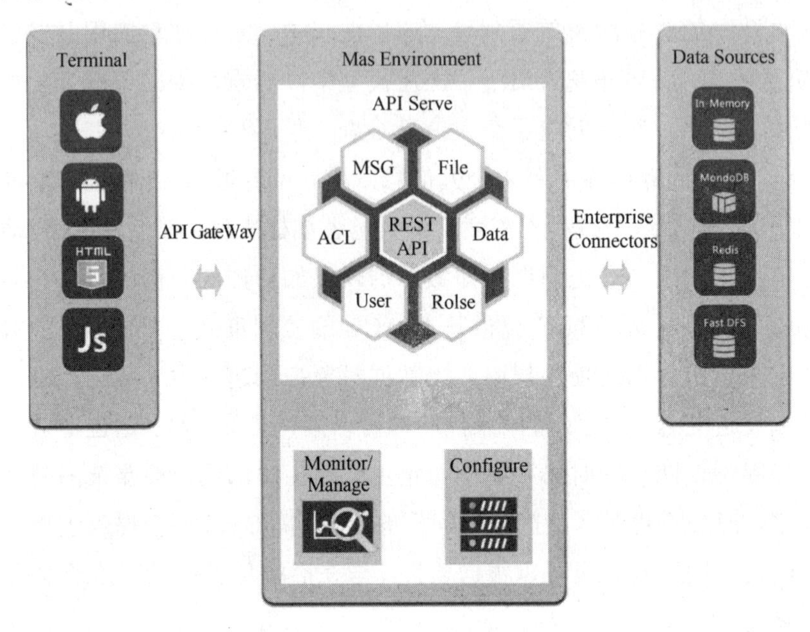

图 8.5 移动BaaS平台

8.4 移动物联网云平台

物联网是新一代信息技术的重要组成部分，也是信息化时代的重要发展阶段，是继移动互联网后的又一重要市场机遇。很多巨头都已经在物联网方面开始发力，如京东、小米等。物联网即物物相连的互联网。物联网虽好，但不是每个硬件厂商都有能力搭建。同时，不同厂家的设备也面临着互连互通的现实问题。物联网云平台就是希望建立统一的标准来为不同的厂家提供物联网支撑能力。物联网云平台并不生产硬件，而是生产标准。

物联网云平台的工作方式如图 8.6 所示。

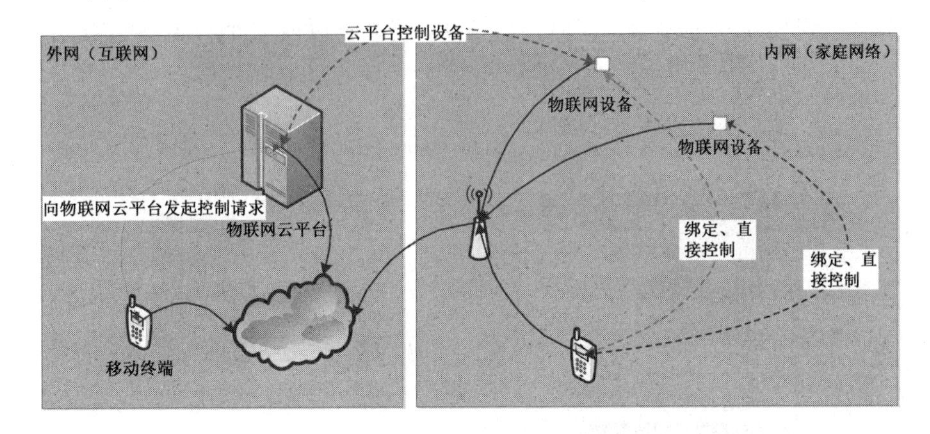

图 8.6　物联网云平台的工作方式

物联网云平台为厂家提供统一的 SDK 组件，物联网设备生产厂家在设备中集成 SDK 库，每个设备都有唯一编号。物联网云平台面向移动应用提供 SDK 组件，移动开发人员可以基于 SDK 开发出个性化的移动应用。当用户安装移动应用后，用户可以在内网（家庭网络）中搜索家庭里的物联网设备，并与物联网云平台进行通信。物联网云平台通过网络完成物联网设备和移动终端用户的认证，并完成设备和用户的绑定。用户可以在家庭内部直接完成对设备的控制和信息采集。当用户在公网中时，应用会访问物联网云平台，由物联网云平台完成用户的认证，并转发设备控制指令和设备采集的数据。

那么物联网设备和终端的信息交互是如何规范的呢？例如对于一盏电灯，可以认为它的参数是 switch，这个参数有两个选项：on 和 off。对于一盏可调亮度的电灯，可以认为它的参数是 switch 和 level。switch 可以选择 on 或 off，level 可以选择 1～5。可以看出，任何物联网设备的能力都可以看做一组参数的集合。因此厂家在物联网云平台上注册一款设备，并获得这款设备的唯一编码。然后根据设备能力，在云平台上定义控制参数和采集参数。在生产设备时，通过编码获取设备信息并通过 SDK 库传递到物联网云平台，同时通过 SDK 获取物联网云平台控制指令，然后对设备参数进行变更（见图 8.7）。

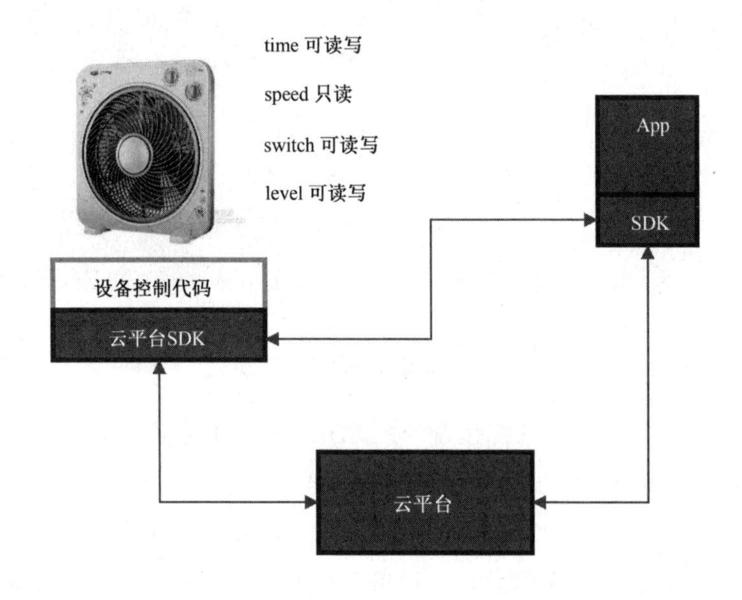

图 8.7　信息交互方案

从上述方案可以看出，物联网云平台仅提供协议层的封装和企业后端管理能力。移动应用和物联网设备由厂家或开发者个人定制。这种方式与京东智能云、阿里物联平台有一定差异性。阿里和京东在 App 端打造了超级 App 来控制所有设备，这牺牲了一定的用户体验。AppCan 基于 Hybrid 技术，不仅仅在前端提供了 SDK 库进行封装，还提供了丰富的设备控制模板。企业可以通过快速拼接完成个性化的移动应用。普通用户也可以自己开发私有的移动控制台。

8.5 移动一站式开发平台

移动云开发平台、移动 BaaS 平台、移动管理云平台分别覆盖了移动应用的前端开发、后端开发和管理能力，构成了移动应用研发的铁三角。移动物联网平台是互联网的又一爆发点。有没有一站式的综合支撑平台，能够让开发人员在单一环境下享受开发平台、BaaS 平台和管理平台的服务呢？

AppCan 主推的一站式开发平台综合了移动云开发平台、移动 BaaS 平台、移动管理云平台、移动物联网平台的能力，使开发人员不再需要组合多个不同厂家的能力来打造应用。同时 AppCan 也在聚合其他平台提供商，使开发人员有更多的选择。

从图 8.8 可以看出，AppCan 已经构建了完整的移动开发管理体系，同时，不断聚合互联网平台资源，为开发者打造完整的移动一站式开发平台。

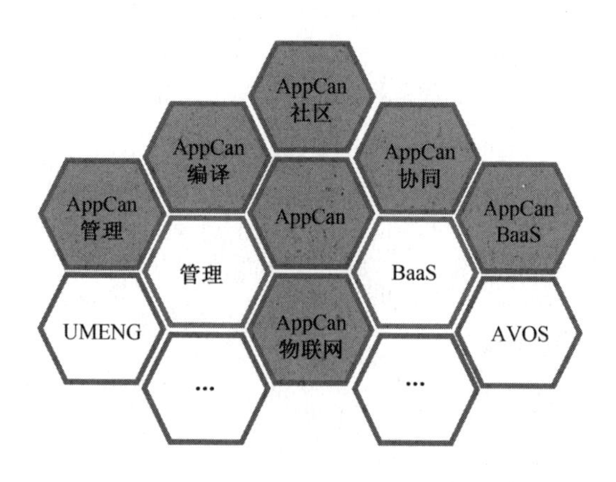

图 8.8　移动开发管理体系

AppCan 移动一站式开发平台如图 8.9 所示。

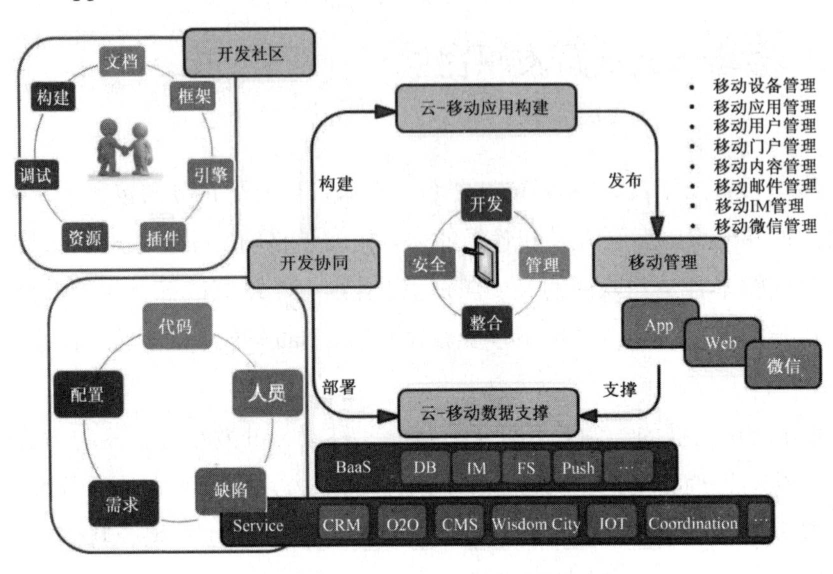

图 8.9　AppCan移动一站式开发平台

9

第9章 移动安全

快速普及的智能手机、平板电脑等移动智能终端已经成为移动互联网时代每个人工作和生活中不可或缺的一部分。基于移动互联网的便利性和及时性，越来越多的企业员工习惯于在移动终端上即时处理工作事务。BYOD 办公形式的兴起给企业办公带来便利的同时，也打破了企业传统内网保护模式的 IT 安全边界，一方面，企业 IT 安全建设面临前所未有的数据泄露和安全保护手段失效等巨大挑战。另一方面，移动终端固有的随意越狱、应用/木马植入、后端服务不可控和易失性等常态化问题，导致 BYOD 办公形式带来的数据泄露问题更加严重。各种移动安全事件频频曝光，更为移动安全问题敲响了警钟（见图 9.1）。

移动安全是企业移动平台战略的基石，它是覆盖前端、管理端、服务端的整体安全体系。

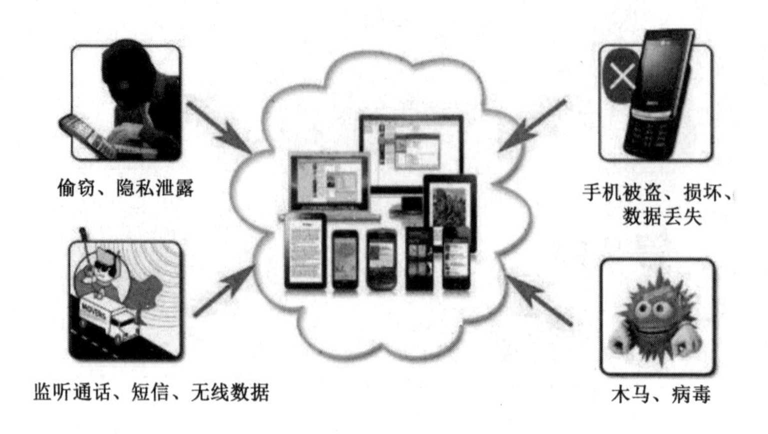

图 9.1　移动安全问题

9.1　移动化对企业 IT 管理的安全挑战

企业移动信息化带来的 IT 管理安全挑战，归纳起来，主要有以下几个方面。

1．现有移动终端的不可控问题

目前的移动终端智能系统底层欠缺系统化的安全保护机制，系统权限管理混乱，恶意 App 可以获取设备中的任何信息（短信、通讯录、照片、文档等）。设备随意越狱使得系统底层的应用沙箱安全边界被打破，企业数据实际处于“裸奔”状态。此外，App 反编译、重新打包植入木马、App 后端服务不可控，以及移动终端易失性等常态化问题，导致 BYOD 办公带来的数据泄露问题更加严重。

2．BYOD 移动办公的兴起

BYOD 设备在为企业办公带来便利的同时，由于缺失有效的数据监管手段，也加剧了企业数据泄露的风险。员工可以随意使用自己的手机、平板电脑收发邮件、即时通信、网盘存储、分享信息等。

3. 企业 IT 安全管理边界被打破

移动办公的 4A 特性使得原有基于固定区域、固定设备、固定网络的企业信息安全传统保护手段（UKey、强制访问控制、防火墙、VPN 等）面临失效。如何在保证移动办公 4A 便利性的同时，完成“进不来、看不见、改不了、拿不走、赖不掉”的安全管控，重新构建完整、高效、安全的覆盖移动办公的整套安全体系（包括身份认证、访问控制、应用/配置分发、数据保护和安全审计），避免企业数据泄露，是对今后企业 IT 安全管理的巨大挑战。

4. 移动设备/应用的恶意渗透

存在安全漏洞的设备，或者安全保护不充分的企业发布应用，随时有可能被用做恶意攻击渗透的跳板，通过企业 VPN 渗透到企业内部网络或业务系统，造成更大的安全事件（见图 9.2）。

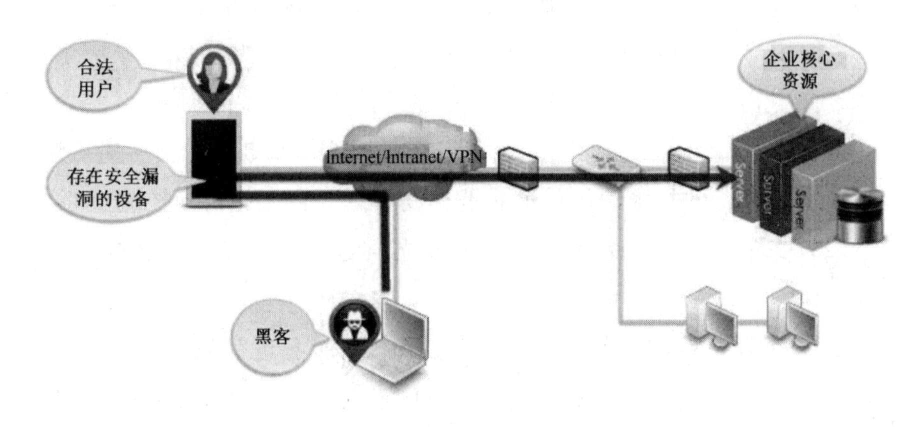

图 9.2　恶意渗透

9.2 企业移动安全的合规策略考量

与面向公众的B2C业务不同，由于涉及企业内部数据资产，在实施面向企业内部办公的B2E移动业务之前，企业应整体规划移动安全合规策略，尤其应重点考虑以下几个问题。

（1）如何控制非授权用户对企业应用的违规访问

这主要从强化企业应用的身份认证和访问控制入手。

在身份认证方面，可考虑采用两种或两种以上组合的身份鉴别技术对企业员工接入进行身份鉴别，比如静态密码、手势密码、二维码、数字证书、终端与应用绑定等，必要时也可附加设备锁屏密码，密码应强制要求定期更改。由企业IT部门统一定义为认证策略，交给企业移动管理平台自动完成。

需要注意的是，使用组合身份认证方式时，需要结合移动终端的用户习惯，尽量采用隐式的附加认证的方式，保持移动端的良好体验。比如，采取用户口令和终端绑定、口令+端数字证书，或者首次登录应用前必须在企业内网身份认证系统上扫描二维码形式的设备激活码。

在访问控制方面，需要基于企业组织机构整体规划企业员工对应用、设备、数据的访问权限表，借助企业移动管理平台实施访问控制策略。

（2）如果允许BYOD设备接入办公，如何建立企业安全有效的BYOD策略

BYOD设备是员工个人财产，企业无权对设备进行强制和全面的管理，需要尊重员工个人隐私，避免过强的设备控制带来员工对企业移动信息化的抵触情绪。

对于BYOD设备，基于现有的企业移动管理平台能力，企业应更多地从企业应用和数据维度整体管控企业应用的接入和数据安全，同时辅

以可自定义配置策略的设备管理（MDM）手段。

在设备管理方面，对于 BYOD 设备，MDM 管控手段主要着眼于控制设备接入（注册激活）、企业网络配置下发（WiFi、VPN）、丢失保护（锁定设备、企业应用数据擦除）等，尽量不触及个人设备数据隐私，一般不做强制性过强的设备级数据擦除、设备定位、应用安装监控等操作。当然，设备丢失时员工主动要求的设备强制锁屏和设备数据全擦除外。

（3）如何有效管控移动端可能存在的企业数据泄露问题

首先，在企业应用开发阶段，就应考虑本地数据安全保护问题。

应尽可能少在本地缓存业务敏感数据；如果必须缓存，应充分进行安全性评估，并对缓存的企业应用敏感数据和后端服务配置进行加密处理。

对企业应用关键代码进行混淆处理，以杜绝应用安装包可逆向编译带来的业务逻辑泄露。

对企业应用关键资源文件进行数字签名，确保对应文件的完整性，杜绝运行期间外部篡改带来的运行时安全问题。

生成企业应用安装包时加入安装包签名机制，并与应用后端服务进行签名校验，杜绝应用篡改再次封包带来运行接入问题。

其实，业内很多优秀的移动应用开发中间件/平台，内建了相关安全能力，借助它们在移动应用开发阶段无须额外编码就可以取得事半功倍的效果。

其次，在部署实施企业应用阶段，可以采取如下措施杜绝数据泄露。

第一，关键数据接入传输采用 HTTPS 通信协议，确保通信数据的保密性和完整性；第二，在应用服务接入时进行安装包签名校验，杜绝仿冒应用的非法接入；第三，必要时，还可设定基于时间和地理围栏技术的设备管控策略，管控移动端设备的截屏、录音、拍照、复制和粘贴行为。

最后，针对部署安全策略，在移动管理平台后端构建合规事件和审计机制，做好移动用户安全行为的事件监控和事后监督机制。

9.3 企业移动平台安全体系

AppCan 企业移动平台依照云、管、端体系进行系统架构。云即平台云服务后端，提供前端接入控制、后端平台基础服务、业务系统对接服务。管即平台管理端，提供企业用户管理、应用管理、设备管理、内容管理、邮件管理等一体化服务管理能力。端即移动终端，AppCan 平台通过高效的 AppCan Hybrid 引擎提供强大的移动展现和终端保护能力。

平台安全体系围绕云、管、端三个方面，在各自层面采用不同维度进行系统保护。同时，平台整体以 PKI/CA 证书体系为基石，对云、管、端各层子系统进行签名校验和信息传递保护，从而构建平台整体的安全体系，为企业移动安全提供全方位保护。

AppCan 企业移动平台安全体系由一体化安全核心模块组成，形成体系化安全技术架构，为移动应用运行提供全方位的安全保护能力（见图 9.3）。

其中模块包括以下几个。

（1）系统安全模块

为平台服务提供系统级安全监控、扫描、修复和加固，确保平台系统服务自身安全。

（2）用户管理模块

以企业现有认证域为基础，为移动应用提供标准的注册、认证、登录等统一接入认证能力；支持外部 AD 域认证；支持与证书认证、设备认证相结合。

为移动业务提供账号关联、单点登录支撑。

整合和对接企业组织架构，为企业提供移动用户管理能力。

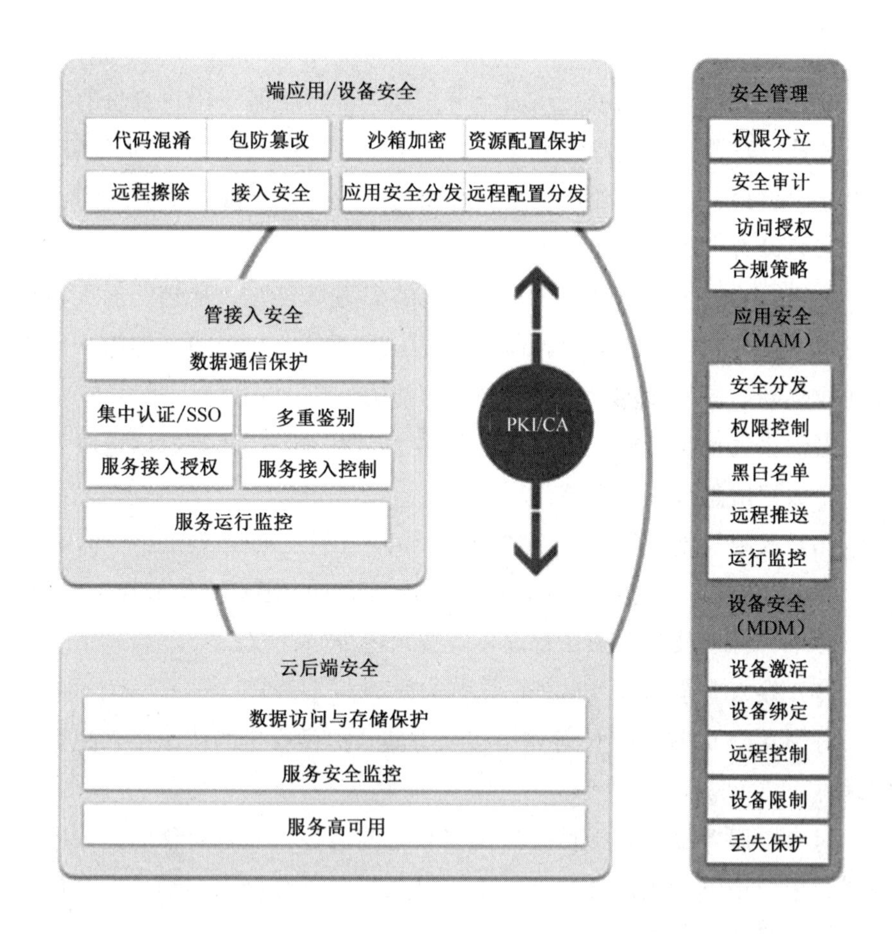

图 9.3　企业移动平台安全体系

（3）应用管理模块

提供移动应用的版本升级、消息推送、运行配置、终端绑定、权限管理、应用日志、接口控制、统计分析和证书管理等服务。

以应用分组为单位，对用户设备中部署的应用行为建立应用合规监控控制，支持黑白名单策略，防止未授权应用和恶意应用对系统安全造成影响和破坏。

（4）企业应用商店

构建企业自有的移动应用安全分发能力；提供基于用户身份的移动应用统一分发服务，支持应用分类、推荐、上下架、评价和广告位管理，可以基于用户身份，有效控制企业应用的下载、登录授权。

（5）设备管理模块

采用 MDM 技术，提供一体化的设备注册、激活、注销、淘汰和越狱控制能力，支持激活控制、远程配置/应用推送，以及设备擦除、定位和功能限制；提供设备授权和资产管理能力。

提供丢失保护机制，确保移动终端不因丢失、损坏等原因造成身份冒用、数据泄露或权限失控。

（6）权限控制模块

对移动用户、设备、应用、内容的各项访问权限进行访问控制管理。

对平台管理员各项操作管理权限按角色分组授权。

（7）接入安全模块

对 WiFi、VPN、APN 等网络接入方式，提供安全的统一接入配置和管理。

对应用服务接入，提供接口授权和访问监控。支持对移动接入应用证书、用户证书、应用合法性、用户接入权限进行接入控制。对开启认证的接入服务进行应用接入认证配置。

对终端设备接入，提供账号绑定、接入限制、越狱控制、口令策略等接入策略。

对用户账号的应用接入和登录参数，提供接入授权和登录控制。

（8）数据安全模块

提供病毒和木马扫描能力，为平台和端设备数据安全提供恶意代码防护能力。

平台关键文件和数据采用高强度加密算法保护，并进行访问控制管理，避免越权访问。

（9）内容管理模块

提供统一的文档分栏、采编、分发、推送、检索与统计服务，支持文档预览、下载、分享、评论和授权控制；支持远程删除；提供终端文档加密能力。

（10）邮件管理模块

提供移动邮件代理服务，前置移动邮件收发能力，完成移动邮件分发控制和内容保护。

（11）策略管理模块

为平台安全提供灵活的安全策略定义和配置。

（12）服务运行监控模块

提供面向用户、应用、服务、接口等多维度的即时运维监控服务。

9.3.1　安全体系基石——PKI/CA

AppCan 企业移动平台通过企业已有或平台自建的证书中心向设备、应用颁发其专属证书，完成设备、应用和服务器之间的身份认证，并且该证书具有可配置的生命周期，可以设定设备、应用的权限期限。

AppCan 企业移动平台对用户证书、设备证书和平台根证书进行全面管理，包括密钥生成、证书签发、证书推送、证书注销与更新等。从登记完成开始，设备、应用即接受平台的全面管理，只有平台颁发证书的移动设备、应用，才具有接入平台的基本资质。平台对设备、应用接入企业环境的整个生命周期中所有的状态信息、操作行为进行严密的接入控制、监控和统一的配置管理，避免业务系统被非法调用。

9.3.2　云后端安全

平台采用 PKI/CA 证书机制，对平台云后端、管接入、端应用进行统一数字签名认证，杜绝任何一端的接入冒用。

平台支持对不同接入服务配置接口访问控制策略，限制接入接口的访问能力。同时支持对开启认证的接入服务进行应用接入认证配置，对接入的移动应用证书和应用合法性进行服务接入控制。另外，还提供接入服务和接口等多维度即时运维监控手段。

平台支持多因素身份鉴别手段；除了用户名和密码鉴别外，还支持基于设备标识、证书、动态口令等多种形式的软、硬认证手段。

平台支持各子系统间关键数据传输采用 HTTPS 通信协议，确保通信数据的保密性和完整性；对传输内容数据采用高强度加密算法进行加密，通过数字签名手段保证数据的完整性。

平台后端关键数据和配置采用高强度加密算法保护，并进行访问控制管理，避免非授权应用访问。同时，对平台关键服务进行可用性和安全性监控，确保服务的持续性和安全性。

集成病毒木马防护引擎，为平台数据和移动终端系统提供实时、全面和有效的恶意代码扫描和查杀功能，保护平台和终端系统安全。

平台采用分布式易扩展的后端云服务架构，关键服务采用多节点负载均衡和容灾保护机制，没有单点失效问题，有效杜绝服务中断隐患。

9.3.3 管理安全

在平台管理方面，提供灵活的管理员权限分立和授权机制，可以精细化定义管理员的管理权限，杜绝平台管理员滥用，降低管理风险。管理端还提供详尽的管理员操作日志，可以有效监督管理员管理操作，降低企业内部管理风险。管理端还支持基于 HTTPS 协议的管理端浏览器证书验证机制，有效控制管理控制台的接入合法性。

在应用管理方面，除了通过构建企业自有移动应用商店，管控企业移动应用的版本升级，提供基于用户身份的安全分发能力外，还支持应用远程失效控制，可以远程关闭终端上企业应用或应用版本的使用；对企业移动终端设备上安装的应用进行监控，支持黑白名单策略，可有效过滤所有黑名单应用的安装和使用；支持对应用证书进行有效性管理，控制证书密码和有效期。支持对移动系统自带的应用商店进行访问控制，允许或禁止从应用商店安装应用程序，阻断恶意程序的来源，保证应用程序的合法与可控。提供企业应用数据可选擦除手段，可以远程选择性地擦除企业应用数据，而不影响用户个人应用数据。

在设备管理方面，整体管理设备的移动系统功能权限、应用程序权限、安全性和隐私权限，提供一体化的移动接入设备全生命周期管理能力，包括设备注册、激活、注销、丢失、淘汰和越狱控制等管控能力，完成用户与终端的注册绑定，保证只有注册激活的设备上的企业应用才能接入平台，有效限制外来设备的平台接入。支持设备激活控制，可限制激活设备的型号、数量和 OS 版本，以控制设备接入风险。对于丢失或可疑设备，平台支持采用 MDM 技术远程锁定设备，擦除设备中的数据，禁用和注销设备，以保证企业业务的访问和数据的安全性。平台还提供设备越狱监控能力，支持越狱警告、禁用设备和限制激活。此外，平台还提供时间围栏和地理围栏技术，可基于时间和位置有效管控设备违规操作。

在内容管理方面，除了内容采编完成企业移动内容受控发布外，可限制移动内容的移动端用户分享、下载操作，支持对移动端企业下发内容进行存储加密、有效期控制、同步删除等内容保护操作。

在邮件管理方面，除了管控用户移动端邮件收发、附件预览和下载、登录时段外，还对移动终端上的邮件数据进行存储加密保护，并支持与 MDM 管理策略绑定，违规、报失设备上的邮件客户端将被自动禁用并擦除数据。

9.3.4 端应用保护

在端安全方面，平台支持应用沙箱隔离和存储保护机制。应用本地数据隔离存储于受保护的应用沙箱中，并支持配置为存储加密，确保存储到移动设备的数据都经过加密保护，有效杜绝企业业务数据泄露。

针对应用包可逆向编译带来的数据泄露问题，AppCan Hybrid 引擎提供代码混淆、代码库封装、本地应用配置存储保护等机制，加大破解难度，防止破解者轻易分析出代码逻辑，窃取服务配置。

为杜绝应用包逆向编译并再次封包带来的可篡改问题，AppCan Hybrid 引擎提供了应用运行时签名验证机制，只有通过签名校验的应用才可以正常运行并接入系统，从而有效防止二次打包带来的接入冒用，降低失密风险。

针对应用运行时关键资源文件（配置、HTML、图片等）可能被篡改导致的运行安全问题，AppCan Hybrid 引擎支持对应用资源文件进行数字签名和存储保护，确保对应文件的完整性和保密性，有效保障应用的运行时安全。

9.4 金融行业移动安全案例分析

某基金公司是中国证监会批准设立的首批十家基金管理公司之一，目前拥有超过 400 万名客户，基金规模超过 700 亿元。

为了提高内部的移动办公效率，提升基金经理及投研团队跟进证券投资市场的快速响应能力，该基金公司在 2013 年就先后实施了卖方分析师、研究精选等移动应用。

随着各个业务部门移动信息化需求越来越多，原有原生开发的方式已经不能满足移动业务快速开发迭代的需求。而且，各外包公司采用的开发技术和安全规范不同，给企业的技术传承、数据安全带来了隐患。该基金公司技术部门逐步认识到需要建立一个一体化的平台，以整体规划和推进公司的移动业务平台的发展战略。在充分对比业内主要移动平台产品的开发、整合、部署、管理、运营等综合能力后，该基金公司选择 AppCan 企业移动平台整体推进公司移动战略。

面向员工的基金业务移动平台的逻辑架构如图 9.4 所示。

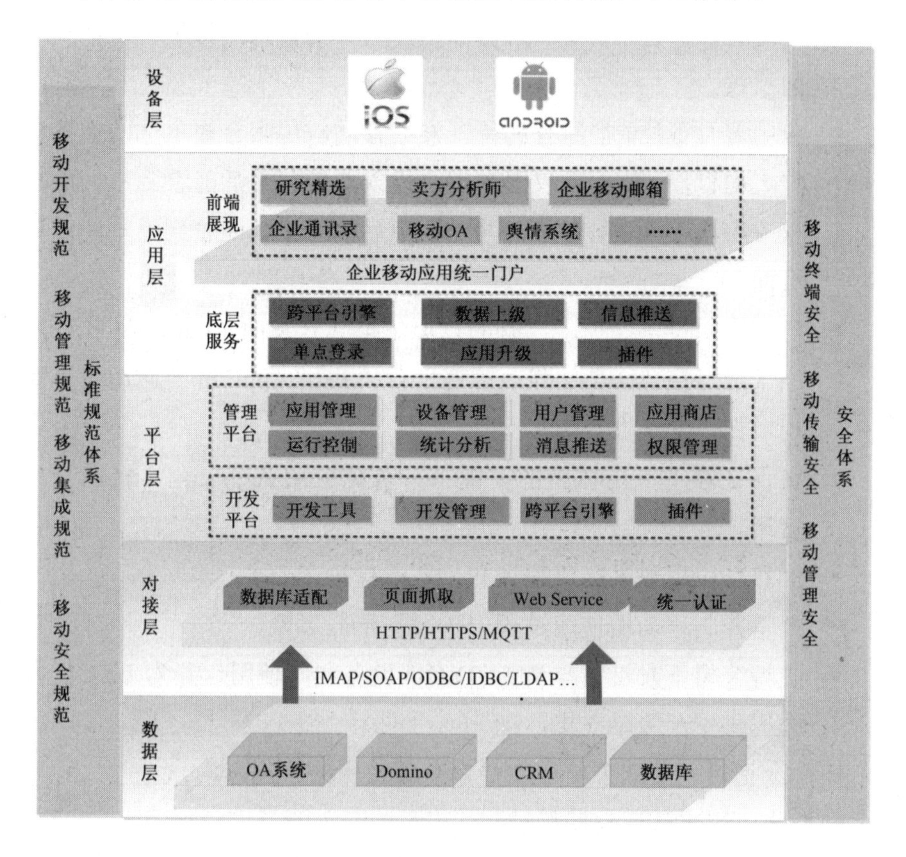

图 9.4 面向员工的基金业务移动平台的逻辑架构

其中，投研 App 主要实现内部分析师、外部分析师、基金经理三种用户之间的股票推荐、投资分析、业绩查询、持仓和评级调整等功能，实现投研业务流程的跨平台自动化操作。投研团队还可以即时反馈研究动态，为基金用户提供有价值的投研参考信息，增强用户黏性，使基金用户可以随时随地了解市场热点和行业动态。

在构建面向内部员工的移动业务平台时，通过灵活配置实现了基金公司的安全性要求。

- 集中认证。不单独为移动业务构建用户认证系统，而是最大化复用现有内部认证体系，对内部用户的移动接入进行集中认证和访问授权。
- 应用聚合管控。把原有和待开发的移动应用聚合成单一的业务门户集中管控，使不同权限的用户进入业务门户后能看到不同的授权应用，且不同用户进入同一应用后依照授权能看到不同的业务页面。
- 已有应用投资保护。已有的以原生模式开发的 Android/iOS 应用能平滑对接 AppCan 移动管理平台，并和 AppCan 类应用统一管理，保证安全性。
- 在保证移动应用体验的前提下，强化应用认证安全，杜绝身份冒用。
- 对移动应用包进行反编译和反篡改保护。
- 严格控制移动端使用过程中的数据泄露风险。
- 支持公司下发设备与员工 BYOD 设备同时使用，并为 BYOD 办公提供安全策略支撑。

下面分别对上面 7 个安全性要求给出相应的解决方案。

（1）集中用户认证与授权控制

通过 AppCan 平台提供的用户认证系统集成对接机制，采用认证插件形式统一封装基金公司现有用户认证接口并与移动平台对接，充分复用了公司现有用户认证体系；同时，从用户认证系统同步生成基金公司的组织机构和用户信息，完成了用户账号与身份信息的自动关联。通过对不同组织部门施加应用级访问权限控制，实现了基于公司组织机构的集中授权控制。

（2）应用门户聚合管控

借助 AppCan 企业平台的强大开发整合能力，将所有业务应用以子应用形态聚合到以单一主应用形态交付的基金公司门户应用中，提供应用的统一分发服务（见图 9.5）。

在权限管控方面，基于 AppCan 应用管理系统对登录用户所在组织部门施加的门户可见和登录授权机制，实现了不同权限授权用户在基金公司应用门户安装和登录应用的权限集中控制。同时，通过 AppCan 应用管理系统提供的应用内页面对不同组织部门的用户访问权限控制机制，实现业务应用内部的用户授权控制。

图 9.5　基金移动门户

（3）应用安全封装

通过 AppCan 开发平台提供的应用封装 SDK，对基金公司现有原生应用进行 AppCan 接口封装，基本无须修改现有应用代码，对现有应用安装包进行 AppCan 接口代码注入与封装，实现了平台对原有应用的安全加固和统一管理，大幅节约了基金公司移动安全保护的二次开发与维护成本。

（4）强化用户身份认证

除了通过配置强制的用户口令复杂度和有效期策略，执行登录密码定期修改策略外，通过 AppCan 企业移动平台内建的终端认证码机制，提供接口对接基金公司内网用户认证系统并辅以多种二次认证模式，如设备白名单、二维码认证。由于基金公司员工众多，IT 管理员工作量大，从降低运维复杂度考虑，没有采用收集手机设备信息配置白名单的方式对员工访问进行控制，而是采用了二维码验证的自助式二次认证方式。员工下载移动基金门户应用后，登录时不仅要输入用户名和密码，还必须事先在 PC 端登录公司内网认证系统，生成个人二维码，用移动门户应用扫描二维码将终端认证码保存在移动门户应用中以激活设备。后续在已激活设备上登录门户应用时，只需要输入正确的登录口令和终端手势密码。这样，在保证用户业务应用使用体验基本不变的情况下，通过可信任的物理安全区域进行安全绑定，有效杜绝了办公网络之外用户口令和身份冒用的问题。

（5）端应用防护

通过 AppCan SDK 提供的代码混淆、包加密和包数字签名能力，有效杜绝 APK 应用包普遍存在的反编译、二次封包带来的恶意注入风险。

在应用接入平台时做应用包的数字签名校验，杜绝对公司应用外部篡改和二次封包后访问基金业务平台引发的恶意访问和数据泄露风险。

同时采用 AppCan 的 HTML 加密技术，在内存中完成所有网页文件的加解密，避免代码泄露。

（6）端数据保护

通过 AppCan 应用沙箱提供的沙箱隔离与存储加密机制，对基金公司业务应用运行时产生的文件进行数据隔离和加密保护，有效保护业务运行时的端数据安全。

通过 AppCan SDK 提供的配置文件和资源文件签名校验机制，避免业务应用运行时的外部篡改文件替换导致的运行风险。

对于应用运行中截屏、录音、拍照后外传可能导致的数据泄露，通过 AppCan 平台提供的 MDM 技术在门户应用运行期间做设备控制。

对于人员离职、设备丢失可能造成的数据泄露风险，通过 AppCan 平台提供的设备丢失保护和设备/应用数据擦除机制，提供灵活高效的数据保护能力。

（7）公司自有设备与 BYOD 设备的保护策略

通过 AppCan 提供的一体化设备管理能力，为注册激活的设备提供企业/个人属性，并在设备资产管理时进行标识，为不同类型的设备提供不同的默认安全控制策略。

对于个人设备，只从应用和端数据防护角度控制业务应用的接入和数据安全；同时辅以必要的设备控制，如设备接入（注册激活）、企业网络配置下发（WiFi、VPN）、丢失保护（锁定设备、企业应用数据擦除）等设备保护手段，不做强制性过强的设备级数据擦除、设备定位、应用安装监控等控制。对于基金公司下发设备，施加了完整的设备控制策略。

此外，对于企业下发设备，由于丢失、员工离职导致的设备擦除，默认采用设备全擦配置。对于 BYOD 设备，只选择性擦除企业应用及数据，不做设备整体数据擦除处理。

整体上，通过全面应用 AppCan 企业移动平台的一体化开发、整合和安全管控能力，为基金公司的移动业务实现了如下安全收益：

- 一体化用户集中强化认证和授权体系；
- 移动用户、应用与设备的平台可靠接入；
- 完备的移动应用防护和数据反泄露保护；
- 包含 BYOD 设备在内的灵活的移动设备管控；
- 原有业务 App 的投资保护与安全强化管控。

10

第10章 移动应用运营

移动应用开发上线之后便是更为漫长和艰辛的移动应用运营推广阶段。运营推广有时比开发更重要，一个移动应用的成功绝离不开有效的运营推广，包括引客导流、宣传营销、内容迭代、功能优化、通过活动拉升数据等。

移动应用只有被使用和有效运营，才能产生价值！

10.1 移动应用运营四部曲：获取、交互、认可、创收

1. 获取

“获取”阶段即通常所说的“拉新”阶段，指为移动应用产品带来新用户。带来新用户的方法很多，但最常见的方法还是识别并开发出适合自身产品定位的引流入口和引流策略。这个阶段主要的指标有下载量、用户数等。

以 PC 时代绝对的领导者微软为例，变化中的微软也开始鼓励更多的用户使用免费软件产品，比如 iPad 版本的 Office。

对 2E 的移动应用来说，“获取”阶段相对简单多了，通过移动平台的快速部署即可完成。

2．交互

“交互”阶段主要是通过各种各样的运营手段和策略将用户拉到互动社区中，留住用户并提高用户活跃度。这里的互动通常包括用户间互动、用户与内容互动，目标是构建用户自驱动自传播的全生命周期管理，由此形成自发的螺旋式上升的轨道。“交互”阶段运营指标有留存率和活跃率等。在这一阶段需要设计并实施一系列的互动方案和留住策略。

还是以 PC 时代绝对的领导者微软为例，在“交互”阶段，微软希望通过免费软件抓住用户的心，使用户的兴趣扩展到微软其他产品上。

对 2E 的移动应用来说，“交互”阶段通常包括移动应用的使用和发现问题后的沟通解决等。

3．认可

“认可”阶段即通过前一阶段的有效交互，建立信任，并把进入互动社区的用户转化为忠实用户；同时，对于产品客户进行持续的关注、关怀和管理，使其转化为忠实客户。在“认可”阶段，对相关的用户行为的互动数据及消费行为等进行跟踪、监控、分析、挖掘并适时采取个性化行动就变得尤为重要。“认可”阶段的运营指标包括多种转化率等。

还是以微软为例，在“认可”阶段，微软希望通过免费软件获得一大批忠实粉丝，并且让他们离不开微软产品。

对 2E 的移动应用来说，“认可”阶段是指通过移动应用的试用、试点和使用，快速迭代移动应用并加以推广，促进深层次需求的发现和满足。

4. 创收

对于 2C 类移动应用产品来说，通过以上三个阶段的有效运作，产品或应用一旦获得用户认可，接下来的交易就变得自然而然、水到渠成。比如，变革中的微软希望通过免费加增值方式，在免费的基础上，推出收费版或者高端功能，鼓励一些用户转移到收费产品上。

创收是 2C 类移动应用运营最核心的价值。收入可以有多种来源，但无论是哪一种，收入都直接或间接来自用户。所以，前面所提的获得用户的方法，以及提高活跃度、留存率和转化率，对获取收入来说，是必要的基础。用户基数大了，收入才有可能上量。

对 2E 的移动应用来说，“创收”阶段是指通过移动应用在企业内部的广泛使用，实现预定业务功能，提高效率，带来实际生产力的提升。

10.2 App 运营相关数据分析

作为移动平台的一部分，移动管理平台通常必须提供包括数据统计和分析功能的整体解决方案，将移动应用的相关数据进行汇总分析。运营管理人员要想让移动应用运营得够好、够长久，把数据转换成营业额，就必须关注新增用户、活跃用户、留存用户、使用时长等指标。下面就对这些指标进行介绍。

1. 启动类指标

（1）新增用户

新增用户指首次连网打开应用的用户。如果一个用户首次打开某 App，那么这个用户就为该 App 的新增用户。注意，卸载再安装不会被算做新增；老用户更新应用程序版本会被算成新版本的用户，但不算做新增用户；还有，下载未安装或者安装未启动的用户都不是新增用户。经常有开发者问：新版本发布后，为什么老版本还有新增用户数据？产生这个现象通常有两个原因：第一，曾经下载了老版本的用户刚刚连网启动应用，此时数据统计平台收到数据，并以服务器时间为准，记为新增用户；第二，老版本的安装包被某些渠道抓去使用，有些用户仍可以下载到。

（2）活跃用户

打开应用的用户即为活跃用户。通常同一个用户一天内多次打开应用就会被记为一个活跃用户（活跃用户包括新用户和老用户两部分）。

（3）分时活跃用户

分时活跃用户指某个时间段内启动过应用的用户，在该时间段内多次启动应用只记一个活跃用户。

（4）周/月活跃用户

周/月活跃用户指某个自然周（月）内启动过应用的用户，在该周（月）内多次启动应用只记一个活跃用户。

（5）留存用户、留存率

留存用户是指某个时间段内的新增用户中在下个时间段内再次启动应用的用户。这部分用户占当时新增用户的比例即为留存率。

例如，某应用 3 月 1 日新增用户 1000 个，这 1000 个用户中有 500 个在 3 月 2 日再次启动了该应用，则 3 月 1 日的新增用户 1 日后留存率为 50%。如果这 1000 个用户中有 300 个在 3 月 3 日再次启动了该应用，则 3 月 1 日的新增用户 2 日后留存率为 30%，N 日后留存率同理计算。

（6）升级用户

应用版本号发生变化的用户视为升级用户，通常是指由老版本升级到新版本的用户。

（7）沉默用户

仅在安装时（或安装次日）启动且在后续时间内无启动行为的用户

是沉默用户，该指标可以反映新增用户的质量以及与应用的匹配度。

2. 时长类指标

（1）单次使用时长

一次启动内使用应用的时长称为单次使用时长，使用时长统计的是应用一次启动内在前台的运行时长。注意，应用在后台的运行时长不会被算到使用时长里。

（2）平均单次使用时长

平均单次使用时长=某日总使用时长/某日总启动次数。

（3）日使用时长

一天内使用应用的总时长称为日使用时长。在统计后台，开发者可以查看用户在任意一天内使用时长的分布情况，同时可以对日使用时长的数据进行版本、渠道、分群的交叉筛选。平均日使用时长=某日总使用时长/某日总活跃用户。

（4）使用频率

使用频率指用户在任意一天内的启动次数。

（5）访问页面

这是指在指定时段如 1 天、7 天、30 天内访问页面的分布情况。

（6）使用间隔

使用间隔指同一用户相邻两次启动间隔的时间长度。

10.3 场景化消息推送

App 运营有许多方法，除了数据分析、渠道推广外，消息推送（Push）也是其中一种，它因投放精准、成本低廉而著称，能起到提醒用户、增强用户黏性的作用，是产品及运营团队常用的手段。

消息推送虽然免费、有效，但若使用不当也会打扰到用户，甚至导致用户卸载应用。如何在有效运营和用户体验之间保持平衡呢？这里就不得不提到场景化消息推送。

如今的应用消费越来越场景化。基于用户具体、特定的场景，推送合适内容，更能驱动用户的使用行为，养成使用习惯。最好的例子便是2014 年火爆全国的微信红包，几乎所有媒体都打出了中国互联网进入场景时代的标语。

1. 适用于消息推送的场景和内容

根据不同 App 和用户使用场景，本书总结了推送场景和推送内容，见表 10.1。

表 10.1　推送场景和推送内容

App 类型	推送场景	推送内容
新闻资讯类	突发事件、吃饭时间	重大头条、本地新闻
天气预报类	早晚、地理位置变化	气象灾害、污染指数、雨雪天气提醒
电影类	周五、节假日、周末	周末观影、热门电影、团购优惠等
购物类	节日促销打折或身处购物场所	周边商品打折信息、秒杀活动、 优惠券
旅游类	周五、节假日、周末	周边旅游信息、优惠折扣等
理财类	行情变化、新产品推出	金融咨询、行情信息提醒、收益到账提醒等
支付类	购物之后、月底	消费支付明细、月支出金额提醒

移动应用的种类不同，推送的频率也不相同，社交类 App 可每日推送，理财或者支付类消息可实时发送，资讯类、工具类可一周推送 2 次或 3 次，根据具体情况而定，但推送次数不宜过多。

（1）自动推送

游戏类和电商类移动应用多采用自动推送。以妖气漫画为例，它做了一个定时漫画更新提醒，每天晚上 20:30 向所有人推送。

（2）按需推送

以澎湃新闻为例，它在早上 8 点钟向所有用户推送新闻，点击之后就可以打开链接。再如迅雷，在 16:50 向所有人推送电视剧，直接打开之后就可以下载。

（3）人性化推送

首先要给用户一个免扰时段，比如晚上 9 点以后就不推送消息了。另外还要设置开关和冷却时间，使用户可以自行控制。通过设置冷却时间，可以确保用户不会受到太多干扰。

（4）A/B 测试

推送编写完成后应先做测试，即先针对一小部分人测试效果，如果效果好则扩大到全体用户。

（5）灰度发布

发布人员可以指定升级包面向的终端、用户、地域范围，并获知安装数量和安装趋势，有效控制版本升级引起的发布风险。

2．结合统计分析的精准推送的方法

（1）用户分析

首先要对用户进行分析，通过移动平台手机用户使用信息，可以知道用户是什么样的人、有什么兴趣，这是对于用户的初步了解。之后要对用户进行深入了解和全品质分析，包括手机基本属性（版本、语言、机型、地理位置等），以及用户行为特征（性别、用户活跃度、付费情况、社交分享等），由此得出兴趣画像（见图 10.1）。

（2）用户群精准推送

有了统计分析做基础，就可以采取更加精准的推送策略，如用户群推送，即针对不同人群推送不同的内容，从而取得更好的推送效果（见图 10.2）。

图 10.1　用户分析

图 10.2　用户群推送

3. 推送注意事项

① 选择合适的时间进行推送，尽量避开用户休息时间（晚上 22:00～早上 8:00），减少对用户的干扰。

② 一切从用户需求出发，精准推送。根据用户的地理位置、渠道、活跃度等维度对用户分群，从数据中提炼用户需求和使用场景，对不同的用户群推送不同的内容，能大幅度提高消息的准确度和匹配度。例如，一些视频 App 就利用大数据，针对不同用户的观剧偏好提供个性化的消息推送，而且常在晚上 6 点后推送，这正是人群观影高峰期前段。百度视频

App 就宣称，其精准推送使用户打开消息推送的比例提高了 3～5 倍。

③ 结合热点，挖掘用户喜闻乐见的内容进行推送，可使用户关注度更高。图 10.3 中是两个健身类 App 的消息推送对比，尽管都是在下午推送，但是第二个结合了统计数据和好友 PK 的消息，更能激发起用户的锻炼欲望。

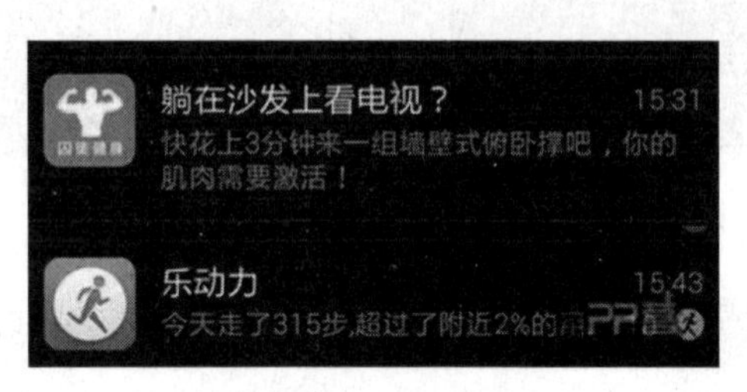

图 10.3　消息推送对比

④ 做好从消息到应用着陆页的衔接。用户点击后应提供相应的页面，步骤简单，让用户在最短时间内得到想要的东西。

⑤ 将主动权和选择权交给用户，由用户来决定是否接收消息推送，尊重用户。如果用户被消息打扰却找不到取消按钮，冲动之下可能会马上卸载 App。这样导致用户流失更是得不偿失。

附录 A
行业移动应用案例解析

一、东方航空

1. 企业概述

东方航空是我国三大国有骨干航空运输集团之一，拥有大中型飞机 400 多架，经过数年的调整优化和资源整合，东航集团已基本形成以民航客货运输服务为主，通用航空、航空食品、进出口、金融期货、传媒广告、旅游票务、机场投资等业务为辅的航空运输服务集成体系。东航每年全球运输服务量达到 7000 万人次，旅客运输量位居全球第五，构建了以上海为核心枢纽，通达世界 187 个国家、1000 个目的地的航空运输网络。

2. 建设背景

2009 年东航信息技术部门结合当时的 IT 建设状况和未来移动化的

发展要求，初步提出了平台化建设的思路，2010 年开始与国内一家厂商合作。随着业务的发展，供应商的能力不再满足东航的实际需求，移动应用存在很多问题：一方面，现有移动应用体验较差，不能有效适配新型移动设备终端；另一方面，移动平台产品更新换代较慢，产品研发周期太长，与东航移动信息化发展有些脱节，不适应快速发展的业务需求。

2012 年东航决定重新从市场上选取厂商进行长期合作，东航对平台厂商提出了如下要求。

① 平台产品具备跨移动设备开发能力，实现一次开发、多平台部署的目标，开发周期短，用户体验好。

② 采用开放标准，便于开发人员快速上手使用，降低开发难度。

③ 厂商的技术服务能力要跟得上东航的要求，能够投入技术资源及时响应客户需求。

④ 便于后续的运维管理，除了 MEAP 之外，还要提供较为完善的 EMM 解决方案。

3. 解决方案

东航对国内外厂商的各种移动平台产品做了长时间的考察和测评，从移动开发、应用管理、系统整合及信息安全等多方面进行了周密的规划和部署，最后确定采用正益无线的 AppCan 平台作为其整体移动信息化战略的基础。

2013 年 7 月移动平台正式在东航上线使用，借助 AppCan 平台东航顺利完成了原有应用的迁移和新应用的建设工作，共计 17 个移动应用在东航内部应用商店“掌上东航”中运行，以此全面提升了东航在航空作业过程中的业务流程灵活度及运营管理效率（见图 A.1）。

通过移动平台东航快速开发实施了多类移动应用，仅提供给内部员工使用的 App 就达到十几个，包括移动 OA、飞机维修、数据报表、飞行员和空乘管理、掌上学堂、移动电商、移动物流等应用，覆盖了地勤、空乘、驾驶舱、机务和行政办公等各类用户人群。

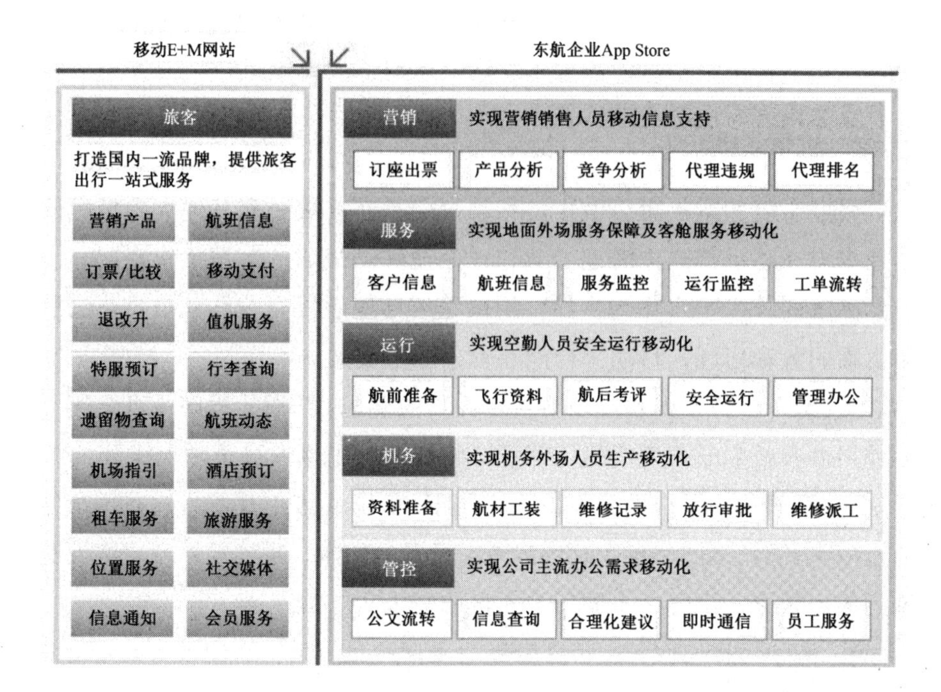

图A.1　东航移动平台

2014 年东航强化了移动前端应用的整合，打造统一移动个人门户，把以前分散的各类应用，改造成为面向特定用户角色或岗位的个性化移动门户，每类用户人群的使用功能都不一样，覆盖乘务、飞行、运行、机务、管控等八大领域，内部移动应用日均点击量达到 67 万次。

2015 年，掌上东航计划新增规划 24 个移动项目，同时涉足智能手表、智能手环、智能眼镜等 App，全面打通东航各业务的神经末梢，争取需要移动化的各个节点能够全覆盖。

在后端集成方面，AppCan 的 MAS 模块实现了与东航后台 300 多套系统的整合，实现统一用户身份认证，并准备打造一个接口汇聚平台。

据统计，掌上东航已覆盖约 8 万名东航员工，另外东航 B2C 移动应用总用户数已达到 186 546 人次，其中 16%的用户为活跃用户。

东航的移动建设呈现出遍地开花的局面。东航移动项目负责人强调说，移动平台在整个移动信息化战略中起到了主导作用。

4. 价值分析

通过东航的案例可以看出，移动平台是目前央企和其他大中型集团企业客户在移动战略中普遍的共识。企业移动战略的落地执行需要一个成熟高效的技术平台作为支撑，用来系统性地解决企业移动信息化过程中面临的各种问题，移动平台能够带来如下收益。

① 跨平台开发能够降低对技术人员的要求，普通的程序员可快速上手使用，有效降低开发门槛，缩短开发周期，确保项目按时上线。

② 基于移动平台的开发方式相比于 Native 应用开发方式在用户体验上稍有差距，AppCan 针对特定使用场景的需求，通过插件方式实现特殊的应用效果，满足了不同用户人群的需求。

③ 统一的接口服务，可保障数据质量和系统响应速度，有效支持前端应用的快速开发。统一接口平台屏蔽了后端各类业务系统接口的复杂度，使前端应用开发人员采用统一接口标准，专注于应用开发；同时在后续的运维管理方面，也能有效监控各类应用、各个业务接口的使用情况。

二、国家电网

1. 企业概述

国家电网（State Grid）公司成立于 2002 年，是经国务院同意进行国家授权投资的机构和国家控股公司的试点单位。公司作为关系国家能源安全和国民经济命脉的国有重要骨干企业，以建设和运营电网为核心业务，承担着保障更安全、更经济、更清洁、可持续的电力供应的基本使命，经营区域覆盖全国 26 个省，覆盖国土面积的 88%，供电人口超过 11 亿人，公司员工超过 186 万人。

2. 建设背景

国家电网自从“十一五”期间开始实施 SG186 规划以来，IT 建设取得了长足的进步，信息化水平位居央企前列。在之前的 IT 项目建设中，国家电网已经逐渐形成了平台先行的战略，建设业务系统之前，首先规划建设基础平台，便于收敛技术路线和未来集中统一管理。国家电网也考察了国内多家企业，得出的结论是平台化是各类行业客户的共性选择，不局限于移动信息化领域，在传统的 IT 项目建设中平台化的理念已经非常成熟。

随着移动互联网和智能终端的快速普及和发展，业务场景与移动设备的融合不断深入，越来越多的业务团队提出了移动应用的需求。国家电网创新研究中心对原有移动应用进行了调研和分析，发现在移动应用开发技术、应用安全、应用管理等方面，都面临着一些瓶颈和困难。为了能够支撑公司移动业务应用的建设，创新研究中心提出基于成熟的移动应用技术，建设一个跨平台、便于管理的移动应用基础支撑技术平台。

3. 解决方案

针对国家电网的实际情况，正益无线 AppCan 团队完成了原型交互设计、平台源码规范化、物理隔离设备安全连接数据库、产品适配企业化部署四大改造工作，同时对国家电网的 API 文档及相关文档进行了整理，成功突破了原有移动终端应用的各种技术困局（见图 A.2）。

截至目前，国家电网基于移动平台开发部署了以下移动应用。

（1）电力营销

95598 掌上助手是国家电网面向社会公众的一款基于移动支付的服

务类移动应用，通过掌上助手用户可以直接开展家庭用电信息查询及缴费等业务，通过集成的营业网点位置服务，可以查找到离用户最近的营业网点，给用户带来更多便捷性。

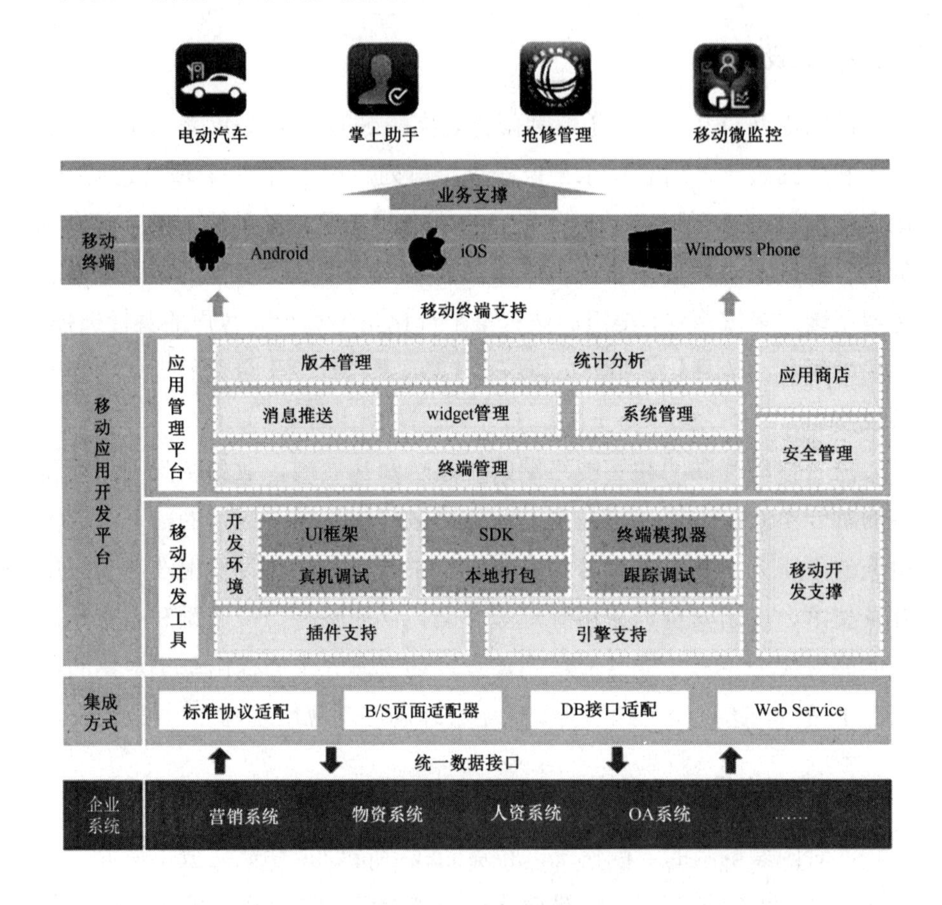

图A.2　国家电网移动平台

（2）电动汽车移动应用

主要面向社会电动汽车用户，在移动终端实现充电预约导航、充电信息查询、充电预约查询等服务，驾驶员可以方便地获取充电站的位置信息并查看充电车辆的排队情况，根据实际排队车辆进行充电预约服务，给电动汽车用户带来了便利。

（3）现场工程监理移动应用

国家电网在电力基建项目中需要开展监理业务，此项应用是基建中心面向现场工作人员推出的一款现场办公类移动应用。它集成了现场信息拍照、数据录入、离线数据缓存、离线数据上报等功能，主要满足了基建中心监理人员的现场办公需求。

（4）移动微监控应用

通过联络中心微监控平台可以实现联络中心的运营情况监控，如接听量、接听率、客户反馈问题处理的及时性等运营指标，并根据相关情况做出快速响应，提高了客服中心应急响应能力，降低了投诉率，提高了服务质量。

另外，正益无线还与国家电网旗下子公司中电普华携手推出了一款移动 OA 考勤应用——“普华 e 家”，集成了签到、请假等功能，未来将会升级为员工信息平台，实现在线办公。

国家电网移动平台具备以下特点。

- 基于标准跨平台 HTML5 技术解决移动应用的多平台部署问题。
- 提供一站式的云端打包服务，让应用打包步骤更简单，环境更统一。
- 根据国家电网物理隔离方案，实现平台通过物理隔离设备安全连接数据库的改造，同时通过终端的动态口令加密传输支持，确保平台数据在 HTTP 网络上传输的安全。
- 提供多种应用升级功能和接口，既方便了应用升级的管理，又减少了应用升级的开发工作。
- 提供面向用户、应用的多维度、多角度的统计分析功能，开发人员不需要编写统计分析代码。

4. 价值分析

移动平台有助于将电网业务管理移动化，构建灵活智能的电网，更加注重用户体验，重视服务价值的创造，全面提升运营管理水平，是电力行业移动信息化建设的核心价值所在。电力业务移动化管理，与公众形成良好互动，不仅可以全面提升服务水平，创造可观的经济和管理价值，还能节约投资成本，降低运营费用。

国家电网选择 AppCan 企业移动平台后，将原有的多个业务项目在 AppCan 平台基础上进行改造，以全面提升国家电网营销业务在移动终端上的用户体验效果；同时基于移动平台可以有效支持国网集团和下属分（子）公司的移动项目建设，减少重复投资，并能复用统一的移动化能力。

基于 AppCan 可视化、一体化移动开发平台，国家电网提升了运营管理水平，加强了和用户的良性互动，降低了运营费用。更为重要的是借助 AppCan 移动应用平台，国家电网在业务接口方面不容易受原有业务系统开发商的制约，从而让技术人员在脱离原厂商的情况下独立开发、管理移动应用。

三、中化集团

1. 企业概述

中化集团成立于 1950 年，现为国资委监管的国有大型骨干企业，已 23 次入围《财富》全球 500 强，同时位居全球最大贸易企业第 3 位。中化集团主营业务涉及能源、农业、化工、地产、金融五大领域，是中国四大国家石油公司之一、最大的农业投入品（化肥、种子、农药）一体化经营企业、领先的化工产品综合服务商，并在高端地产、酒店和非银行金融领域具有较强的影响力。

中化集团现在境内外拥有 300 多家经营机构，控股“中化国际”、“中化化肥”、“方兴地产”等多家上市公司，是“远东宏信”的第一大股东，并于 2009 年 6 月整体重组改制，设立中国中化股份有限公司，员工有 5 万多人。

作为一家立足市场竞争的综合性跨国企业，中化集团提供的优质产品和专业服务广泛应用于社会生产和民众生活的方方面面，“中化”和“SINOCHEM”品牌在国内外享有良好声誉。

2．建设背景

中化集团非常重视信息化在企业经营发展中的重要作用，已经建立起一套完备的承担全球各个公司业务的信息系统，并且还设立了“五统一”原则，即统一规划、统一实施、统一标准、统一管理和统一监测。这些遍布全球的基础设施，全部通过企业网连接到北京的集团总部。

中化集团在 IT 战略层面始终强调以平台为核心，由集团构建统一平台，下面的二级单位分别建设业务系统。

在移动互联网时代，企业在移动环境下的管理模式发生了巨大的变化，管理者需要对业务管理做变革式的创新。中化集团是一家以贸易交易为主的大型企业，在业务流程移动化管理创新方面面临的挑战更为艰巨，如何通过移动信息化管理实现“对内提高效率、降低成本，对外提高用户黏性、创造商业价值”是中化集团一直在思考、在做的事情。所以移动平台是企业首要建设的目标。

3．解决方案

AppCan 移动平台凭借先进的技术、完善的产品框架、全面的平台功能获得了中化集团的青睐，作为整个中化集团移动信息化的标准平台，规范和指导其移动应用项目的开发与应用管理（见图 A.3）。

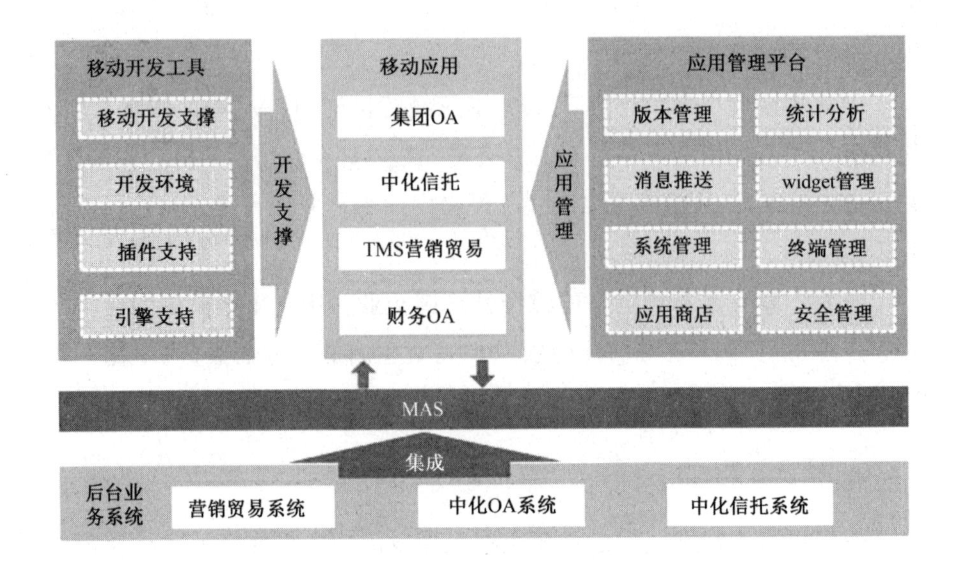

图A.3　中化集团移动平台

2013 年下半年中化集团移动平台正式上线使用，由于 AppCan 平台较为完备，具备常规的各项移动平台属性，中化集团借此快速高效地开发业务应用，在集团和下属二级单位已经部署实施了多个移动应用。

（1）中化集团

① 集团移动 OA：与慧点科技合作，把原有集团 OA 系统扩展到移动终端，使领导用户在外出时能及时处理工作事务，促进高效工作。

② TMS 移动营销贸易系统：石油和种子两个业务板块有大量的交易业务需求，移动 TMS 能够帮助业务员在工作现场及时下订单，缩短订购周期，简化业务流程。

（2）二级单位

① 移动信托：与软通动力合作，针对中化信托公司，提供移动 OA 服务，如单据申请审批、项目请示、日常办公等功能。后续还将针对部分业务开发 PC 版和微信版。

② 石油公司：与慧点合作，提供移动办公服务。

③ 石油勘探：与泛微合作，提供移动 OA 功能。

④ 财务公司：集成了财务公司两大业务系统，以及移动 OA 功能。

⑤ 方兴地产：集成了泛微、金蝶、明源等厂商系统，提供门户型移动办公服务。

中化集团移动平台具备如下特点。

- 可扩展性：移动平台可随着中化集团的业务创新，不断扩展新的特性，同时通过横向集群部署能够有效支撑未来大规模的移动用户人群。
- 易用性：移动平台基于开放的移动开发框架，内置了大量成熟的开发组件，普通技术人员就能开发移动应用。
- 可靠性：AppCan 平台经过若干大型企业的实践检验，能够有效支撑大中型企业大规模用户人群的移动应用开发和运营管理工作。
- 安全性：平台从开发到运维管理都提供了较为完备的移动安全保障措施，确保移动应用、设备和用户的安全。

4. 价值分析

- 移动平台帮助企业实现从技术上的规范到业务上和管理上的规范，显著提高生产力。
- 移动平台帮助企业形成技术和业务上的自主能力，不需要依赖第三方，大幅降低运营成本。
- 移动平台帮助企业解决移动终端应用跨平台的问题，满足全面、快捷及高质量的建设需求。
- 移动平台帮助企业开拓全新的盈利方向，为决策提供精准的数据支持。

四、富国基金

1. 企业概述

富国基金管理有限公司成立于1999年，是经中国证监会批准设立的首批十家基金管理公司之一。2003年，加拿大历史最悠久的银行——加拿大蒙特利尔银行（BMO）参股富国基金，富国基金管理有限公司又成为国内首批成立的十家基金公司中第一家外资参股的基金管理公司。

2. 建设背景

移动互联网相关技术为企业的移动信息化提供了强大的技术支撑，而移动智能设备在人群（尤其是证券、基金从业人员及其客户）中的较高普及率，促使证券、基金行业积极创新移动化业务模式，移动信息化成为证券、基金行业信息技术的新驱动力。

富国基金信息化水平一直比较高，早在2013年就已经认识到移动信息化的重要性，先后实施了卖方分析师、研究精选、“富钱包”客户端等移动应用。随着各个部门移动信息化需求越来越多，原有原生开发的方式已经不能满足公司快速开发迭代的需求；另外外包公司采用的开发技术和安全规范不同，给企业的技术传承、安全带来了隐患。富国基金逐步认识到需要建立一个一体化的平台，对移动应用的开发、测试、发布、运行等进行全方位的管理，通过标准化的开发和管理流程，加快公司内部移动信息化的步伐。

3. 解决方案

富国基金经过对国内外主流移动信息化厂商的调研分析，从技术平台的成熟度、稳定性和安全可靠性等方面综合考察后，最终选择了正益无线 AppCan 一体化移动平台作为其移动信息化建设的重要技术支撑平台，规范和指导富国基金整体移动项目的开发、应用管理、运维和安全控制等，帮助其快速实现基金业务的移动互联网化。

（1）B2C 移动客户端业务

“富钱包”移动客户端，是富国基金管理有限公司面向广大用户推出的一种 B2C 类移动理财工具，具有账户管理、基金交易、安全理财等多种功能。用户可随时随地查询收益、搜索或申购感兴趣的基金，还可以将余额存入货币基金获取收益，需要时随时随地取现，收益每天看得见（见图 A.4）。

图A.4　“富钱包”移动客户端

主要特色：

- 整合公司基金交易平台，将基金买卖迁移到手机端；
- 钱包余额理财，资金随时取现；
- 多渠道银行卡快速绑定，支付流程安全、简单、快速；
- 加快业务上线速度，及时响应市场需求。

主要功能：

- 余额理财：通过余额进行货币基金理财，资金可随时提取；

- 基金申购/赎回：富国基金旗下基金产品的购买和赎回，通过精品推荐的方式向用户推荐高收益产品；
- 银行卡绑定：实现银行卡与用户的绑定，资金卡进卡出，确保资金安全；
- 在线客服：通过手机终端实现与线上客服的沟通和投诉；
- 主动产品推送：通过对客户交易习惯的分析，主动推送与客户购买习惯吻合的基金类产品。

（2）B2E 移动业务应用

原有外部投研分析师 App 采用原生方式开发，升级维护困难。为了实现移动应用的集中管理和发布运行，投研 App 二期在原有功能的基础上重新开发，主要实现“内部分析师”、“外部分析师”、“基金经理”三种用户之间的荐股分析等功能。其实现了投研业务过程的流程跨平台自动化操作，使用户可以随时随地了解市场热点和行业动态；可即时反馈投研动态，为用户提供更有价值的投研参考信息；具有短信提醒功能，操作更快捷，提升了投研部门的工作效率（见图 A.5）。

图A.5　研究员页面与基金经理页面

主要功能：

- 股票推荐；
- 业绩查询；
- 持仓调整；
- 评级调整；
- 异动股点评。

五、华泰证券

随着生活方式的变化，人们碎片化的时间越来越多，催生出对移动金融的更大需求。华泰证券为实现移动金融应用与现有渠道和产品的结合，通过与正益无线团队的多次沟通，以及对移动化方案、技术架构、疑难问题等多个方面的深入讨论，最终选择 AppCan 移动平台为其打造一体化的移动金融战略。

为整合公司资源，实现公司内部各营业部之间交易业务的信息及客户资源的实时共享，推进公司交易业务迅速有序发展，华泰证券首先基于 AppCan 移动平台部署了移动撮合平台业务系统（见图 A.6）。移动撮合平台能更快汇集分支机构拜访收集的存量客户与潜在客户资料，并可对客户的需求和形成的项目进行综合跟进管理，迅速通过解决上下游的信息对称问题，匹配合适的交易对象，使双方达成交易意向，促成交易。移动撮合平台的及时性、互动性强，更强调智能和专业化服务，是业务快速增长的有力支撑。

产品特色：

- 整合公司内部交易需求资源，为营业部搭建业务协同发展的合作平台；
- 全渠道互连互通，线上线下业务协同发展；

- 业务库项目进展一目了然；
- 加快业务上线，及时响应市场需求。

主要功能：

- 我的客户：对应企业库，可以快速满足客户需求；
- 我的项目：接收各方反馈，记录项目状态，主动进行项目管理，及时撮合项目；
- 业务中心：对应业务库，可以快速发布撮合信息；
- 撮合信息：是撮合信息迅速发布和汇集的平台。

图A.6 华泰证券撮合平台

六、泰康人寿

2014 年 8 月，泰康人寿采购了正益无线 EMM 整体解决方案，并基于 AppCan 平台构建了泰康在线 iOS、Android 版移动 App，以及移动微网站和微信公众号。

泰康在线全新官方 App 全方位覆盖了用户的保险需求，真正实现了包括投保、支付、查询、理赔等的一站式保险金融服务。保险商城中，开发了十余款意外、健康、旅行险产品和套餐。用户可以随时随地浏览、收藏和购买相应的产品，投保与支付迅速简便。最新的全流程线上理赔服务系统，大大缩短了用户办理理赔的时间，用户还可以直接在手机上实时跟踪理赔进度。

1．移动 App

针对保险客户最关注的理赔和服务功能，手机版泰康在线不仅支持定点医院、分支公司等基础信息的查询，还支持实时查看保障内容、更改个人信息、查询投保和续费情况等（见图 A.7）。对于理赔，只需要在手机上提交申请，并用手机拍照上传相关证明资料即可完成，全程只需 10 分钟。

图A.7　手机版泰康在线

图A.7 手机版泰康在线（续）

2. 微官网

新版泰康在线移动官网率先在手机端实现了一站式综合保险服务（见图 A.8）。用户通过手机可随时随地浏览、收藏和购买各种保险产品，并且可直接使用手机支付。

3. 微信公众号

为了更好地贴合移动用户的使用习惯，泰康在线微信服务号在风格上完全颠覆了保险行业内的传统样式，以优秀的电商网站为标准，打造互联网保险便捷化、年轻化、时尚化、潮流化的全新形象（见图 A.9）。

图A.8　泰康在线移动官网

图A.9　泰康在线微信服务号

七、新华社

时讯通移动信息化服务平台是新华社通过无线网络面向机构用户，为机构所属人员提供资讯服务、资源共享、内部信息交流、数据分析等集成信息服务的系统（见图 A.10）。

图A.10　新华社时讯通移动信息化服务平台

图A.10　新华社时讯通移动信息化服务平台（续）

平台建设的目标是为有移动信息化服务需求的客户提供可实施部署的专供信息系统和信息服务解决方案。平台建成后，客户可使用信息系统为其员工提供移动信息服务，同时可根据个性化的需求提出二次开发或专供服务的要求，进而为客户提供更好的信息服务解决方案，有效拓展信息服务的方式和运营模式，进一步提升信息服务的价值和价格监测的影响力，增强新华社的传播力，扩大经济效益。

该平台包括：

- 信息采编发布子系统；
- 用户管理子系统；
- 移动应用的安卓手机版和平板电脑版；
- 移动应用的 iPhone 版和 iPad 版。

以上几个系统相互协作，实现机构用户信息的采、编、签、读、交流等综合移动信息服务。

反侵权盗版声明